高等院校公共基础课规划教材

办公软件高级应用与多媒体实用案例

叶苗群　主编

电子工業出版社
Publishing House of Electronics Industry
北京·BEIJING

内容简介

本书精选具有代表性的实用案例,图文并茂地讲解了各案例的详细操作步骤。每个案例中任务要求的设置都能体现章节的主要知识点。各个案例之间循序渐进、由易到难,具有层次性和针对性。

本书共分为两部分,第一部分为办公软件高级应用,包含 Word 高级应用、Excel 高级应用、PowerPoint 高级应用;第二部分为多媒体技术应用,包含多媒体技术基础、图像编辑与处理 Photoshop、动画设计与制作 Flash、音频编辑与处理 Audition 和视频编辑与集成 Premiere。

本书可作为高等院校的"办公软件高级应用""多媒体应用""计算机应用高级教程"等课程的实践教材,也可作为其他技术人员的自学参考书。

未经许可,不得以任何方式复制或抄袭本书之部分或全部内容。

版权所有,侵权必究。

图书在版编目(CIP)数据

办公软件高级应用与多媒体实用案例/叶苗群主编. —北京:电子工业出版社,2018.12
ISBN 978-7-121-35575-2

Ⅰ. ①办… Ⅱ. ①叶… Ⅲ. ①办公自动化-应用软件-高等学校-教材 ②多媒体技术-高等学校-教材 Ⅳ. ①TP317.1 ②TP37

中国版本图书馆 CIP 数据核字(2018)第 265206 号

策划编辑:贺志洪
责任编辑:贺志洪
印　　刷:三河市鑫金马印装有限公司
装　　订:三河市鑫金马印装有限公司
出版发行:电子工业出版社
　　　　　北京市海淀区万寿路 173 信箱　邮编　100036
开　　本:787×1092　1/16　印张:21.25　字数:544 千字
版　　次:2018 年 12 月第 1 版
印　　次:2018 年 12 月第 1 次印刷
定　　价:56.00 元

前　言

微软公司的 Office 系列软件是目前世界上最流行的办公自动化软件，在社会各行各业中的应用非常广泛。提高办公自动化软件的应用能力，特别是 Office 系列软件的应用能力已成为各类办公人员的迫切需求。多媒体技术的发展日新月异，多媒体技术的应用已经渗入日常生活的各个领域，如图像处理、动画设计、视频点播、视频会议、远程教育和游戏娱乐等。

本书可作为"计算机应用基础"后续课程的配套教材，是对前一学期"大学计算机应用基础"课程的拓展和延续，旨在帮助学生进一步提高和扩展计算机理论知识和实践能力。

本书以案例及实际应用为主线，将办公软件高级应用与计算机多媒体知识有机地融入实际应用中，结合日常办公软件应用的典型案例进行讲解，举一反三，遵循"计算机以用为本"的理念，有助于学生迅速提升办公软件高级应用水平，从而提高工作效率，也有助于学生发挥创意，灵活有效地处理工作中的问题。

本书借鉴 CDIO［构思（Conceive）、设计（Design）、实现（Implement）和运作（Operate）］的相关理念，采用"做中学""学中做"的教学方法，以学生为主、教师为辅，让学生在体验中自由掌握技术应用，而非教师"满堂灌"的强行灌输方式。此外，本书注重理论与实践相结合，以练为主线，尽量通过一些具体的可操作的案例来说明或示范，也给出了具体的教学方法，使学生在"做中学"，教师在"做中教"。

本书共分为两部分，第一部分为办公软件高级应用，包含前 3 章内容。第 1 章Word高级应用，以 5 个案例为基础，介绍Word 2010 软件制作长文档和特殊文档的方法与技巧。第 2 章Excel高级应用，以 5 个案例为基础，介绍Excel 2010 软件对数据进行管理和分析的方法与技巧。第 3 章PowerPoint高级应用，以 2 个案例为基础，介绍PowerPoint 2010 软件制作演示文稿的方法和技巧。第二部分为多媒体技术应用，包含后 5 章内容。第 4 章多媒体技术基础，介绍多媒体技术的基本概念等。第 5 章以 10 个案例为基础，介绍Photoshop CS5 图像编辑与处理的方法。第 6 章以 10 个案例为基础，介绍Flash CS5.5 动画设计与制作方法。第 7 章以 1 个案例为基础，介绍Audition CS6 音频编辑与处理方法。第 8 章以 2 个案例为基础，介绍Premiere Pro CS6 视频编辑与集成的方法。

通过学习本书，学生能运用 Office 办公处理软件编辑各种文档，掌握文本编辑和美化的基本方法与高级技巧；能使用 Photoshop 软件进行平面设计，并根据任务需要进行处理与修改，掌握图像制作的基本方法与技巧；能运用 Flash 软件绘制矢量图形、制作二维动画，并能运用动画制作方法与技巧进行简单动画作品的创作；能使用 Audition 音频编辑软件根据任务需要进行音频裁剪、合成等后期编辑；能运用 Premiere 软件编辑视频，制作特技效果和字幕，合成和发布主题视频作品等。

本书得到了宁波大学信息科学与工程学院计算机科学与技术专业的资助，在此对有关专家、教师长期以来对本书的关心、支持与帮助表示衷心的感谢。

由于编者水平有限，虽经反复修改，书中难免存在疏忽与不足之处，恳请专家和广大读者批评指正。本书配有案例和素材资料，可供教师与学生参考使用，有需要者请与作者（宁波大学信息学院，邮编 315211，E-mail：yemiaoqun@nbu.edu.cn）联系。

编　者
2018 年 12 月

目 录

第一部分 办公软件高级应用

第二部分 多媒体技术应用

第一部分
办公软件高级应用

办公自动化（Office Automation，OA）是指将计算机技术、通信技术、信息技术和软件科学等先进技术及设备运用于各类办公人员的各种办公活动中，从而实现办公活动的科学化、自动化，尽可能充分利用信息资源，最大限度地提高工作质量、工作效率、辅助决策和改善工作环境。

随着计算机技术的发展，办公自动化系统从最初的汉字输入、文字处理、排版编辑、查询检索等应用软件逐渐发展成为现代化的网络办公系统。通过联网将单项办公业务系统连成一个办公系统，再通过远程网络将多个系统连成更大范围的办公自动化系统。OA系统可分为组织机构、办公制度、办公人员、办公环境、办公信息和办公活动的技术手段6个基本要素。各部分有机结合、相互作用，构成有效的OA系统。

办公软件是针对办公环境设计的软件，将向智能化、集成化、网络化的方向发展，是可以进行文字处理、表格制作、幻灯片制作、简单数据库处理等方面工作的软件。目前，在所有办公软件中，最为常用的办公软件即为微软公司的Office办公软件。

Microsoft Office是微软公司开发的一套基于Windows操作系统的办公软件套装。常用组件有Word、Excel、Powerpoint等。Microsoft Office早期版本主要有Office 97、Office 2000、Office XP、Office 2003、Office 2007、Office 2010、Office 2013、Office 2016。Office 2013、Office 2016在Windows 8、Window 10操作系统中达到最佳性能，对硬件要求也较高。Office 2010是目前最常用的办公软件，本书以Office 2010讲解Word、Excel、Powerpoint高级应用。

Word 是 Office 中的字处理程序，主要用来进行文本的编辑、排版、打印等工作。Excel 是 Office 中的电子表格处理程序，主要用来进行烦琐计算任务的预算、财务、数据汇总、图表、透视表和透视图等的制作。PowerPoint 是 Office 中的演示文稿程序，可用于创建动感美观的幻灯片、投影片和演示文稿等。

第 1 章　Word 高级应用

1.1　Word 2010 相关知识

1.1.1　视图

Word 是一套"所见即所得"的文字处理软件，用户从屏幕上所看到的文档效果，就和最终打印出来的效果完全一样，因而深受广大用户的青睐。为了满足用户在不同情况下编辑、查看文档效果的需要，Word 向用户提供了多种不同的页面视图方式（草稿视图、Web版式视图、页面视图、阅读版式视图、大纲视图等），它们各具特色，各有千秋，分别使用于不同的情况。

1. 页面视图

页面视图方式即直接按照用户设置的页面大小进行显示，此时的显示效果与打印效果完全一致，用户可从中看到各种对象（包括文字、页眉、页脚、水印和图形图片等元素）在页面中的实际打印位置，这对于编辑页眉和页脚，调整页边距，以及处理边框、图形对象及分栏等都是很有用的。

切换到页面视图的方法是，选择"视图"选项卡上"文档视图"组的"页面视图"命令，或按 Alt+Ctrl+P 组合键可切换到页面视图。

该视图中，按 Ctrl+滚动鼠标可放大或缩小显示比例，如果放大超过一定显示比例，文档有些内容将不直接在窗口显示，可通过移动水平滚动条显示其他内容。

2. Web 版式视图

Web 版式视图方式是一种按照窗口大小进行折行显示的视图方式，这样就避免了 Word窗口比文字宽度要窄，用户必须左右移动光标才能看到整排文字的尴尬局面，并且 Web 版式视图方式显示字体较大，方便了用户的联机阅读。Web 版式视图方式的排版效果与打印结果并不一致，Web 页预览显示了文档在 Web 浏览器中的外观。

切换到该视图的方法是，选择"视图"选项卡上"文档视图"组的"Web 版式视图"命令可切换到 Web 版式视图。

该视图中，按 Ctrl+滚动鼠标可折行显示文档内容。

3．草稿视图

草稿视图显示速度相对较快，因而非常适合于文字的录入阶段。用户可在该视图方式下进行文字的录入及编辑工作，并对文字格式进行编排。草稿视图可以显示文本格式、分页符、分节符，但简化了页面的布局，所以可便捷地进行键入和编辑。在草稿视图中，不显示页边距、页眉和页脚、背景、图形图片等。

选择"视图"选项卡上"文档视图"组的"草稿"命令，或按 Alt+Ctrl+N 组合键均可切换到草稿视图方式。

4．大纲视图

对于一个具有多重标题的文档而言，用户往往需要按照文档中标题的层次来查看文档（如只查看前 2 级别标题），大纲视图方式则正好可解决这一问题。大纲视图能够显示文档的结构。大纲视图方式是按照文档中标题的层次来显示文档，用户可以折叠文档，只查看部分标题，或者扩展文档，查看整个文档的内容，从而使得用户查看文档的结构变得十分容易。大纲视图中的缩进和符号并不影响文档在普通视图中的外观，而且也不会打印出来。大纲视图中不显示页边距、页眉和页脚、图片和背景等。

采用大纲视图方式显示文档的办法为：选择"视图"选项卡上"文档视图"组的"大纲视图"命令，或按下 Alt+Ctrl+O 组合键。在大纲视图中，不仅可查看文档的结构，还可以通过拖动标题来移动、复制和重新组织文本，也可以将正文或标题"提升"到更高的级别或"降低"到更低的级别。要在大纲中提升或降低大纲级别，可以使用大纲视图中"大纲工具"栏上的各个按钮。如图 1.1(a)所示，大纲视图中折叠显示了前面的几个视图。如图 1.1(b)中只显示前 2 级别标题。

(a) 折叠显示部分视图

(b) 只显示前 2 级标题

图 1.1　大纲视图

大纲视图还使得主控文档（主控文档是一组单独文档的容器，可创建并管理多个文档）的处理更为方便。主控文档有助于使较长文档（如有很多部分的报告或多章节的书）的组织和维护更为简单易行。如图 1.2 所示，"VBNET 程序设计.docx"文档就是一个主控文档，该文件链接管理了 8 个文档（第 1 章　入门、第 2 章　语言基础……），可以使用大纲视图中"主控文档"组上的"展开子文档"按钮显示修改后的子文档信息。主控文档也可以转化成普通文档。

图 1.2　主控文档

5. 阅读版式视图

阅读版式视图是 Office Word 的一种视图显示方式，阅读版式视图以图书的分栏样式显示 Word 文档，"文件"菜单、功能区等窗口元素被隐藏起来。在阅读版式视图中，用户可以单击"工具"按钮选择各种阅读工具。

切换到该视图的方法是，选择"视图"选项卡上"文档视图"组的"阅读版式视图"命令可切换到阅读版式视图。按 Ctrl+滚动鼠标可折行显示文档内容，如图 1.3 所示。

图 1.3　阅读版式视图

6. 导航窗格

"导航窗格"是一个独立的窗格，能够显示文档的标题列表。使用"导航窗格"可以对整个文档进行浏览，同时还能够跟踪内容在文档中的位置。使用导航窗格不但可以方便地了解文档的层次结构，还可以快速地定位长文档，大大加快阅读和排版的时间。

单击"导航窗格"中的标题后，Word 就会跳转到文档中的相应标题，并将其显示在窗口的顶部，同时在"导航窗格"中突出显示该标题。在"导航窗格"显示时，可看到两类格式的标题，即内置标题样式（标题 1 至标题 9）或大纲级别段落格式（级别 1 到级别 9）。

打开"导航窗格"的方法是选中"视图"选项卡上"显示"组的"导航窗格"复选框。"导航窗格"将在一个单独的窗格中显示文档标题，可在整个文档中快速漫游并追踪特定位置。在"导航窗格"中，可只显示所需标题。例如，要看到文档结构的高级别标题，可折叠（即隐藏）低级标题。在需要看详细内容时，又可再显示低级标题。如果要折叠某一标题下的低级标题，则单击标题旁的符号（◢）。如果要显示某一标题下的低级标题（每次一个级别），则单击标题旁的符号（▷）。当然也可以右键单击（即右击）导航窗格，在出现的快捷菜单中选择所需要显示的标题级别，如图 1.4 所示。

图 1.4　导航窗格

如果要调整"导航窗格"的大小，先将鼠标指针指向窗格右边，当指针变为双向空心箭头形状时，向左或向右拖动即可。如果标题太长，超出"导航窗格"宽度，请不必调整窗格大小，只需将指针在标题上稍作停留，即可看到整个标题。

1.1.2　样式

在编排一篇长文档或是一本书时，需要对许多的文字和段落进行相同的排版工作，如果只是利用字体和段落格式编排功能，不但很费时间，让人厌烦，更重要的是，很难使文档格式一直保持一致。高级 Word 排版提倡的是用样式对全文中的格式进行规范管理。应用样式可以快速完成对文字、图、表、脚注、题注、尾注、目录、书签、页眉、页脚等多种页面元素统一设置和调整。

1. 什么是样式

那么，什么是样式呢？样式是应用于文档中的文本、表格和列表的一套格式特征，它是一组已经命名的字符和段落格式。它规定了文档中标题、题注以及正文等各个文本元素的格式。用户可以将一种样式应用于某个段落，或者段落中选定的字符上。使用样式定义文档中的各级标题，如标题 1、标题 2、标题 3……标题 9，就可以智能化地制作出文档的标题目录。

使用样式能减少许多重复的操作，在短时间内排出高质量的文档。用户要一次改变使用某个样式的所有文字的格式时，只需修改该样式即可。如，标题 2 样式最初为"四号、宋体、两端对齐、加粗"，如果用户希望标题 2 样式为"三号、隶书、居中、常规"，此时不必重新修改已经应用标题 2 的每一个实例，只需改变标题 2 样式的属性就可以了。

2. 样式的类型

Word 本身自带了许多样式，称为内置样式。要列出 Word 的所有内置样式可使用如下方法：单击"样式"窗格右下角的"选项"，打开"样式窗格选项"对话框，将"选择要显示的样式"设置为"所有样式"。

但有时候这些样式不能满足用户的全部要求，这时可以创建新的样式，称为自定义样式。内置样式和自定义样式在使用和修改时没有任何区别。但是用户可以删除自定义样式，却不能删除内置样式。

用户可以创建或应用下列类型的样式：

（1）段落样式。段落样式是指由样式名称来标识的一套字符格式和段落格式。控制段落外观的所有设置，如文本对齐、制表位、边框、行间距和段落格式等，也可以包括字符格式。光标位于段落任意位置中，或者选中任意文本或整个段落时，此时应用段落样式，会将其段落格式和字符格式同时作用于该段落。

（2）字符样式。字符样式是指由样式名称来标识的字符格式的组合，它提供字符的字体、字号、字符间距和特殊效果等。段落内选定文字的外观，如文字的字体、字号、加粗及倾斜格式。字符样式仅作用于段落中选定的字符。

（3）链接段落和字符样式。链接段落和字符样式有时表现为段落样式，有时表现为字符样式。

当将光标位于段落中时，链接段落和字符样式对整个段落有效，此时等同于段落样式。当只选定段落中的部分文字时，其只对选定的文字有效，此时等同于字符样式。

（4）表格样式。可为表格的边框、阴影、对齐方式和字体提供一致的外观。

（5）列表样式。可为列表应用相似的对齐方式、编号或项目符号字符以及字体。

3. 新建和使用样式

如果要在文档中新建样式，选择"开始"选项卡上"样式"组的"样式"启动器 ，打开"样式"窗格，单击左下角的"新建样式"按钮 ，打开"根据格式设置创建新样式"对话框，如图 1.5 所示。设置合适的名称、样式类型，再单击左下角的"格式"按钮设置不同的字符、段落等格式后，单击"确定"按钮即可。

图 1.5 "根据格式设置创建新样式"对话框

如果要在文档中使用样式，可以选中相应文字，或者，把光标定位在要使用样式的段落中任一位置，如果要应用多个段落，可以用鼠标选中多个段落，然后按照下面的办法可进行应用样式的操作。

（1）打开"样式"窗格，在打开的下拉列表框中选取一种样式名，所选择段落就会应用该样式而重排文字和段落的版式。

（2）使用快捷键来应用其相应样式。按 Ctrl+Alt+1 键，应用标题 1；按 Ctrl+Alt+2 键，应用标题 2；按 Ctrl+Alt+3 键，应用标题 3。标题 4 及之后标题没有快捷键。

（3）使用格式刷。光标先定位在已经使用某样式的段落或文本，双击格式刷工具，再拖动选择要使用该样式的段落或文本。

【例 1.1】 在"国际货币基金组织"文档中，制作各个样式，样式的格式如同其名称，如字符样式"红隶书 28"、链接段落和字符样式"绿琥珀悬挂缩进"、段落样式"蓝首行缩进 1.2 倍行距"，并应用于不同段落或文字。

完成效果如图 1.6 所示，第一段"国际货币基金组织"文字使用样式"红隶书 28"；第三段使用样式"蓝首行缩进 1.2 倍行距"；第五段使用样式"绿琥珀悬挂缩进"，观察有悬挂缩进效果，此时等同于段落样式；第六段文字"是通过一个常设机构来促进国际"使用样式"绿琥珀悬挂缩进"，观察第六段并没有悬挂缩进效果，此时等同于字符样式。

图 1.6　样式举例

　　观察右边的样式窗格，其中样式名后带 **a** 符号的表示"字符样式"，带 ↵ 符号的表示段落样式，带 ⏎ 符号的表示链接段落和字符样式。

1.1.3　目录

　　目录通常位于文章之前，由文档中的各级标题及页码构成。目录通常是文档不可缺少的部分，有了目录，用户就能很容易地知道文档中有什么内容，及如何查找内容等。

　　Word 提供了自动创建目录的功能，使目录的制作变得非常简便，既不用费力地去手工制作目录、核对页码，也不必担心目录与正文不符。自动生成的目录都带有灰色的域底纹。当标题和页码发生变化时，目录可以用更新域的方式更新，其步骤为：右击目录区，在弹出的快捷菜单中选择"更新域"命令，在打开的"更新目录"对话框中选择"只更新页码"或"更新整个目录"，单击"确定"按钮就可以完成目录的更新。

　　下面介绍两种文档目录的自动创建方法。

　　1. 由标题样式创建目录

　　Word 一般是利用标题或者大纲级别来创建目录的。在创建目录之前，应确保希望出现在目录中的标题应用了内置的标题样式（标题 1 到标题 9），一般可将章一级的标题定为"标题 1"，节一级的标题定为"标题 2"，小节一级的标题定为"标题 3"。一个文档的结构性是否好，可以从文档的"导航窗格"或者是"大纲视图"中看到。如果文档的结构性能比较好，创建出有条理的目录就会变得非常简单和快速。

　　由标题样式创建目录的操作步骤是：

　　（1）对所有要显示在目录中的标题全部应用内置标题样式，一般应用标题 1、标题 2、标题 3 等样式，可根据要求修改各标题样式。

　　（2）将光标移到要创建目录的位置。一般创建在该文档的开头或者结尾。

　　（3）选择"引用"选项卡上"目录"组的"目录"命令，在下拉的菜单中选择"插入目录"，弹出的"目录"对话框，如图 1.7 所示，根据要求设置后，单击"确定"按钮即可。

图 1.7 "目录"对话框

　　一篇长文章可能由多个文档组成，可以把刚创建的目录复制到一个新文档中去，再把几个文档的目录都合成在一起，就可以把整篇文章的完整目录就自动创建了。但这样完成的目录是独立形成的一个文档，是不能进行自动更新的。如果使用的是主控文档或把多个文档合并到一个文档中，就可以一次性地把整篇文档的目录创建了。

　　2．由目录域创建目录

　　假如一文档中本来没有应用标题等样式，全部是正文文字，如果也不想修改正文，此时要插入目录，可以通过目录域的方法创建目录，此种方法适用于字符样式文字检索的目录。由目录域创建目录的一般步骤为：先标记目录项将目录域插入文档，再由目录域创建目录。下面采用实例来讲解具体步骤。

　　【例 1.2】　有一篇文档《古诗》，内容为登鹳雀楼、回乡偶书、赤壁 3 首古诗，每首诗为单独一页，文档中所有文字均为宋体、五号字。要求在不改变原来文字样式的情况下，创建目录，把诗名创建成目录项。

　　操作步骤如下。

　　（1）采用如下方法之一标记目录项。

　　● 标记目录项方法一：在文档中选中包含在目录的第一首诗名"登鹳雀楼"，按快捷键 Alt+Shift+O，打开如图 1.8 所示的"标记目录项"对话框，在"级别"框中，选择目录的级别，如 2 级别，单击"标记"按钮，完成目录项的标记。

图 1.8 "标记目录项"对话框

● 标记目录项方法二：将光标定位在第一首诗名"登鹳雀楼"后面，不要选中文字，选择"插入"选项卡上"文本"组的"文档部件"命令，在下拉的菜单中选择"域"，弹出的"域"对话框，如图 1.9 所示，"类别"选择"索引和目录"，"域名"选择"TC"，"文字项"文本框中输入"登鹳雀楼"，"大纲级别"设置为 2，单击"确定"按钮，完成目录项标记。

图 1.9　"域"对话框

（2）用上述方法之一继续标记其他诗名。

（3）将光标移到要插入目录的位置（一般是文档的开头或结尾处）。选择"引用"选项卡上"目录"组的"目录"命令，在下拉的菜单中选择"插入目录"，弹出"目录"对话框，再单击"选项"按钮，在弹出的"目录选项"对话框中，如图 1.10 所示，选中"目录项域"复选框，单击"确定"按钮返回"目录"对话框。

图 1.10　"目录选项"对话框

（4）单击"确定"按钮，即可在指定的地方插入由目录域创建的目录，如图 1.11 所示。图中{TC······}是 TC 域标记文字，编辑文档时可以通过"显示/隐藏编辑标记"将其显示或者隐藏。文档打印时这些标记符号文字是不显示的。

图 1.11　由目录域创建的目录

Word 目录分为文档目录、图表目录、引文目录类型。除了文档目录，图表目录是一种常用的目录，可以在其中列出图片、图表、图形、幻灯片或其他插图的说明，以及它们出现的页码。要插入图表目录，首先确认要建立图表目录的图片、表格，在建立图表目录时，用户可以根据图表的题注或者自定义样式的图表标签，并参考页码顺序按排序级别排列，最后在文档中显示图表目录。要创建引文目录，就要在文档中先标记引文。

1.1.4　索引

索引是根据一定需要，把文档中的主要概念或各种题名摘录下来，标明页码，并按一定次序分条排列，以供人查阅资料。它是图书中重要内容的地址标记和查阅指南。Word 提供了图书编辑排版的索引功能。

要编制索引，应该首先标记文档中的概念名词、短语和符号之类的索引项。标记索引项可以采用手动标记，也可以采用索引文件自动标记。创建索引一般步骤为先标记索引项，然后创建索引。

1. 手动标记索引项

【例 1.3】 有一篇文档《古诗》，每首诗为单独一页，要把诗名创建成索引项，要求手动标记索引项。

步骤如下：

（1）选中要作为索引项使用的文本"登鹳雀楼"，选择"引用"选项卡上"索引"组的"标记索引项"命令，也可以按 Alt+Shift+X 键，出现"标记索引项"对话框，如图 1.12 所示。

图 1.12　"标记索引项"对话框

（2）在"主索引项"框中会显示选定的文本，如果必要，可以编辑"主索引项"框的文字。如果要创建次索引项，可以在"次索引项"框中输入索引项。单击"标记"按钮，即可标记此索引项。

（3）不要关闭"标记索引项"对话框，滚动鼠标直接在文档窗口中选定其他要制作索引的文本，然后打开"标记索引项"对话框，单击"标记"按钮即可实现继续标记。如果单击"标记全部"按钮，可以标记文档中所有该文本。

2. 自动标记索引项

通过创建索引文件，可以自动标记索引项。索引文件是一个 Word 文档，主要内容是一个两列表格，表格第一列是建立索引的文本或符号；表格第二列为索引项文本，在第二列中，以"："分隔，还可以添加次索引项。

【例 1.4】　有一篇文档《唐诗宋词》，每首诗或者词为单独一页，要把诗名或者词名创建成索引项，要求自动标记索引项。

步骤如下：

（1）新建"唐诗宋词索引文件"Word 文档，内容如图 1.13 所示；第一列为要建立索引的文字；第二列"唐诗"或"宋词"为主索引项，第二列冒号后边的文字为次索引项。保存并关闭该文件。

图 1.13　"唐诗宋词索引文件"Word 文档

（2）打开要编制索引的文档（"唐诗宋词"），选择"引用"选项卡上"索引"组的"插入索引"命令，出现"索引"对话框，如图 1.14 所示，单击"自动标记"按钮。

图 1.14 "索引"对话框中"自动标记"选择

（3）打开"打开索引自动标记文件"对话框，选取"唐诗宋词索引文件"，如图 1.15 所示，单击"打开"按钮。此时已经完成索引项自动标记操作。

图 1.15 选取"唐诗宋词索引文件"

（4）选中"开始"选项卡上"段落"组的"显示/隐藏编辑标记"命令 ，使其显示编辑标记。"唐诗宋词"已完成索引项标记，如图 1.16 所示。可以发现，文档中出现了{XE"唐诗:登鹳雀楼"}等标记。

图 1.16 "唐诗宋词"完成索引项标记

3. 创建索引

当做完上面的索引项标记之后，就可以提取所标记的索引项创建索引了。

【例 1.5】　有一篇文档《唐诗宋词》，每首诗或者词为单独一页，已把诗名或者词名创建成索引项，要求创建索引。

创建索引的步骤如下。

（1）将光标插入点移到要出现索引的位置上（如文档最前面），选择"引用"选项卡上"索引"组的"插入索引"命令，出现"索引"对话框，如图 1.14 所示。

（2）设置是否"页码右对齐"，如果选中"页码右对齐"复选框，页码将右排列，而不是紧跟在索引项的后面。在"栏数"框中指定栏数以编排索引，如果索引比较短，默认选择两栏。在"类型"区中选择索引的类型，如果选定"缩进式"，次级索引项相对于主索引项将缩进；如果选择"接排式"，主索引项和次索引项将排在一行中。在"排序依据"列表框中指定按什么方式排序，可以是拼音或者笔画。这里假设选中"页码右对齐"复选框，"栏数"设为 1，"类型"选择"缩进式"，"排序依据"列表框选择"拼音"。单击"确定"按钮后，产生索引，"唐诗宋词"完成索引创建的效果图如图 1.17 所示。

图 1.17　"唐诗宋词"完成索引创建的效果图

这里的索引创建完成后，看样子和目录效果有些类似。其实两者又不同，目录是按页码排序的，索引只能按笔画或者拼音排序；目录使用 Ctrl+单击操作可以超链接到具体页码，而索引一般没有超链接。

4. 如何更新索引

一般情况下，要在输入全部文档内容之后再进行索引工作，如果此后又进行了内容的修改，原索引就不准确了，这就需要更新索引。更新索引的方法是：在要更新的索引中单击鼠标，然后按 F9 键；或者在希望更新的索引中右击，此时会弹出一个快捷菜单，单击快捷菜单中的"更新域"菜单项即可更新索引。在更新整个索引后，将会丢失更新前完成的索引或添加的格式。

5. 更改或删除索引

在标记了索引项和创建了索引后，用户还可以对它们做一些修改或者删除它们。更改或删除索引的步骤如下。

（1）如果文档中的索引项没有显示出来，选中"开始"选项卡上"段落"组的"显示/隐藏编辑标记"命令 。

（2）定位到要更改或删除的索引项。

（3）如果要更改索引项，更改索引项引号内的文字即可编辑或者设置索引项的格式。

（4）如果要删除索引项，连同{}符号选中整个索引项，然后按 Delete 键。

1.1.5　脚注与尾注

在文章中通常要对某些名词术语在页下边或章节后加解释文字，这就是脚注和尾注，用于在打印文档中为文档中的文本提供解释、批注以及相关的参考资料。

脚注通常位于每页底部，可以作为文档某处内容的注释，如作者简介、名词和术语解释。尾注通常位于文档的结尾，用户列出引文的出处，如参考文献。

脚注和尾注由两个关联的部分组成，包括注释引用标记及其对应的注释文本。用户可让 Word 自动为标记编号或创建自定义的标记。创建脚注和尾注可选中"引用"选项卡上"脚注"组的"插入脚注"和"插入尾注"命令。

在添加、删除或移动自动编号的注释时，Word 将对注释引用标记重新编号。

如果当前文档中已经存在脚注或者尾注，使用"脚注和尾注"对话框中的"转换"按钮可以将脚注和尾注互相转换。

1.1.6　页眉与页脚

在文档每页上方会有章节标题或页码等，这就是页眉；在每页的下方会有日期、页码、作者姓名等，这就是页脚。在同一文档的不同节中可以设置不同的页眉和页脚、奇偶页页眉和页脚、不同章节中的不同页码形式等。

在页眉和页脚区域中可以输入文字、日期、时间、页码或图形等，也可以手工插入"域"，实现页眉和页脚的自动化编辑，例如在文档的页眉右侧自动显示每章节名称等。

创建页眉和页脚可使用"插入"选项卡上"页眉和页脚"组的"页眉"和"页脚"命令下相应选项进行操作。

1.1.7　题注与交叉引用

题注就是给图片、表格、图表、公式等项目添加的名称和编号。例如，在本书的图片中，就在图片下面输入了图编号和图题。这可以方便读者查找和阅读。

使用题注功能可以保证长文档中图片、表格或图表等项目能够顺序地自动编号。如果移动、插入或删除带题注的项目时，Word 可以自动更新题注的编号。插入题注既可以方便地在文档中创建图表目录，又可以不担心题注编号会出现错误。而且一旦某一项目带有题注，还可以对其进行交叉引用。

交叉引用是将编号、标题、脚注、尾注、题注、书签等项目与其相关正文或说明内容建立对应关系，既方便阅读，又为编辑操作提供自动更新手段。创建交叉引用前要先对项目做标记（如先插入题注），然后将项目与交叉引用链接起来。

插入题注和创建交叉引用，可使用"引用"选项卡上"题注"组的"插入题注"和"交叉引用"命令。

1.1.8　分节

"节"是文档版面设计的最小有效单位，可以以节为单位设置页边距、纸型和方向、页眉和页脚、页码、脚注和尾注等多种格式类型。在同一文档中，如果要设置不同的页面布局，就需要先分节，再对各节设置不同的布局；同一文档中如果要设置各章不同的页眉和页脚，也必须先对各章进行分节，然后再设置不同的页眉和页脚内容。

Word 将新建整篇文档默认为一节，划分为多节主要是通过插入分节符实现的。插入分节操作可选中"页面布局"选项卡上"页面设置"组的"分隔符"命令，如图 1.18 所示，然后选择所需的分节符类型。如果插入有误或者插入多余的分节符，可切换至草稿视图方式，用删除字符的方法删除分节符。

图 1.18　"分隔符"命令

分节符类型共有 4 种，如表 1.1 所示。

表 1.1　分节符类型

分节符类型	功　　能	草稿视图方式显示
下一页	新节从下一页开始。	分节符(下一页)
连续	新节从同一页开始。	分节符(连续)
偶数页	新节从下一个偶数页开始。	分节符(偶数页)
奇数页	新节从下一个奇数页开始。	分节符(奇数页)

如果一本书进行排版时，要求每章设置不同的页眉，而且要求每章从奇数页开始。这

时就需要在每章前先插入"奇数页"分节符，再设置不同的页眉。

1.1.9 域

1. 域定义

简单地讲，域就是引导 Word 在文档中自动插入文字、图形、页码或其他信息的一组代码。每个域都有一个唯一的名字，它具有的功能与 Excel 中的函数非常相似。

在前面的应用中已有多处出现了域，比如插入页眉和页脚中的"页码"、自动添加的"章节编号和名称"、题注的引用、自动创建的目录等这些在文档中可能发生变化的数据，都是域。Word 提供了 9 大类 74 个域，我们不可能全部掌握，只需要对经常用到的域做一简单了解就行了。

域由三部分组成：域名、域参数和域开关。域名是关键字；域参数是对域的进一步说明；域开关是特殊命令，用来引发特定操作。我们使用时不必直接书写域，可以用插入域的方式，在"域"对话框中选择插入即可。

2. 插入和修改域

插入域操作为选择"插入"选项卡上"文本"组的"文档部件"命令，在出现的下拉项中选择"域"，弹出"域"对话框。在该对话框中选择"类别""域名""域属性""域选项"参数设置即可。不同"域"，其属性、选项都不同。当选中某个域时，在"域名"下方有说明，通过此说明可以了解"域"；单击"域代码"按钮，可以将域代码显示出来。

如果对域的结果不满意可以直接编辑域代码，从而改变域结果。按下 Alt+F9（对整个文档生效）或 Shift+F9（对所选中的域生效）组合键，可在显示域代码或显示域结果之间切换。当切换到显示域代码时，就可以直接对它进行编辑修改，完成后再次按下 Alt+F9 组合键查看域结果。

3. 常用域

要想对"域"有深入的了解，可以选择相应书籍作深入学习。这里希望大家了解一些常用域，如表 1.2 所示。

表 1.2　Word 2010 常用域

域 类 别	域 名	作 用
编号	Page	插入当前页的页码
链接和引用	StyleRef	插入具有类似样式的段落中的文本
链接和引用	Hyperlink	插入带有提示文字的超级链接
链接和引用	IncludePicture	通过文件插入图片
日期和时间	CreateDate	插入文档的创建日期和时间
日期和时间	Date	插入当前日期
文档信息	FileName	插入文档文件名
文档信息	Author	插入文档作者的姓名
文档信息	FileSize	插入按字节计算的文档大小
文档信息	NumPages	插入文档的总页数
文档信息	NumWords	插入文档的总字数

续表

域 类 别	域 名	作 用
邮件合并	MergeField	插入邮件合并域名
文档自动化	If	根据两个值的比较结果插入相应的文字
索引和目录	TOC	使用标题样式或基于 TC 域建立目录
索引和目录	TC	标记目录项
索引和目录	INDEX	基于 XE 域创建索引
索引和目录	XE	标记索引项

【例 1.6】　本例运用 StyleRef 域。"唐诗宋词（StyleRef）"文档，为普通正文格式。现要求将页眉设置成诗名或者词名；页脚已设置成"唐诗"或"宋词"，并加上编号。

步骤如下。

（1）打开"唐诗宋词（StyleRef）"文档，应用样式如下：唐诗和宋词为标题 1 样式（大纲视图对应于 1 级）；各诗名或者词名为标题 2 样式（大纲视图对应于 2 级），修改标题 2 使其加上编号，并使宋词重新开始编号；其他文字为正文，每首诗或词都为单独一页，如图 1.19 所示。

图 1.19　标题格式设置

（2）选择"插入"选项卡上"页眉和页脚"组的"页眉"|"编辑页眉"，进入页眉编辑状态。选中"插入"选项卡上"文本"组的"文档部件"命令，在出现的下拉项中选择"域"，弹出"域"对话框。在该对话框中选择"类别"为"链接和引用"、"域名"

为"StyleRef"、"域属性"为"标题 2"，其他默认，如图 1.20 所示，单击"确定"按钮，插入页眉。

图 1.20　插入"StyleRef"域

（3）选择"页眉和页脚工具设计"选项卡上"导航"组的"转至页脚"命令，进入页脚编辑状态。打开"域"对话框，在该对话框中选择"类别"为"链接和引用"、"域名"为"StyleRef"、"域属性"为"标题 1"，其他默认，单击"确定"按钮。

（4）打开"域"对话框，在该对话框中选择"类别"为"链接和引用"、"域名"为"StyleRef"、"域属性"为"标题 2"，选中"域选项"中的"插入段落编号"复选框，单击"确定"按钮。设置合适的页眉和页脚格式后效果如图 1.21 所示。

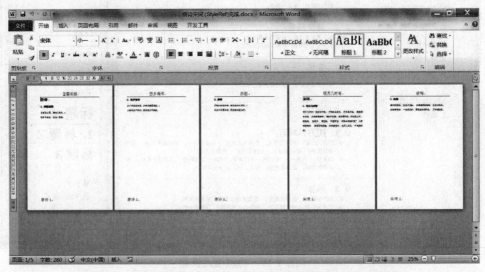

图 1.21　"唐诗宋词（StyleRef）"文档设置页眉和页脚后的效果

【例 1.7】　本例运用 MergeField 域和 If 域。开学初每个学生都参加了体能测试。测试成绩已经保存在"体能测试成绩.xlsx"文件中，如图 1.22 所示。请通过邮件合并给每个学生生成一份体能测试结果如图 1.23 所示，对于测试合格的同学表示祝贺；对于测试不合格的同学要求下周日下午参加补考。

图 1.22　体能测试成绩

图 1.23　体能测试结果

步骤如下：

（1）创建文件"体能测试通知"初始内容如图 1.24 所示，当然括号内容也可以为空。

图 1.24 "体能测试通知"原始内容

（2）选择"邮件"选项卡，单击"开始邮件合并"组中的"选择收件人"|"使用现有列表"，弹出"选取数据源"对话框。选择"体能测试成绩.xlsx"，单击"打开"按钮；弹出"选择表格"对话框，再单击"确定"按钮。单击"编写和插入域"组中的"插入合并域"，内容如图 1.25 所示。

图 1.25 "插入合并域"下拉选项

（3）分别选中文件"体能测试通知"文件中【学号】、【姓名】、【测试结果】文字，插入相对应的图 1.24 合并域学号、姓名、测试结果。

（4）选中【反馈意见】，单击"邮件"选项卡"编写和插入域"组的"规则"|"如果…那么…否则…"，出现"插入 Word 域:IF"对话框，如图 1.26 所示。"域名"选择"测试结果"，"比较条件"选择"等于"，"比较对象"框中输入"合格"，"则插入此文字"框中输入"对你表示祝贺，希望你继续坚持锻炼！"，"否则插入此文字"框中输入"请你有针对性地进行训练，并于下周日下午参加补考。"

图 1.26 "插入 Word 域：IF"对话框

（5）单击"确定"按钮，按 Alt+F9 键，显示域代码如图 1.27 所示，可以根据需要修改文字信息。

图 1.27　域代码显示

（6）单击"完成"组的"完成并合并"|"编辑单个文档"，出现"合并到新文档"对话框。单击"确定"按钮，完成整个通知文件制作，保存文件。

1.2　案例一　制作高校录取通知书

通过高校录取通知书及信封的制作，掌握邮件合并、页面设置、书籍折页、图片域、数据合并域、页面边框和中文信封等应用。

已知在 D 盘录取通知书文件夹下准备了"录取通知书.docx"Word 原文件和"学生名单.xls"Excel 文件；学生照片和学校图片在 picture 文件夹中，如图 1.28 所示。

图 1.28　案例一原材料

具体步骤参考如下。

1. 页面设置

（1）打开"录取通知书.docx"原文件，选中"显示/隐藏编辑标记" 后，按 Ctrl 键同时滚动鼠标，可缩小显示原文档内容如图 1.29 所示。

图 1.29　"录取通知书"原文件内容

（2）选择"页面布局"选项卡，单击"页面设置"组右下角的对话框启动器 ⬚ ，打开"页面设置"对话框。在"纸张"选项卡中，设置纸张大小为A4；在"页边距"选项卡中，单击"多页"下拉框，选择"书籍折页"选项，此时纸张方向自动设置为"横向"，并且出现"每册中页数"下拉框，将其设置为4，如图 1.30 所示，单击"确定"按钮。

图 1.30　"页面设置"对话框

（3）将光标定位在文本"照片"之前，选择"页面布局"选项卡，单击"页面设置"组的"分隔符"|"下一页"，插入一个分节符。同样地，将光标定位在文本"入学须知"

之前，插入一个分节符；将光标定位在文本"学校简介"之前，插入一个分节符，如图 1.31 所示。

图 1.31　插入分节符后

（4）将光标定位在第 1 页中，选择"页面布局"选项卡，单击"页面设置"组的"文字方向"|"垂直"，此时纸张方向自动改成了"纵向"；选择"页面布局"选项卡，单击"页面设置"组的"纸张方向"|"横向"。

（5）打开"页面设置"对话框，在"版式"选项卡中，选择页面"垂直对齐方式"为"居中"，此时文字水平垂直方向均居中。

（6）将光标定位在文本"录取通知书"之前，插入"学校图.jpg"图片。

2．插入图片域

（1）选中第 2 页中的文字"照片:"，选择"插入"选项卡，单击"文本"组的"文档部件"|"域"，打开"域"对话框。

（2）"域名"选择为"IncludePicture"域；在"域属性"中，在"文件名或 URL:"文本框中填写或者拷贝照片存放文件夹地址，再加上斜杠，如"D:\录取通知书\picture\"（这里假设照片就放在 D:\录取通知书\picture 文件夹下。如果保存照片的路径有变化，则需要做相应修改），如图 1.32 所示，注意照片 URL 地址后面还要加上"\"。单击"确定"按钮，此时无法显示链接的图像。

图 1.32　插入图片域

（3）按 Alt+F9 键显示域代码，如图 1.33 所示。光标定位在"picture\\"与"""之间。

图 1.33　图片域代码显示

3. 邮件合并

（1）查看"学生名单.xls"Excel 工作表，内容如图 1.34 所示，将第一位同学的学号和姓名改为你自己的真实信息。接下来在进行数据源选取等操作的时候，该文件不能被打开，所以如果打开了该文件，务必先保存并关闭它。

图 1.34　学生名单.xls 文件

（2）选择"邮件"选项卡，单击"开始邮件合并"组的"开始邮件合并"|"信函"，选择菜单"选择收件人"|"使用现有列表"，弹出"选取数据源"对话框，如图 1.35 所示，选择"学生名单.xls"，单击"打开"按钮。

（3）弹出"选择表格"对话框，如图 1.36 所示，选中"录取名单$"工作表，单击"确定"按钮。

（4）将光标定位在"picture\\"与"""之间，选择"邮件"选项卡，单击"编写和插入域"组的"插入合并域"项，弹出学号、班级名、考生号、姓名、照片等项，选择"照片"，如图 1.37 所示。

图 1.35　"选取数据源"对话框

图 1.36　"选择表格"对话框选择录取名单表

图 1.37　插入照片合并域

（5）此时域代码{MERGEFIELD 照片}就被插入到了光标所在的位置（在"\\"与""" 中间），如图 1.38 所示。按 Alt+F9 键隐藏代码，此时图片还显示不出来，图片区域为"无 法显示链接的图像……"。

图 1.38　域代码显示

（6）单击选中图片区域，按 F9 键，图片区域更新内容，此时应显示出图片（如果图片 显示不出来，其原因要么是图片文件夹位置不对，要么是照片合并域插错了位置，需要返 回重新操作），调整图片大小，设置学号和考生号字体的大小为三号。

（7）单击"插入合并域"项，分别插入学号、考生号、姓名、学院名、专业等合并域， 并去除表格边框。此时第 2 页效果如图 1.39 所示。

学号：

《学号》

考生号：

《考生号》

《姓名》同学：

经学校招生委员会批准，你已被我校

《学院名》《专业》录取。请持本通知书于

2019 年 9 月 10 日准时到校报到。

▢▢大学（盖章）

2019 年 7 月 19 日

图 1.39　合并域插入后

（8）在第 3 页相应位置插入班级名、宿舍合并域。选择"页面布局"选项卡，单击"页面背景"组的"页面边框"，弹出"边框和底纹"对话框。在"页面边框"选项卡中，选择"艺术型"边框 \\\\\\\\\\\\，效果如图 1.40 所示。

图 1.40　加入页面边框后的效果

（9）选择"邮件"选项卡，单击"完成"组的"完成并合并"|"编辑单个文档"，弹出"合并到新文档"对话框，选择"全部"，单击"确定"按钮。

（10）生成"信函 1"新文档，内容为所有考生的录取通知书，此时考生照片均相同。

（11）在"信函 1"中，按 Ctrl+A 键选中所有文本，按 F9 键更新，显示的考生照片应不相同。

（12）将"信函 1"另存为"录取通知书（完成）.docx"，完成后的效果如图 1.41 所示。在文档首页插入一文本框，文本框中的内容为你的学号和姓名，以后每个完成的文档首页都请加上学号姓名。保存"录取通知书"文件。

图 1.41　录取通知书完成后的效果

4. 生成信封

（1）在 Word 应用程序中，选择"邮件"选项卡，单击"创建"组的"中文信封"，弹出"信封制作向导"对话框。单击"下一步"按钮，出现"选择信封样式" 信息框，单击"下一步"按钮。

（2）出现"选择生成信封的方式和数量"信息框，选中"基于地址簿文件，生成批量信封"选项，再单击"下一步"按钮。

（3）出现"从文件中获取并匹配收信人信息"信息框，如图 1.42 所示，单击"选择地址簿"按钮，弹出"打开"对话框，如图 1.43 所示。在右下角将"Text"类型改成"Excel"，选择"学生名单.xls"，单击"打开"按钮，关闭"打开"对话框，返回图 1.42 所示界面。

（4）在"匹配收信人信息"中，"姓名"对应"姓名"，"称谓"对应"联系电话"，"地址"对应"家庭地址"，"邮编"对应"邮政编码"，再单击"下一步"按钮。

（5）出现"输入寄信人信息" 信息框，输入你自己的姓名、单位、地址及邮编等信息，如图 1.44 所示。

图 1.42　选择地址簿

图 1.43　选择学生名单

图 1.44　输入寄信人信息

（6）单击"下一步"按钮，生成的信封效果如图 1.45 所示，将生成的信封文件保存为"中文信封"。

图 1.45 信封效果图

1.3 案例二 多人协同编辑文档

对于篇幅较长的文档，比如编写教材等，往往需要由几个人共同编写才能完成。在 Word 2010 中可以使用协同工作来进行多人共同编辑，大纲视图下的主控文档功能可以解决这个难题。

现要求先创建主控文档和空白内容子文档（文件名固定）；再将教师提供的已编写完成的文档覆盖空白子文档；然后展开子文档，审阅修订文档，汇总后另存为完整的普通文档。

具体操作步骤参考如下。

1. 建立主控文档、拆分子文档

（1）启动 Word 2010 应用程序，新建空白文档（如果教师提供原文件，可直接打开它），输入如图 1.46 所示的教材分工目录，"第 1 章"与"入门"之间请输入一个空格，注意第 1 章、第 2 章等也为普通文字，不要成为自动编号文字。

图 1.46 教材分工目录

（2）选中"VBNET 程序设计"行，选择"开始"选项卡，单击"样式"组的"其他"下拉框中的"标题"，把它设置为标题样式。拖动鼠标一起选中"第1章 入门""第2章 语言基础"等所有章，将其设置为"标题1"样式。

（3）选择"视图"选项卡，单击"文档视图"组的"大纲视图"，将视图切换到大纲视图。

（4）选择"大纲"选项卡，单击"主控文档"组中的"显示文档"，展开"主控文档"组。拖动鼠标一起选中各章，单击"主控文档"组中的"创建"项，系统会将拆分开的子文档内容分别用框线围起来，如图1.47所示。

图 1.47　大纲视图开始时显示的内容

（5）选择"大纲"选项卡，单击"主控文档"组中的"折叠子文档"项，弹出"Microsoft Word"对话框，如图1.48所示。单击"确定"按钮，以文件名"VBNET 程序设计"保存文档。

图 1.48　"Microsoft Word"对话框

（6）此时大纲视图已经将子文档折叠起来，原来"折叠子文档"项自动变成了"展开子文档"项，如图1.49所示，因保存路径不同，显示可能也不同。

图 1.49　大纲视图展开子文档项

（7）关闭保存文档，打开文档保存路径，发现该文件夹下已生成 9 个文件，如图 1.50 所示，观察此时的 9 个文件大小均为 14KB，其实它们只是空白文件。如果教材是由多人合作编写的话，把拆分后的子文档按分工发给多人进行编辑，不能改文件名。

图 1.50　自动生成的子文档

2．汇总子文档

（1）等大家编辑好各自的文档发回后（这里编辑完成的文件由教师提供），再把这些文档复制粘贴到原文件夹下覆盖并替换同名文件。

（2）打开主文档"VBNET 程序设计.docx"，文档中显示子文档的地址链接。

（3）切换到大纲视图，选择"大纲"选项卡，单击"主控文档"组的"展开子文档"项，可显示各文档内容，如图 1.51 所示。

图 1.51　编辑完成后展开子文档项

3. 修订文档

（1）将主控文档"VBNET 程序设计.docx"切换到页面视图，选择"审阅"选项卡，单击"修订"组的"修订"项，使其处于选中状态。

（2）在文档中做如下修改：删除两处"，了解"后添加"、"；在"事件和方法等"后添加"等"字；将"1.1　引例：第一个 VB.NET 应用程序"一行居中。选中"【例 1-1】"插入批注"引例 1"（选择"审阅"选项卡，单击"批注"组的"新建批注"项），如图 1.52 所示。

（3）将其他 Word 文档关闭后，然后关闭并保存主控文档。此时在主控文档中修改的内容、添加的批注都会同时保存到相应的子文档中。

图 1.52　修订文档

（4）打开"第 1 章入门.docx"子文档，可发现内容被提示修改，可选择"接受"或"拒绝"选项决定是否修订内容。这里选择"审阅"选项卡，单击"更改"组的"接受"项|"接受对文档的所有修订"，接受内容的修改，如图 1.53 所示。

（5）选择"审阅"选项卡，单击"批注"组中的"删除"项|"删除对文档中的所有批注"，删除已经阅读完毕的批注，恢复文档到正常状态。

（6）当然以上的接受和删除操作也可以在主控文档中完成操作。关闭并保存"第 1 章入门.docx"子文档。

图 1.53　接受修订

4. 另存为普通文档

（1）打开主控文档"VBNET 程序设计.docx"（此文档接下来不要进行保存操作，因为该文件要求保存为主控文档），切换到大纲视图，选择"大纲"选项卡，单击"主控文档"组的"展开子文档"项，以完整显示所有子文档内容。

（2）选择"审阅"选项卡，单击"修订"组中的"修订"项，取消选中"修订"。

（3）删除"第 1 章 VB.NET 入门"前面所有的内容，包括空行。

（4）按 Ctrl+A 组合键，全选所有文档内容。

（5）选择"大纲"选项卡，单击"主控文档"组中的"显示文档"，展开"主控文档"区，再单击"取消链接"项（如果该项为灰色处于不能用状态，其原因一般是因为没有删除第 1 章 VB.NET 入门前的空行）。

（6）选择菜单"文件"|"另存为"，另存文档为"VBNET 程序设计（合）.docx"文档。此时"VBNET 程序设计（合）.docx"文档可能有 7338KB 左右大小，而"VBNET 程序设计.docx"文档只有 19KB 左右大小，两者文档大小差距明显。将此合成的文档单独拷贝到其他位置打开看看，应该可以看到所有章节的内容，表示合成正确。

1.4 案例三 索引与书签

现有"城市排名"Word 原文档，由两页组成，使用阅读版式视图观察其内容，如图 1.54 所示。完成本案例需进行的操作有将文档重新分页、页面设置、样式设置、添加索引、添加域和制作书签等。

图 1.54 "城市排名"文档原内容

具体要求如下。

（1）第一页中第一行内容为"一线城市"，样式为"标题 1"；"一线"和"准一线"样式为"标题 2"；页面垂直对齐方式为"居中"；页面方向为纵向、纸张大小为 16 开；仅第一页添加页眉为"城市排名"。

（2）第二页中第一行内容为"二线城市"，样式为"标题 2"；"二线强""二线中""二线弱"样式为"标题 3"；页面垂直对齐方式为"顶端对齐"；页面方向为横向、纸张大小为 A4；对该页面添加行号，起始编号为 1。

（3）第三页中第一行内容为"三线城市"，样式为"标题 2"；"三线强""三线中""三线弱"样式为"标题 3"；页面垂直对齐方式为"底端对齐"；页面方向为纵向、纸张大小为 B5。

（4）第四页中第一行内容为"索引"，样式为正文，页面垂直对齐方式为"顶端对齐"；页面方向为纵向、纸张大小为 A4。

（5）在文档页脚处插入页码，形式为"第 X 节　第 Y 页共 Z 页"，X 是使用插入的域自动生成的当前节，并以中文数字（壹、贰、叁）的形式显示；Y 为当前页，Z 为总页数，以一般数字的形式显示，居中显示。

（6）使用自动索引方式，建立索引自动标记文件"自动索引.docx"，其中：标记索引项的文字 1 为"上海"，主索引项 1 为"上海"，次索引项 1 为"shanghai"；标记索引项的文字 2 为"浙江"，主索引项 2 为"浙江"，次索引项 2 为"zhejiang"；标记索引项的文字 3

为"江苏",主索引项 3 为"江苏",次索引项 3 为"jiangsu"。使用自动标记文件,在文档"城市排名"第四页第二行中创建索引。

(7)使用域在文档的最后分行插入该文档的文件名称、该文档创建日期(格式不限)以及该文档的作者(如果一开始此文档作者的姓名不是你的姓名,请将之修改为你的姓名)。

(8)第一页"一线城市"设置为书签(名为 Top),在文档最后加上一行插入书签 Top 标记的文本。

具体操作步骤参考如下。

1. 插入分节符

建立新文档时,Word 将整篇文档默认为一节,在同一节中只能应用相同的版面设计。为了使版面设计多样化只有将文档分割成不同的节,才可以根据需要为每节设置不同的节格式。虽然在题目中并没有出现要求分节,但题中不同页面要求不同的页面布局,实际必须将所需的页面置于不同的节中才能实现。

(1)打开"城市排名"文档,将光标定位于"二线城市"前,选择"页面布局"选项卡,单击"页面设置"组中的"分隔符"|"下一页"分节符,插入一个分节符。

(2)将光标定位于"三线城市"前,插入一个分节符。

(3)将光标定位于文档最后,插入一个分节符,并输入"索引"文字。这样文档就被 3 个分节符分成了 4 节,共有 4 页。

选择"视图"选项卡,单击"文档视图"组中的"草稿",可观察到分节符,选择"页面视图"返回页面视图。

之所以提早插入分节符,可避免将本页的页面设置带入到下一页。设定分节符后,当前节所有的页面设置内容将默认应用于"本节"。

2. 第一页设置页面设置、插入页眉

(1)选中"一线城市",选择"开始"选项卡,单击"样式"组中的"标题 1";类似地,"一线"和"准一线"样式设为"标题 2"。

(2)选择"页面布局"选项卡,单击"页面设置"组中的"纸张方向"|"纵向",设置同组的"纸张大小"|"16 开"。

(3)单击"页面设置"组右边的对话框启动器,打开"页面设置"对话框,选择"版式"选项卡,"垂直对齐方式"选择"居中"。

(4)将光标定位在"二线城市"一节,选择"插入"选项卡,单击"页眉和页脚"组中的"页眉"|"编辑页眉",进入页眉编辑状态。选择"页眉和页脚工具设计"选项卡,单击"导航"组中的"链接到前一条页眉" ,使其处于未选中状态,此时页眉右上角的"与上一节相同"文字消失。单击"导航"组中的"上一节",在页眉处输入"城市排名"。

3. 第二、三、四页页面设置等

(1)选中"二线城市",选择菜单"开始"选项卡|"样式"组中的"标题 2";类似地,"二线强""二线中""二线弱"样式设为"标题 3"。如果默认不显示标题 3 样式,可使用快捷键 Ctrl+Alt+3。

图 1.55 "行号"对话框添加行号

（2）页面垂直对齐方式设为"顶端对齐"；页面方向设为横向、纸张大小设为A4；参照之前方法设置。行号设置：在"页面设置"对话框的"版式"选项卡中，单击"行号"按钮，弹出"行号"对话框，如图1.55所示。选中"添加行号"复选项，"起始编号"选1。

（3）第三页中"三线城市"样式设为"标题 2"；"三线强""三线中""三线弱"样式设为"标题 3"。第三页页面垂直对齐方式设为"底端对齐"，页面方向设为纵向、纸张大小设为B5。

（4）第四页页面垂直对齐方式设为"顶端对齐"；页面方向设为纵向、纸张大小设为A4。

4. 创建页脚

（1）选择"插入"选项卡，单击"页眉和页脚"组中的"页脚"|"编辑页脚"，进入页脚编辑状态。先使用"居中"按钮使页脚居中，再在页脚中输入文字"第节　第页共页"。

（2）将光标置于"第节"两个字中间。选择"插入"选项卡，单击"文本"组中的"文档部件"|"域"，弹出"域"对话框。"类别"选择"编号"，"域名"选择"Section"，"域属性"选择"壹，贰，叁，…"，如图1.56所示，单击"确定"按钮。

图 1.56 "域"对话框 Section 域

（3）将光标置于"第页"两个字中间，打开"域"对话框，"类别"选择"编号"，插入"Page"域，"域属性"选择"1，2，3，…"。将光标置于"共页"两个字中间，打开"域"对话框，"类别"选择"文档信息"，插入"NumPages"域，"域属性"选择"1，2，3，…"。插入页脚后，可以观察到所有页的页脚均已生成，其中第 2 页页脚如图1.57所示。

图 1.57 第 2 页页脚

5. 创建索引

（1）新建一个 Word 空白文档"自动索引"，在该文档中，插入一张三行两列的表格，并输入如图 1.58 所示的内容，注意冒号为英文标点符号。保存并关闭文档。

上海	上海: shanghai
浙江	浙江:zhejiang
江苏	江苏:jiangsu

图 1.58　自动索引表格

（2）将光标定位于文档"城市排名"第四页第 2 行（也就是"索引"文字的下面一行），选择"引用"选项卡，单击"索引"组中的"插入索引"，弹出"索引"对话框，如图 1.59 所示，单击"自动标记"按钮。

图 1.59　"索引"对话框

（3）弹出"打开索引自动标记文件"对话框，如图 1.60 所示，选择刚创建完成的"自动索引.docx"文档，单击"打开"按钮。

图 1.60　"打开索引自动标记文件"对话框

（4）Word 会自动在整篇文档中搜索"自动索引.docx"文档中表格第一列中文字的确切

位置，并使用表格第二列中的文本作为索引项进行标记。文档中"上海、浙江、江苏"已经被自动标记索引项，其中第二页标记如图 1.61 所示，江苏标记﹛XE·"江苏:jiangsu"﹜，浙江标记﹛XE·"浙江:zhejiang"﹜，如果被索引文本在一个段落中重复出现多次，只对其在此段落中的首个匹配项进行标记。

图 1.61　第二页标记

（5）取消选中"开始"选项卡上"段落"组中的"显示/隐藏编辑标记"命令 ，使其隐藏编辑标记 ，保存文件。

（6）将光标再次定位于文档"城市排名"第四页第 2 行，选择"引用"选项卡，单击"索引"组中的"插入索引"，弹出"索引"对话框。选中"页码右对齐"选项，单击"确定"按钮，即可完成索引的创建，如图 1.62 所示，由于排序依据选择不同，可能结果排序有所不同。

图 1.62　完成索引创建

6. 插入域

（1）将光标定位于文档的最后一行，回车换行，选择"插入"选项卡，单击"文本"组中的"文档部件"|"域"，弹出"域"对话框。"类别"选择"文档信息"，"域名"选择"FileName"，"域属性"选择"无"，如图 1.63 所示，单击"确定"按钮，插入该文档的文件名称。

图 1.63　"域"对话框 FileName 域

（2）回车换行后，再次打开"域"对话框。"类别"选择"日期和时间"，"域名"选择"CreateDate"，"域属性"选择合适的日期格式，单击"确定"按钮，插入文档创建的日期。

（3）选择菜单"文件"|"选项"，弹出"Word 选项"对话框。选择"常规"选项，将"用户名"修改为你的名字，保存并关闭文档"城市排名"。

（4）到计算机中找到"城市排名"文件，右击它，在弹出的快捷菜单中选择"属性"，出现"城市排名.docx 属性"对话框，选择"详细信息"选项卡，如图 1.64 所示，单击"作者"右边的文本框，输入你的真实姓名。其中"最后一次保存者"信息由上一步骤决定其内容。这里不能修改。

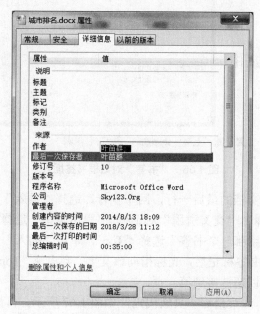

图 1.64　"详细信息"选项卡作者信息输入

（5）重新打开"城市排名.docx"文件，到最后一行回车换行后，再次打开"域"对话框。"类别"选择"文档信息"，"域名"选择"Author"，"域属性"选择"无"，单击"确定"按钮，插入该文档的作者。

（6）插入域后的效果如图 1.65 所示，日期和时间的显示格式可能会有所不同，最后三行单击都有底纹，表示是可以更新的域文字。

索引

上海

  shanghai 1

江苏

jiangsu 2, 3

浙江

zhejiang 2, 3

城市排名.docx

Wednesday, August 13, 2014

叶苗群

图 1.65　插入域后的效果

7. 创建书签

（1）选中第一页"一线城市"文字，选择"插入"选项卡，单击"链接"组中的"书签"，弹出"书签"对话框。"书签名"输入"Top"，单击"添加"按钮，即可创建书签。再次打开"书签"对话框，可看到 Top 已经在列表中，表示已经创建，如图 1.66 所示。

图 1.66　"书签"对话框书签插入

（2）将光标定位于文档的最后一行，回车换行，选择"插入"选项卡，单击"链接"组中的"交叉引用"，弹出"交叉引用"对话框。"引用类型"选择"书签"，"引用内容"选择"书签文字"，"引用哪一个书签"选择"Top"，单击"插入"按钮。

（3）在文本中插入书签标记后，光标指向该文字，会出现"Top，按住 Ctrl 并单击可访问链接"提示，表示可以超链接到第一页。

（4）按 Alt+F9 键，观察最后一页域代码，如图 1.67 所示。再按 Alt+F9 键恢复正常文字显示。

（5）单击取消选择"开始"选项卡上"段落"组中的"显示/隐藏编辑标记"命令 ，使其隐藏编辑标记。保存"城市排名"文件。

索引
{ INDEX \e "　　" \o "S" \c "2" \z "2052" }
{ FILENAME　　* MERGEFORMAT }
{ CREATEDATE　\@ "dddd, MMMM dd, yyyy"　* MERGEFORMAT }
{ AUTHOR　　* MERGEFORMAT }
{ REF top \h }

图 1.67　最后一页域代码

1.5　案例四　毕业论文综合排版

大学本科毕业必须完成毕业论文并通过答辩才能获得学位并毕业。毕业论文一般需有封面、摘要、Abstract、目录、正文、参考文献和致谢等。封面没有页码；中文摘要至正文前部分页码用罗马数字连续表示；正文部分页码用阿拉伯数字连续表示。正文中的章节编号自动生成；图、表题注自动更新生成；参考文献用脚注的形式按引用次序给出。

现有"毕业论文"文档，通过完成本案例的任务，使学生对毕业论文的结构有一个整体的认识，并学会大型文稿的高级排版，排版以后的论文文档结构清晰，符合要求。

具体任务要求如下。

第一，将各内容分节处理。

摘要、Abstract、目录、正文各章、参考文献、致谢等分别进行分节处理，每个内容单独一节。

第二，对正文排版。

（1）使用多级列表对章名、小节名进行自动编号，代替原始的编号。要求：

● 章号为一级标题，使用样式"标题 1"。自动编号格式为：第×章（例：第 1 章），其中×为自动序号，阿拉伯数字。字体为"宋体、加粗、小二号"。对应级别 1，居中显示。

● 小节名 1 为二级标题，使用样式"标题 2"。自动编号格式为：X.Y （例：1.1），其中 X 为章数字序号，Y 为节 1 数字序号。字体为"宋体、加粗、四号"。对应级别 2，左对齐显示。

● 小节名 2 为三级标题，使用样式"标题 3"。自动编号格式为：X.Y.Z （例：1.1.1），其中 X 为章数字序号，Y 为节 1 数字序号，Z 为节 2 数字序号。字体为"宋体、加粗、五号"。对应级别 3，左对齐显示。

（2）摘要、Abstract、参考文献、致谢的标题使用样式"标题 1"，并居中，删除章编号。

（3）对正文中的图添加题注"图"，位于图下方，居中。要求：

● 编号为"章序号"-"图在章中的序号"。例如，第 2 章第 1 幅图，题注编号为"2-1"。

● 图的说明使用图下面一行的文字，格式同编号，图居中。

（4）对正文中出现"如下图所示"的"下图"，使用交叉引用，改为"图 X-Y"，其中 X-Y 为图题注的编号。

（5）对正文中的表添加题注"表"，位于表上方，居中。要求：

● 编号为"章序号"-"表在章中的序号"。例如，第 2 章第 1 张表，题注编号为"2-1"。

● 表的说明使用表上面一行的文字，格式同编号，表居中，表内文字不要居中。

（6）对正文中出现"如下表所示"的"下表"，使用交叉引用，改为"表 X-Y"，其中 X-Y 为表题注的编号。

（7）对正文中出现的"1、2、3……"或"（1）、（2）……"等有编号文字处，进行自动编号，编号格式不变。

（8）新建一个样式，样式名为你的学号，样式要求：字体为"楷体"，字号为"五号"，段落格式为首行缩进 2 字符，1.3 倍行距。将新建的样式应用到正文中无编号的文字，不包括章名、小节名、表文字、题注、脚注等。

第三，在正文前按序插入三节，使用 Word 提供的功能，自动生成如下内容。

（1）第 1 节：目录。其中，"目录"使用样式"标题 1"，居中，"目录"下为目录项。

（2）第 2 节：图索引。其中，"图索引"使用样式"标题 1"，居中，"图索引"下为图索引项。

（3）第 3 节：表索引。其中，"表索引"使用样式"标题 1"，居中，"表索引"下为表索引项。

第四，添加论文的页脚。

（1）封面不显示页码，摘要至正文前采用"i, ii, iii, ……"格式，页码连续。

（2）正文页码采用"1, 2, 3, ……"格式，页码连续。

（3）更新目录、图索引和表索引。

第五，添加论文的页眉。

（1）封面不显示页眉，摘要至正文前部分的页眉显示"**大学本科毕业论文"。

（2）添加正文的页眉。

● 对于奇数页，页眉中的文字为"章序号"+"章名"。

● 对于偶数页，页眉中的文字为"节序号"+"节名"。

（3）添加致谢、参考文献的页眉为各自的标题文字。

具体操作步骤参考如下。

1. 分节处理

（1）打开素材"毕业论文.docx"文档，将光标定位于"摘要"前，选择"页面布局"选项卡，单击"页面设置"组中的"分隔符"|"下一页"，插入分节符。

（2）将光标分别定位于"Abstract""第一章""第二章""第三章""第四章""第五章""参考文献""致谢"前，也同样插入分节符。

（3）选择"视图"选项卡，单击"文档视图"组中的"草稿"，可观察到分节符，如图 1.68 所示。在首页相应位置输入学号和姓名后，选择"页面视图"返回页面视图。

图 1.68 草稿视图

2. 章节自动编号

（1）光标定位于"第一章 绪论"行，选择"开始"选项卡，单击"段落"组中的"多级列表" ，在下拉项中选择"定义新的多级列表"，打开"定义新多级列表"对话框。

（2）单击左下角的"更多"按钮，展开对话框其他内容。在"单击要修改的级别"列表框中选择"1"选项；在"输入编号的格式"文本框中，在"**1**"的左右两侧分别输入文字"第"和"章"，构成"第**1**章"的形式；在"将级别链接到样式"下拉列表中选择"标题 1"选项，如图 1.69 所示。此时不要单击"确定"按钮，接着设置其他级别内容。

图 1.69　"定义新多级列表"对话框定义新多级列表标题 1 设置

（3）在"单击要修改的级别"列表框中选择"2"选项；将"输入编号的格式"文本框中的内容改为"**1.1**"；在"将级别链接到样式"下拉列表中选择"标题 2"选项，修改设置"对齐位置"为"0 厘米"、"文本缩进位置"为"1 厘米"，如图 1.70 所示。

图 1.70　定义新多级列表标题 2 设置

（4）在"单击要修改的级别"列表框中选择"3"选项；将"输入编号的格式"文本框中的内容改为"**1.1.1**"；在"将级别链接到样式"下拉列表中选择"标题 3"选项，修改设置"对齐位置"为"0厘米"、"文本缩进位置"为"1厘米",如图1.71所示。

图 1.71 定义新多级列表标题 3 设置

(5)单击"确定"按钮后,此时光标所在的"第一章 绪论"行已经自动编号,并已经应用了样式"标题 1",即"第1章 绪论"字样。单击"样式"右边的对话框启动器，打开"样式"窗格,选中"显示预览"复选项,如图1.72所示。

图 1.72 样式窗格打开

(6)在"样式"窗格中,单击"第 1 章 标题1"右边下拉框,选择下拉的"修改"项,弹出"修改样式"对话框。设置"格式"大小为"小二",加粗,段落格式为居中，如图1.73所示。单击"确定"按钮。

(7)光标定位于"第 1 章 绪论"行,双击格式刷选中它,此时鼠标形状变成了一把刷子,表示可以开始复制格式。向下滚动窗口,单击或选中"第二章"所在行,此时"第二章"所在行的格式与"第 1 章"所在行的格式相同,即复制了格式。同样地,将其他章也使用格式刷,等所有章格式刷完后,再单击格式刷取消格式复制状态。

图 1.73　"修改样式"对话框

（8）光标定位于"1.1 选题背景"行，单击"样式"窗格"**1.1 标题 2**"，使该行应用标题 2 样式。修改"1.1 标题 2"样式，设置格式大小为"四号"，加粗，段落格式为左对齐▤。

（9）选中它后，双击格式刷▧，此时鼠标形状变成了一把刷子。向下滚动窗口，将光标移动"1.2"所在行左侧的空白区域，等所有类似的"1.2""2.1""3.2"所在行格式刷完后，再单击格式刷取消格式复制状态。

（10）光标定位于"2.3.1 公共语言运行库"行，单击"样式"窗格"**1.1.1 标题 3**"（如果不显示标题 3 样式，可使用快捷键 Ctrl+Alt+3），使该行应用标题 3 样式。修改"1.1.1 标题 3"样式，设置格式大小为"五号"，加粗，段落格式为左对齐▤。

（11）双击格式刷▧选中它，此时鼠标形状变成了一把刷子。向下滚动窗口，将光标移到"2.3.2"所在行左侧的空白区域，等所有类似"3.1.1"所在行格式刷完后，再单击格式刷取消格式复制状态。

（12）复制格式完成后，打开"导航"窗格，如图 1.74 所示。可以发现自动编号和非自动编号完全重复了，这里要删除多余的非自动编号（单击编号，如果没有灰色底纹即为非自动编号）。

这里推荐便捷定位删除方法：单击"导航"窗格其中一项比如"1.1 1.1 选题背景"，然后光标会自动定位到文档非自动编号（第二个 1.1）前，按 Delete 键几次将其删除即可。

图 1.74　"导航"窗格

将所有多余的原编号删除。

（13）摘要、Abstract、参考文献、致谢等文字请使用样式"标题 1"，并居中，删除自动产生的多余的章编号。

3．插入图、表题注

（1）将光标定位在第一张图下面一行的文字前，选择菜单"引用"选项卡 | "题注"组中的"插入题注" ，打开"题注"对话框。单击"新建标签"按钮，弹出"新建标签"对话框，在"标签"文本框中输入"图"，如图 1.75 所示。

图 1.75　题注标签建立

（2）单击"确定"按钮返回"题注"对话框，单击"编号"按钮，弹出"题注编号"对话框，选中"包含章节号"复选框，如图 1.76 所示，单击"确定"按钮。

图 1.76　题注编号设置

（3）返回"题注"对话框，"题注"文本框下方自动显示"图 2-1"，如图 1.77 所示，表示题注标签创建完毕。单击"确定"按钮，插入图题注，再单击"居中"按钮将题注居中，然后将图也居中，效果如图 1.78 所示。

图 1.77　"题注"对话框

图 2-1 ADO.NET 对象模型

图 1.78　题注设置后

（4）将光标分别定位在其余图下面一行的文字前，选择"引用"选项卡，单击"题注"组中的"插入题注"，弹出"题注"对话框后，直接单击"确定"按钮即可完成之后图的题注的插入，然后再将题注居中，图居中。

（5）表题注操作类似，不同的地方在于：光标定位于表上方一行的文字前，新建"表"标签，再插入题注，将题注居中，表居中。

说明：不管图题注、表题注有没有操作完成，如果所操作的计算机里没有"图"或"表"标签，就需要新建。如果没有"图"或"表"标签，会影响到之后的交叉引用、图索引和表索引的创建。

4. 插入交叉引用

（1）选中文档中某图上下文附近的"如下图所示"文字中的"下图"两个字，选择菜单"引用"选项卡 | "题注"组中的"交叉引用"，弹出"交叉引用"对话框。"引用类型"选择"图"，"引用内容"选择"只有标签和编号"，"引用哪一个题注"选择要根据你选中的"下图"所对应的图来决定，如图 1.79 所示。单击"插入"按钮插入交叉引用。观察插入的引用，应该有底纹出现，例如"如图 2-1 所示"。

图 1.79　"交叉引用"对话框图交叉引用

（2）不要关闭"交叉引用"对话框，单击文档其他任意位置使光标定位在文档中，滚动鼠标找到并选中之后的"如下图所示"文字中的"下图"两个字，重新选择"引用哪一个题注"，再单击"插入"按钮。等全部交叉引用操作完成后，再关闭该对话框。

（3）选中文档中"如下表所示"中的"下表"两个字，打开"交叉引用"对话框，"引用类型"选择"表"，其他类似操作，插入表交叉引用，如图 1.80 所示。

图 1.80　表交叉引用

5. 序号自动编号和新建样式

（1）要对正文中出现的"1、2、3……"或"（1）、（2）……"等编号段，进行自动编号，编号格式不变。推荐方法为：如果编号段落连续的话，鼠标拖动选中连续有编号的段落，再选择"开始"选项卡，单击"段落"组中的"编号"☰即可；如果是单行的话，只要光标放在那一行，单击"编号"按钮即可。完成自动编号后，单击编号文字应该有底纹。

（2）光标放在正文中除标题行和编号行之外的任意位置（如"当今的时代可以说是信息时代"），单击"样式"窗格左下角的"新建样式"按钮，新建一个样式；样式名为你的学号，样式要求：字体为"楷体"，字号为"五号"，段落格式为首行缩进 2 字符，1.3 倍行距，如图 1.81 所示，务必将名称改为你的真实学号。

图 1.81　新建样式

（3）使用格式刷，将新建的样式应用到正文中无编号的文字，不包括章名、小节名、表文字、题注、脚注等。

6. 插入目录及图、表索引

（1）光标单击正文"第 1 章"，选择"页面布局"选项卡，再单击"页面设置"组中的"分隔符"|"下一页"，插入分节符，同样操作再插入两次。这样正文前共生成三张空白的页面。

（2）光标定位于第一张空白的页面，在第一行中输入"目录"，并将文字前自动生成的"第 1 章"字样删除。光标定位于"目录"后，按回车键。选择"引用"选项卡，单击"目录"组中的"目录"|"插入目录"，弹出"目录"对话框。"显示级别"设定为"3"，如图 1.82 所示，单击"确定"按钮。

图 1.82　"目录"对话框

（3）光标定位于第二张空白的页面，在第一行中输入"图索引"，并将文字前自动生成的"第 1 章"字样删除。光标定位于"图索引"后，按回车键。选择"引用"选项卡，单击"题注"组中的"插入表目录"，弹出"图表目录"对话框。"题注标签"选择"图"，如图 1.83 所示，单击"确定"按钮。

图 1.83　"图表目录"对话框制作图索引目录

（4）光标定位于第三张空白的页面，在第一行中输入"表索引"，并将文字前自动生成的"第 1 章"字样删除。光标定位于"表索引"后，按回车键。选择"引用"选项卡，单击"题注"组中的"插入表目录"，弹出"图表目录"对话框。"题注标签"选择"表"，单击"确定"按钮。

7. 插入页码

（1）将光标定位在"摘要"一节，选择"插入"选项卡，单击"页眉和页脚"组中的"页脚"|"编辑页脚"，进入页脚编辑状态，如图 1.84 所示。选择"页眉和页脚工具设计"选项卡，单击"导航"组中的"链接到前一条页眉" ，使其处于未选中状态，此时页脚右边的"与上一节相同"文字会消失。这样本节页脚的操作就不会影响到上一节了。

图 1.84　页脚编辑状态

（2）将光标居中后，选择"插入"选项卡，单击"文本"组中的"文档部件"|"域"，弹出"域"对话框。"类别"选择"编号"，"域名"选择"Page"，"域属性"选择"i，ii，iii，…"，如图 1.85 所示，单击"确定"按钮。

图 1.85　"域"对话框 Page 域

（3）选中刚插入的页码"i"，右击它，在弹出的快捷菜单中选择"设置页码格式"，弹出"页码格式"对话框。"编号格式"选择"i，ii，iii，…"，"页码编号"选择"起始页码"为"i"，如图 1.86 所示，单击"确定"按钮。

图 1.86 "页码格式"对话框

（4）选择"页眉和页脚工具设计"选项卡，单击"导航"组中的"下一节"，将光标定位到下一节，右击页脚"i"，在弹出的快捷菜单中选择"设置页码格式"，弹出"页码格式"对话框。"编号格式"选择"i，ii，iii，…"，"页码编号"选择"续前节"，单击"确定"按钮。下面几节的页脚（一直到正文前的表索引）都要如此进行设置。

（5）设置完成后，更新目录。右击目录项，在弹出的快捷菜单中选择"更新域"，弹出"更新目录"对话框。选择"更新整个目录"选项，再单击"确定"按钮。此时目录前面部分的效果如图 1.87 所示。

目录

图 1.87 目录前面部分的效果

（6）将光标定位在"第 1 章"一节，双击页脚区域，进入页脚编辑状态。选择"页眉和页脚工具设计"选项卡，单击"导航"组中的"链接到前一条页眉"，使其处于未选中状态，此时页脚右边的"与上一节相同"文字消失。

（7）选中页脚页码"i"，选择"页眉和页脚工具设计"选项卡，单击"插入"组中的"文档部件"|"域"，弹出"域"对话框。"类别"选择"编号"，"域名"选择"Page"，"域属性"选择"1，2，3，…"，单击"确定"按钮。

（8）将光标分别定位在"第 2 章""第 3 章"……"致谢"每一节，右击页脚"i"，在弹出的快捷菜单中选择"设置页码格式"，弹出"页码格式"对话框。"编号格式"选择"1，2，3，…"，"页码编号"选择"续前节"，如图 1.88 所示，单击"确定"按钮。

图 1.88   页码格式设置续前节

（9）更新目录，表索引和图索引。

8. 插入页眉

（1）将光标定位在"摘要"一节，选择"插入"选项卡，单击"页眉和页脚"组中的"页眉"|"编辑页眉"，进入页眉编辑状态。选择"页眉和页脚工具设计"选项卡，单击"导航"组中的"链接到前一条页眉" ，使其处于未选中状态，此时页眉右边的"与上一节相同"文字已消失，选中"奇偶页不同"复选项。此时左上角页眉显示的"奇数页页眉"，页眉中输入"**大学本科毕业论文"，如图 1.89 所示。

图 1.89   奇数页页眉编辑

（2）选择"页眉和页脚工具设计"选项卡，单击 "导航"组中的"下一节"，左上角页眉显示变成"偶数页页眉"，单击"链接到前一条页眉"，使"与上一节相同"文字消失，在页眉处输入"**大学本科毕业论文"。

（3）将光标定位在"第 1 章"一节，双击页眉区域，进入页眉编辑状态。单击"链接到前一条页眉"，使"与上一节相同"文字消失。删除页眉原来文字，打开"域"对话框。"类别"选择"链接和引用"，"域名"选择"StyleRef"，"域属性"选择"标题 1"，选中"插入段落编号"域选项，如图 1.90 所示，单击"确定"按钮，插入章编号。

图 1.90　StyleRef 域

　　（4）输入一个空格后，打开"域"对话框。"类别"选择"链接和引用"，"域名"选择"StyleRef"，"域属性"选择"标题 1"，取消选中"插入段落编号"域选项，单击"确定"按钮，插入章名。选中插入的页眉，可以看到灰色底纹，因为插入的是域，如图 1.91 所示。

图 1.91　插入标题 1 页眉

　　（5）选择"页眉和页脚工具设计"选项卡，单击"导航"组中的"下一节"，左上角页眉显示变成"偶数页页眉"，单击"链接到前一条页眉"，使"与上一节相同"文字消失。用类似插入章编号和章名方法插入节编号和节名，不同的地方就是原来"域属性"选择"标题 1"，这次要选择"标题 2"，其他均一样。完成后的结果如图 1.92 所示。

图 1.92　插入标题 2 页眉

　　（6）修改参考文献和致谢两节页眉，使得页眉就显示标题文字。
　　（7）因为设置了"奇偶页不同"，所以页脚中也要做相应处理：光标移到第"i"页（摘要页）页脚，将页脚复制到下一页；光标移到第"1"页页脚，复制页脚，光标移到下一页，取消"与上一节文字相同"文字后，将页脚粘贴过来。
　　（8）将毕业论文封面的学号和姓名填写完整，按 Ctrl 键加滚动鼠标，可以显示出如图 1.93 所示的效果图。

图 1.93　毕业设计论文排版效果图

1.6　案例五　Word VBA 制作选择题

Visual Basic for Applications (VBA) 编程可用来扩展 Microsoft Word 2010，VBA 的特点是将 VB 语言与应用对象模型结合起来，处理各种应用需求。Word VBA 是将 VB 语言应用于 Word 对象模型，或者说是用 VB 语言来操控这些 Word 对象模型，以达到各种应用的要求。所以，如果你想通过 VBA 控制 Word，必须同时熟悉 VB 语言和 Word 对象模型。

现要求使用 Word VBA 制作考卷中的选择题，包括单选题和多选题。其中，要使用到窗体控件选项按钮和复选框，并进行 VBA 代码编程实现选择题自动批改。通过本案例的学习，可以对 Word VBA 有一定的了解。

具体操作步骤参考如下。

1. 准备工作

（1）打开 Word 素材文件"用 Word 制作选择题.docx"，选择菜单"文件"|"选项"，弹出"Word 选项"对话框。选择左边的"信任中心"选项，再单击"信任中心设置"按钮，弹出"信任中心"对话框。选择左边的"宏设置"选项，再选中"启用所有宏（不推荐；可能会运行有潜在危险的代码）"单选框，并选中"信任对 VBA 工程对象模型的访问"复选框，如图 1.94 所示，单击"确定"按钮。

（2）在"Word 选项"对话框中，选择左边的"自定义功能区"选项，在右上角"自定义功能区"下拉框中选择"主选项卡"，选中"开发工具"项如图 1.95 所示。如果没有该项，可从左边列表框中添加。单击"确定"按钮后，Word 应用程序主菜单会增加"开发工具"项。

（3）选择菜单"文件"|"另存为"，弹出"另存为"对话框。"保存类型"选择"启用宏的 Word 文档（*.docm），在"文件名"框中输入"用 Word 制作选择题.docm"，如图 1.96 所示。

图 1.94　"信任中心"对话框宏设置

图 1.95　"Word 选项"对话框开发工具添加

图 1.96　带有宏文档保存

2. 单选题前插入选项按钮

（1）光标定位在第 1 题"A."前，选择"开发工具"选项卡，单击"控件"组的"旧式工具"选项，弹出"旧式窗体"，单击"选项按钮（ActiveX）"控件，如图 1.97 所示。此时在"A."前插入了 OptionButton1 选项按钮。

图 1.97 插入"选项按钮（ActiveX）"控制

（2）剪切 A 选项所有内容"A．前者分时使用 CPU，后者独占 CPU"，右击 OptionButton1 选项按钮，在弹出的快捷菜单中选择"属性"，弹出"属性"窗口。单击（名称）右边的框，输入"Op11"。单击 GroupName 右边的框，输入"d1"。单击 Caption 属性右边的框，按 Ctrl+V 快捷键粘贴刚才剪切的内容。双击 AutoSize、WordWrap 属性，使其属性分别为 True、False。 此时"设计模式"自动处于选中状态，如图 1.98 所示。

图 1.98 选项按钮属性设置

（3）复制 Op11 选项按钮到 B 选项前，剪切 B 选项所有内容，右击新复制的选项按钮，打开"属性"窗口。单击（名称）右边的框，输入"Op12"。单击 Caption 属性右边的框，按 Ctrl+V 快捷键粘贴刚才剪切的内容。采用同样的操作，复制其他选项，并修改其 Caption 属性，名称分别命名为 Op13、Op14。

（4）复制第 1 题中完成的 4 个选项到第 2 题中，名称命名为 Op21、Op22、Op23、Op24，Caption 属性改为各个选项。修改该题所有选项的 GroupName 属性为"d2"。

（5）选中第 1 题中原来答案区域，插入旧式窗体中的标签A控件 Label1，将其

ForeColor 属性设置成红色；复制到第 2 题，名称改为 Label2，其他不变，如图 1.99 所示。

图 1.99　完成单选选择题设计

3. 多选题前插入复选框

（1）光标定位在第 3 题 "A." 前，选择 "开发工具" 选项卡，单击 "控件" 组中的 "旧式工具" 选项 ，弹出 "旧式窗体"，单击 "复选框（ActiveX 控件）" 控件。此时在 "A." 前插入了 CheckBox1 选项按钮。

（2）剪切 A 选项所有内容，在 "属性" 窗口中，单击（名称）右边的框，输入 "Ch31"。单击 Caption 属性右边的框，按 Ctrl+V 快捷键粘贴刚才剪切的内容。双击 AutoSize、WordWrap 属性，使其属性分别为 True、False。

（3）同样地，参照选项按钮步骤，插入其他复选框，分别命名为 Ch31、Ch32、Ch33、Ch34、Ch41、Ch42、Ch43、Ch44。将各选项内容也修改好。复制第 2 题答案区域 Label2 标签到第 3、4 题，名称改名为 Label3、Label4。将所有标签的 Caption 属性设置为空，如图 1.100 所示。

图 1.100　完成多选选择题设计

4. 判断正误并计算得分

（1）光标定位在第 4 题之后，选择 "开发工具" 选项卡，单击 "控件" 组中的 "旧式工具"选项 ▼，弹出"旧式窗体"，单击"命令按钮（ActiveX 控件）" ▬ 控件。将命令按钮 Caption 属性改为"判断正误并计算得分"。

（2）双击该按钮，进入 VBA 代码编写窗口，如图 1.101 所示，输入以下代码。

```
d = 0: s = 0
Label1.Caption = "": Label2.Caption = ""
Label3.Caption = "": Label4.Caption = ""
If Op14.Value = True Then d = d + 1 Else Label1.Caption = "错"
If Op22.Value = True Then d = d + 1 Else Label2.Caption = "错"
If Not Ch31.Value And Ch32.Value And Ch33.Value And Not Ch34.Value Then
    s = s + 1
Else
    Label3.Caption = "错"
End If
If Ch41.Value And Not Ch42.Value And Not Ch43.Value And Ch44.Value Then
    s = s + 1
Else
    Label4.Caption = "错"
End If
MsgBox ("你的得分是：" & d * 20 + s * 30)
```

图 1.101　判断正误代码输入

（3）选择"开发工具"选项卡，单击"控件"组中的"设计模式"，取消其选中状态。在"保护"组中单击"限制编辑"，出现"限制格式和编辑"任务窗格。选中"仅允许在文档中进行此类型的编辑"复选框，在下拉框中选择"不允许任何更改（只读）"，如图 1.102 所示。

图 1.102　限制编辑设置

（4）单击"是，启动强制保护"按钮，弹出"启动强制保护"对话框，设置密码为"123"。如图 1.103 所示。保存文档，并另存为文档"用 Word 制作选择题（保护）"。

图 1.103　"启动强制保护"对话框密码保护

（5）开始做题调试，选择选项按钮和复选框，再单击按钮可得最后分数。如图 1.104 所示为全部做对的提示信息，如图 1.105 所示为部分做对的提示信息，在题目右上角会有"错"字提示。

图 1.104　全部做对提示信息

4.　（多选）有关计算机病毒的知识，下面叙述正确的是_____。错

☑ A. 很多计算机病毒隐藏在正常的程序之中，具有寄生性

☑ B. 所有的计算机病毒都可以用专门的工具软件进行清除

☐ C. 有些计算机病毒是良性的，对计算机不造成任何的伤害和破坏

☑ D. 计算机病毒是人为制造的一种破坏性程序

判断正误并计算得分

图 1.105　部分做对提示信息

（6）如果测试完全符合要求，测试后关闭文档，不要保存文档。

（7）如果测试不完全符合要求则要修改文档，此时可回到第（3）步，取消保护后再修改。修改完成，要保护文档前，应该取消选项按钮和复选框的选项信息，一般可将其 Value 属性设置为 False，使其回到初始状态再保护文档，保存文档。最后再调试测试，直到完全正确。

◇◆◇ 习题 ◇◆◇

一、判断题（对的在括号中打"√"，错的打"×"）

1. Word 2010 中只有页面视图下可显示表格和图片。（　　）

2. 文档的任何位置都可以通过运用 TC 域标记为目录项后建立目录。（　　）

3. 脚注位于文档结尾，用于对文档某些特定字符、专有名词或术语进行注释。（　　）

4. 可以通过插入域代码的方法在文档中插入页码。（　　）

5. 分节符、分页符等编辑标记能在草稿视图中查看。（　　）

6. 拒绝修订的功能等同撤销操作。（　　）

7. 可以用 VBA 编写宏代码。（　　）

8. 在审阅时，对于文档中的所有修订标记只能全部接受或全部拒绝。（　　）

9. 打印时，在 Word 2010 中插入的批注将与文档内容一起被打印出来，无法隐藏。（　　）

10. Word 域就像一段程序代码，文档中显示的内容是域代码运行的结果。（　　）

二、选择题

1. Word 2010 插入题注时如需加入章节号，如"图 1-1"，无须进行的操作是＿＿＿。
A. 将章节起始位置套用内置标题样式　　B. 将章节起始位置应用多级符号
C. 将章节起始位置应用自动编号　　D. 自定义题注样式为"图"

2. 在同一个页面中，如果希望页面上半部分为一栏，后半部分为两栏，应插入的分隔符号为＿＿＿。
A. 分页符　　B. 分栏符
C. 分节符（连续）　　D. 分节符（奇数页）

3. Word 中的手动换行符（又叫软回车，以一个直的向下的箭头↓表示）是通过＿＿＿产生的。
A. 插入分页符　　B. 插入分节符
C. 键入 Enter　　D. 按 Shift+Enter

4. 如果 Word 文档中有一段文字不允许别人修改，可以通过＿＿＿。
A. 格式设置限制　　B. 编辑限制
C. 设置文件修改密码　　D. 以上都是

5. 若文档被分为多个节，并在"页面设置"的"版式"选项卡中将页眉和页脚设置为奇偶页不同，则以下关于页眉和页脚说法正确的是＿＿＿。
A. 文档中所有奇偶页的页眉必然都不相同
B. 文档中所有奇偶页的页眉可以不相同
C. 每个节中奇数页页眉和偶数页页眉必然不相同
D. 每个节的奇数页页眉和偶数页页眉可以不相同

6. Word 2010 中插入图片域时，可以按＿＿＿＿组合键显示或隐藏域代码。

A. Ctrl+F8　　　　　　　B. Esc+F9　　　　　　C. Alt+F9　　　　　　　D. Tab+F8

7. 插入域操作可以使用"插入"｜"＿＿＿＿"｜"域"菜单命令，在弹出的"域"对话框中设置参数。

　　A. 书签　　　　　　　B. 文档部件　　　　　C. 文本框　　　　　　　D. 公式

8. Word 2010 中输入标题的时候，如果要让标题居中，一般＿＿＿＿。

A. 选择"居中"按钮 ≡ 来自动定位　　　　B. 用 Tab 键来调整

C. 用空格键来调整　　　　　　　　　　　D. 用鼠标定位来调整

9. 在 Word 2010 中，选取已设置好格式的某文本后，双击格式刷进行格式应用时，格式刷可以使用的次数为＿＿＿＿。

　　A. 1　　　　　　　　　B. 2　　　　　　　　C. 无限次　　　　　　　D. 有限次

10. 在 Word 中，能将所有的标题分级显示出来，但不显示图形对象的视图是＿＿＿＿。

　　A. 页面视图　　　　　B. 大纲视图　　　　　C. Web 版式视图　　　　D. 草稿视图

11. 在用 Word 撰写毕业论文时，要求只用 A4 规格的纸输出。在打印预览中，发现最后一页只有一行。如果想把这一行提到上一页，最好的办法是＿＿＿＿。

A. 改变纸张大小　　　　　　　　　　　B. 增大页边距

C. 减小页边距　　　　　　　　　　　　D. 页面方向改为横向

12. 下列有关脚注和尾注说法中错误的是＿＿＿＿。

A. 脚注和尾注由两个关联的部分组成，包括注释引用标记及其对应的注释文本

B. 在添加、删除或移动自动编号的注释时，Word 不会对注释引用标记重新编号，需手动更改

C. 脚注一般位于页面底部

D. 尾注一般位于文档末尾

13. 在 Word 2010 中，一组已经命名的字符和段落格式，应用于文档中的文本、表格和列表的一套格式特征称为＿＿＿＿。

　　A. 母版　　　　　　　B. 项目符号　　　　　C. 样式　　　　　　　　D. 格式

14. 下列关于 Word 主控文档中，叙述正确的是＿＿＿＿。

A. 在主控文档中不可以修改子文档中文本

B. 主控文档中的子文档只可展开不可折叠

C. 主控文档能转换为普通文档保存

D. 主控文档中的子文档只可折叠不可展开

15. 防止文件丢失的方法有＿＿＿＿。

　　A. 自动备份　　　　　B. 自动保存　　　　　C. 另存一份　　　　　　D. 以上都是

第 2 章 Excel 高级应用

2.1 Excel 2010 相关知识

2.1.1 单元格引用

单元格作为一个整体以单元格地址的描述形式参与运算称为单元格引用。单元格引用方式分为相对引用、绝对引用和混合引用。

1. 相对引用

相对引用是指将一个含有单元格地址的公式复制到一个新的位置时，公式中的单元格地址会随着改变。调整规则如下：

新行（列）地址=原行（列）地址+行（列）地址偏移量

例如，在 F2 中输入相对引用公式 "=C2+D2+E2"，如果复制 F2 公式到 G6，那 G6 中公式为 "=D6+E6+F6"。

2. 绝对引用

绝对引用是指在把公式复制或填入到新位置时，使其中的单元格地址保持不变。

例如，在 F2 中输入绝对引用公式 "=$C$2+$D$2+$E$2"，如果复制 F2 公式到 G6，那 G6 中公式为 "=$C$2+$D$2+$E$2"。

选中相对引用，按 F4 键可变成绝对引用。

3. 混合引用

混合引用是指在一个单元格地址中，既有绝对地址引用又有相对地址引用。

例如，在 F2 中输入混合引用公式 "=C2+$D$2+$E2"，如果复制 F2 公式到 G6，那 G6 中公式为 "=D6+$D$2+$E6"。

2.1.2 数组公式

数组是单元的集合或是一组需要处理的值的集合。可以写一个数组公式，即输入一个单个的公式，它执行多个输入操作并产生多个结果，每个结果显示在一个单元格区域中。

数组公式可以看成有多重数值的公式，它与单值公式的不同之处在于它可以产生一个以上的结果。一个数组公式可以占用一个或多个单元区域，数组元素的个数最多为 6500 个。

数组公式应用一般步骤为：

- 选中要显示结果的目标列（多个单元格）；
- 在编辑栏中输入"="，拖动鼠标选择操作列地址，编辑或更改公式；
- 按 Ctrl+Shift+Enter 组合键完成多个数据的计算。

要注意的是，数组公式不需要使用填充柄来完成。数组公式完成后，修改或删除单个单元格公式是不允许的，否则系统会提示错误，避免了误操作。如果一定要修改数组公式，只能全选整列数组公式在编辑栏中进行修改，在修改数组过程中数组标记"{}"会消失，需重新按 Ctrl+Shift+Enter 键确认修改。删除操作也必须针对整列数据进行操作。

【例 2.1】　已知有"学生成绩管理.xlsx" Sheet1 工作表，第一行为标题行（学号、姓名、语文、数学、英语、总分、平均），共 10 行。请使用数组公式，按语文（C 列）、数学（D 列）、英语（E 列）计算总分和平均分，将其计算结果保存到表中的"总分"列和"平均分"列当中。

步骤：

（1）拖动鼠标选中"总分"全列(F2 到 F10) 后，光标定位在编辑栏，输入"="。

（2）拖动鼠标选中"语文"全列(C2 到 C10)，键盘输入"+"；拖动鼠标选中"数学"全列(D2 到 D10) ，输入"+"；拖动鼠标选中"英语"全列(E2 到 E10)；此时编辑栏变成"=C2:C10+D2:D10+E2:E10"。

（3）按 Ctrl+Shift+Enter 组合键，编辑栏变成"=C2:C10+D2:D10+E2:E10"，"总分"列数据全部自动显示出来。

（4）同样方法计算"平均分"列，编辑栏中显示"=F2:F10/3"。完成数组公式后，可以删除 F2:G10 任意一个单元格再试一试，如果弹出"不能更改数组的某一部分"对话框，表示确定数组公式无误。

2.1.3　高级筛选

按多种条件的组合进行查询的方式称为高级筛选。对于有些筛选条件比较复杂的情况，必须使用高级筛选功能来处理。

使用高级筛选功能首先需建立一个条件区域，用来指定筛选条件。一般情况下，条件区域与数据列表不能重叠，需用空行或空列隔开。

条件区域的第一行是所有作为筛选条件的字段名，这些字段名与数据列表中的字段名必须一致，条件区域的其他行则输入筛选条件。同一行的条件是"与"运算，同一列的条件是"或"运算。也就是说，条件写在同一行，表示条件之间是"与"的关系，要求同一行各条件同时成立。条件写在不同行，表示每个条件之间是"或"的关系，同一行各条件中只要成立一个即可。条件区域筛选条件也可以使用通配符表示，"?"表示可以代替任一个字符，"*"表示可替代任意多个字符。

实现高级筛选操作一般分为三步：

- 建立筛选条件区域，这也是最重要的一步；

● 选中数据区或光标放在数据区，选择"数据"选项卡，单击"排序和筛选"组中的"高级"；

● 弹出"高级筛选"对话框，选择方式"在原有区域显示筛选结果"或"将筛选结果复制到其他位置"；再选择列表区域和条件区域。

【例 2.2】 已知有"学生成绩.xlsx" Sheet1 工作表，要求筛选"数学"大于等于 85 分，或者"平均分"大于 80 分的男生，将筛选结果放在 A12 开始的位置。

步骤介绍如下：

（1）在"成绩"数据表旁 I2 开始区域建立条件区域：

性别	数学	平均分
	>=85	
男		>80

（注意这里条件行的关系运算符>、>=必须为半角英文标点符号）。标题字段在同一行，">=85"在数学列下，表示："数学"大于等于 85 分；"男"和">80"在同一行表示要同时成立，和数学条件的关系是"或者"，表示只要成立一个条件即可。

（2）光标放在数据区域，选择"数据"选项卡，单击"排序和筛选"组中的"高级"，打开"高级筛选"对话框。列表区域就是数据区域，已经自动选择；选中"将筛选结果复制到其他位置"选项；光标定位在"条件区域"，选中 I2：K4 区域；光标定位在"复制到"，单击选中 A12 单元格；单击"确定"按钮。设置内容和结果如图 2.1 所示。

图 2.1 高级筛选举例

思考：如果要求筛选出总分大于等于 220 分或者姓名中含有"张"字的学生，该如何建立条件区域。

2.1.4 数据透视表与透视图

数据透视表是一种对大量数据快速汇总和建立交叉列表的交互式表格，不仅能够改变行和列以查看源数据的不同汇总结果，也可以显示不同页面以筛选数据，还可以根据需要显示区域中的明细数据。

数据透视图是将数据透视表结果赋以更加生动、形象的表示方式。因为数据透视图需利用数据透视表的结果，因此其操作是与透视表相关联的。

【例 2.3】 已知有"成绩表"工作表，要求制作数据透视表，使其能查询各个班级男女同学每门课程及总分的平均分。制作数据透视图，比较男女同学各门课程的平均分。

步骤介绍如下：

（1）光标放在数据区域，选择"插入"选项卡，单击"表格"组中的"数据透视表"，打开"创建数据透视表"对话框，如图 2.2 所示，单击"确定"按钮。

	A	B	C	D	E	F	G	H
1	班级	学号	姓名	性别	计算机基础	高等数学	大学英语	总分
2	301	03000011	李小军	男	67	60	62	189
3	301	03000010	刘丽丽	女	93	99	93	285
4	301	03000008	钱明明	女	92	92	96	280
5	301	03000001	张强	男				
6	301	03000013	张小菲	女				
7	301	03000024	周学军	男				
8	302	03000056	李刚	男				
9	302	03000063	李立扬	女				
10	302	03000050	李欣	女				
11	302	03000058	任广品	男				
12	302	03000046	张光远	男				
13	303	03000087	王梦	女				
14	303	03000090	张小东	男	78	90	95	263

图 2.2 数据透视表用原表和"创建数据透视表"对话框

（2）在出现的"数据透视表字段列表"中，拖动"班级"到"报表筛选"框中；拖动"性别"到"行标签"框中；拖动"计算机基础""高等数学""大学英语""总分"到"数值"框中。单击"数值"框中的"大学英语"下拉框，选择"值字段设置"，在弹出的对话框中，如图 2.3 所示，选择"值字段汇总方式"为"平均值"，其他成绩也类似设置好。

图 2.3 数据透视表举例

（3）将光标放在数据区域，选择"插入"选项卡，单击"表格"组中的"数据透视图"，在出现的"数据透视表字段列表"中，拖动"性别"到"轴字段（分类）"框中；拖动"计算机基础""高等数学""大学英语"到"数值"框中。单击"数值"框中的"大学英语"下拉框，选择"值字段设置"，在弹出的对话框中，选择"值字段汇总方式"为"平均值"，其他成绩也类似设置好。数据透视图制作完成后的效果如图 2.4 所示。

图 2.4　数据透视图举例

2.1.5　常用函数

1. 日期时间函数

1）YEAR 函数

功能：返回某日期对应的年份，返回值为 1900 到 9999 之间的整数。

格式：YEAR(Date)。

说明：Date 是一个日期值，也可以是格式为日期格式的单元格名称；取出 Date 的 4 位年份整数。

如"=YEAR("2018/9/27")"返回 2018。

类似地，还有 MONTH(Date)、DAY(Date)函数，分别返回月份和天数。

如"=MONTH("2018/9/27")"返回 9，"=DAY("2018/9/27")"返回 27。

2）TODAY 函数

功能：返回当前日期。

格式：TODAY()。

类似地，还有 NOW()函数，返回当前日期和时间。

3）MINUTE函数

功能：返回时间值中的分钟，即一个介于 0 到 59 之间的整数。

格式：MINUTE(Serial_number)。

说明：Serial_number 是一个时间值，也可以是格式为时间格式的单元格名称。

如"=MINUTE("18:13:36")"返回 13。

类似地，还有 SECOND(Serial_number)函数，返回时间值中的秒数。

如 "=SECOND("18:13:36")" 返回36。

4）HOUR函数

功能：返回时间值的小时数，即一个介于 0 到 23 之间的整数。

格式：HOUR(Serial_number)。

说明：Serial_number 是一个时间值，也可以是格式为时间格式的单元格名称。

如 "=HOUR("18:13:36")" 返回 18。

5）WEEKDAY 函数

功能：返回代表一周中的第几天的数值。即一个介于 1到7之间的整数。

格式：WEEKDAY (Date)。

说明：Date是一个日期值，也可以是格式为日期格式的单元格名称。星期日返回1，星期一返回2……星期六返回7。

如 "=WEEKDAY("2018/3/23")" 返回 6。

【例 2.4】　已知 "出生日期" 字段（E 列），使用日期函数自动填写 "年龄" 字段（G列）结果。

步骤介绍如下：

（1）单击G2单元格，在编辑栏中编辑公式 " =YEAR(TODAY())-YEAR(E2)"（或者"=YEAR(NOW())-YEAR(E2)"）。

（2）G2单元格产生结果42，用拖动引用公式的方法自动填充整个列年龄数据。

2. 逻辑函数

1）AND（与）函数

功能：在其参数组中，所有参数逻辑值为 TRUE，即返回 TRUE。

格式：AND(Logical1,Logical2,...)。

说明：Logical1,Logical2,...为需要进行检验的 1 到 30 个条件，分别为 TRUE 或FALSE。

如 "=AND(2>1,"4">"31")" 返回TRUE。"4">"31"说明：数字字符比较是从左到右一个字符一个字符进行比较的，与一般数字比较方式不同。

2）OR（或）函数

功能：在其参数组中，任何一个参数逻辑值为 TRUE，即返回 TRUE。

格式：OR(Logical1,Logical2,...)。

说明：Logical1,Logical2,...为需要进行检验的1到30个条件，分别为TRUE或FALSE。

如"=OR(1>2,"4">"31")" 返回 "TRUE"。如果指定的逻辑条件参数中包含非逻辑值时，则函数返回错误值 "#VALUE！" 或 "#NAME"。

3）IF函数

功能：执行真假值判断，根据逻辑计算的真假值，返回不同结果。

格式：IF(Logical_test,Value_if_true,Value_if_false)。

说明：Logical_test 表示计算结果为 TRUE 或 FALSE 的任意值或表达式，Value_if_true 是Logical_test 为 TRUE 时返回的值，Value_if_false 是 Logical_test 为 FALSE 时返回的值。

如"=IF(1>2,"成立","不成立")"返回"不成立"。

【例2.5】 使用函数，判断年份（A2）是否为闰年，如果是，结果为"闰年"，如果不是，则结果为"平年"，并将结果保存在"是否为闰年"列中。

分析：

（1）闰年的条件。能被400整除的年份，或者年数能被4整除而不能被100整除。

（2）方法。

IF(_____①_____ , "闰年","平年")

①：OR(MOD(A2，400)=0, _____②_____)

②：AND(MOD(A2, 4)=0,MOD(A2，100)<>0)

（3）合成后：

=IF(OR(MOD(A2,400)=0,AND(MOD(A2,4)=0,MOD(A2,100)<>0)),"闰年","平年")

（4）操作说明。

● 编辑公式中的各种符号应使用英文半角字符（其他公式编辑也同样，不再赘述）。

● 公式中的字符信息前后必须使用定界符""。

【例2.6】 根据"折扣表"中的商品折扣率，利用相应的函数，将其折扣率自动填充到采购表的"折扣"列中。

步骤：

（1）光标定位在折扣列（D10）。

（2）这里折扣率计算分为4种情况，可用3个嵌套IF函数来完成。在编辑栏中输入"=IF(B10>=$A$6,$B$6,IF(B10>=$A$5,$B$5,IF(B10>=$A$4,$B$4,$B$3)))"，如图2.5所示。注意B10为相对引用地址，其他为绝对引用地址，按F4键可进行切换。也可以采用第二种写法，即在编辑栏中输入"=IF(B10<$A$4,$B$3,IF(B10<$A$5,$B$4,IF(B10<$A$6,$B$5,$B$6)))"来完成。

（3）回车后出结果，折扣列其他行使用填充柄完成。

图2.5 嵌套IF函数举例

3. 算术与统计函数

1）ABS函数

功能：返回给定数值的绝对值，即不带符号的数值。

格式：ABS(Number)。

说明：Number代表需要求绝对值的数值或引用的单元格。

如"=ABS(-3)"返回3。如果Number参数不是数值，而是一些字符（如A等），则返回错误值"#VALUE！"。

2）ROUND函数

功能：按指定的位数对数值进行四舍五入。

格式：ROUND (Number,Num_digits)。

说明：Number是数值，Num_digits表示指定的位数。

如"=ROUND(3.1415,3)"返回3.142，又如"=ROUND(123,-2)"返回100。

3）RANK函数

功能：为指定单元的数据在其所在行或列数据区所处的位置排序。

格式：RANK(Number,Reference,Order)。

说明：Number 是被排序的值，Reference 是排序的数据区域，Order 用于升序、降序选择，其中 Order 取 0 值按降序排列，Order 取 1 值按升序排列，默认为 0。

【例 2.7】 在"成绩"表中，根据"总分"自动生成"排名"列的相应值。

步骤：

（1）选中 H2 单元格，单击编辑栏中的"插入函数" f_x，弹出"插入函数"对话框，找到或搜索到 RANK，单击"确定"按钮。

（2）弹出"函数参数"对话框，光标定位在"Number"处，单击 G2 单元格；光标定位在"Ref"处，拖动鼠标选中 G2:G10 区域，按 F4 键，使其变成绝对引用地址$G$2:$G$10，如图 2.6 所示，单击"确定"按钮。此参数必须用绝对引用方式，如使用相对引用方式则排序错误。

（3）观察编辑栏，公式为"=RANK(G2,$G$2:$G$10)"。其实也可以在编辑栏中直接输入函数公式。

（4）N3 单元格产生结果"4"，用填充方式生成整个排名列数据。

图 2.6　RANK 函数举例

4）MOD 函数

功能：返回两数相除的余数。

格式：MOD(Number,Divisor)。

说明：Number 为被除数，Divisor 为除数。

如"=MOD(13,4)"返回 1。

5）MAX 函数

功能：返回一组值中的最大值。

格式：MAX(Number1,Number2,...)。

说明：Number1, Number2, ... 是要从中找出最大值的 1 到 30 个数字参数。

类似地，还有 MIN(Number1,Number2,...)函数，返回一组值中的最小值。

6）COUNTIF函数

功能：计算区域中满足给定条件的单元格的个数。

格式：COUNTIF(Range,Criteria)

说明：Range 为需要计算其中满足条件的单元格数目的单元格区域。Criteria 为确定哪些单元格将被计算在内的条件，其形式可以为数字、表达式、单元格引用或文本，例如：条件可以表示为 59、"59"、">59" 或 "apple"等。

【例 2.8】 在"数学成绩"表中，用 COUNTIF 函数统计各个分数段 90～100（含 90、100）、80～90（含 80、不含 90）、70～80（含 70、不含 80）、60～70（含 60、不含 70）、60 以下的人数。

分析：在不同的分数段分别使用 COUNTIF 函数公式如下。

分数位于 0 到 59 分的人数：

　　=COUNTIF(C2: C81,"<60")

分数位于 60 到 69 分的人数：

　　=COUNTIF(C2: C81,"<70")-COUNTIF(C2: C81,"<60")

分数位于 70 到 79 分的人数：

　　=COUNTIF(C2: C81,"<80")-COUNTIF(C2: C81,"<70")

分数位于 80 到 89 分的人数：

　　=COUNTIF(C2: C81,"<90")-COUNTIF(C2: C81,"<80")

分数位于 90 到 100 分的人数：

　　=COUNTIF(C2: C81,"<=100")-COUNTIF(C2: C81,"<90")

计算后结果如图 2.7 所示。单击 F5 单元格，观察编辑栏中的公式。

	A	B	C	D	E	F
1	学号	姓名	数学			
2	146110009	张辰	70		分数位于90到100分的人数	29
3	146110010	原浩之	85		分数位于80到89分的人数	31
4	146150002	刘畅	74		分数位于70到79分的人数	13
5	146220001	曹欣悦	45		分数位于60到69分的人数	5
6	146220009	白晓赫	81		分数位于0到59分的人数	2
7	146230001	周徐均	93			
8	146230002	汪赫	85			
9	146330275	陈依文	80			
10	146330279	陈银铃	86			
11	146330284	金春花	94			
12	146330287	任张炎	96			
13	146330293	陈铭	82			
14	146330295	李晓波	82			
15	146330313	孟一苇	88			

F5 =COUNTIF(数学成绩!$C$2:$C$81,"<70")-COUNTIF(数学成绩!$C$2:$C$81,"<60")

图 2.7　COUNTIF 函数举例

如果本题不限制函数，也可以使用第二种方法，也就是使用 COUNTIFS 函数。COUNTIFS 函数与 COUNTIF 函数功能类似，用法有些不同。分数位于 60 到 69 分的人数可使用公式：=COUNTIFS(C2:C81,">=60",C2:C81,"<70")。

7）SUMIF 函数

功能：根据指定条件对若干单元格求和。

格式：SUMIF(Range,Criteria,Sum_range)。

说明：Range 为用于条件判断的单元格区域，Criteria 为确定哪些单元格将被相加求和的条件，其形式可以为数字、表达式或文本。Sum_range 为用于求和的单元格区域。

类似地，还有 AVERAGEIF(Range,Criteria,Average_range)函数，根据指定条件对若干单元格求平均值。

【例 2.9】 在"订书"表中，用 SUMIF 函数统计 c1、c2、c3、c4 用户的支付总额。

步骤：

（1）光标定位在 K4 单元格，单击编辑栏中的"插入函数" *f_x*，弹出"插入函数"对话框，找到或搜索到 SUMIF，单击"确定"按钮。

（2）弹出"函数参数"对话框，光标定位在"Range"处，拖动鼠标选中A2:A51区域，按F4键，使其变成绝对引用地址。

（3）光标定位在"Criteria"处，单击 J4 单元格。

（4）光标定位在"Sum_range"处，拖动鼠标选中 H2:H51 区域，按 F4 键，使其变成绝对引用地址，单击"确定"按钮。

（5）观察编辑栏，公式为"=SUMIF($A$2:$A$51,J4,$H$2:$H$51)"。其实也可以在编辑栏中直接输入函数公式。

（6）K5～K7 使用填充完成。其结果如图 2.8 所示。

	A	B	C	D	E	F	G	H	I	J	K
	K4 ▼	*f_x*	=SUMIF($A$2:$A$51, J4, $H$2:$H$51)								
1	客户	ISSN	教材名称	出版社	作者	订数	单价	金额			
2	c3	7-212-03456-2	计算机网络技术	北京航大	张应辉	63	35	2205			
3	c4	7-356-54321-5	电子商务	北京理工	申自然	421	30	12630		用户	支付总额
4	c1	7-121-02828-9	数字电路	电子工业出版社	贾立新	555	34	18870		c1	721301
5	c3	7-121-32958-7	投资与理财	电子工业出版社	魏涛	71	24	1704		c2	53337
6	c3	7-355-98654-9	计量技术	东北财经大学出版社	姚珑珑	75	25	1875		c3	65122
7	c2	7-309-03201-4	管理心理学	复旦大学	苏东水	106	30	3180		c4	71253
8	c4	7-04-113245-8	经济法（含学习卡）	高等教育	曲振涛	589	35	20615			
9	c4	7-04-213489-0	市场营销学	高等教育	毕思勇	472	25	11800			
10	c1	7-04-513245-8	高等数学 下册	高等教育出版社	同济大学	3700	25	92500			
11	c1	7-04-813245-9	高等数学 上册	高等教育出版社	同济大学	3500	24	84000			
12	c1	7-04-414587-1	概率论与数理统计教程	高等教育出版社	沈恒范	1592	31	49352			
13	c1	7-04-345678-0	电路	高等教育出版社	邱关源	869	35	30415			
14	c1	7-04-021908-1	复变函数	高等教育出版社	西安交大	540	29	15660			
15	c1	7-04-001245-2	大学文科高等数学 1	高等教育出版社	姚孟臣	518	26	13468			
16	c2	7-04-015710-6	现代公关礼仪	高教	施卫平	160	21	3360			

图 2.8 SUMIF 函数举例

4．查找函数

1）VLOOKUP 函数

功能：按垂直列查找，在表格或数值数组的首列查找指定的数值，并由此返回表格或数组当前行中指定列处的数值。

格式：VLOOKUP（Lookup_value，Table_array，Col_index_num，Range_lookup）

说明：

● Look_value，被查找的列的值，Lookup_value 可以为数值、单元格引用或文本字符串。Lookup_value的值必须与Table_array第一列的内容相对应。如A11，其为相对引用地址。

● Table_array，为需要在其中查找数据的数据表，引用的数据表格、数组或数据库，如$F$3:$G$5，其为绝对引用地址。

● Col_index_num，一个数字，代表要返回的值位于 Table_array 中的第几列。

● Range_lookup，一个逻辑值，表示函数 VLOOKUP 查找时是精确匹配，还是近似匹配。如果为 TRUE 或者 1 或者省略，则返回近似匹配值，也就是说，如果找不到精确匹配值，则返回小于 Lookup_value 的最大数值。如果该值为 FALSE 或者 0，函数只会查找完全符合的数值，如果找不到，则返回错误值"#N/A"。

VLOOKUP 函数也可以理解为：用一个数与一张表格数据依次进行比较，发现匹配的数值后，将表格中对应的数值提取出来。

【例 2.10】 根据"价格表"中的商品单价，使用 VLOOKUP 函数，将其单价自动填充到"采购表"的"单价"列中。根据"折扣表"中的折扣率，使用 VLOOKUP 函数，将其折扣率自动填充到"采购表"的"折扣"列中。

分析：在 table 表（价格表）第 1 列中查找 A11（衣服），找到后，返回 table 表中的衣服所在行（第 3 行）的第 2 列单价（120）到 Look 表（采购表）的 D11，如图 2.9 所示。

图 2.9 VLOOKUP 函数图例

步骤：

（1）光标定位在 D11，插入 VLOOKUP 函数，弹出"函数参数"对话框。"Lookup_value"设为"A11"，"Table_array"设为"$F$3:$G$5"，"Col_index_num"设为"2"，"Range_lookup"设为"FALSE"。或者在编辑栏中输入"=VLOOKUP(A11,$F$3:$G$5,2,FALSE)"也可实现。填充实现"单价"列其他数据，如图 2.10 所示。

图 2.10　VLOOKUP 函数举例

（2）光标定位在 E11 编辑栏，输入"=VLOOKUP(B11,$A$3:$B$6,2,TRUE)"，这里最后一个参数使用 TRUE，表示用近似匹配实现"折扣"列数据提取，填充实现"折扣"列。

2）HLOOKUP 函数

说明：按水平行查找，HLOOKUP 函数的用法与 VLOOKUP 基本一致，不同在于 HLOOKUP 函数的 Table_array 数据表的数据信息是以行的形式出现的，如图 2.11 所示。

table表			
	F	**G**	**H**
1	项目	衣服	裤子	鞋子
2	单价	120	80	150	◄——第2行

图 2.11　HLOOKUP 函数数据表格式

5．文本函数

1）REPLACE函数

功能：使用其他文本字符串并根据所指定的字符数替换某文本字符串中的部分文本。也就是将某几位的文字以新的字符串替换。

格式：REPLACE(Old_text,Start_num,Num_chars,New_text)。

说明：

● Old_text，旧的文本数据，是要替换其部分字符的文本；

● Start_num，从第几个字符位置开始替换，是要用 New_text 替换的 Old_text 中字符的位置；

● Num_chars，共替换多少字符，是希望 REPLACE函数使用 New_text 替换 Old_text中字符的个数，如果Num_chars为"0"，是在指定位置插入新字符；

● New_text，用来替换的新字符串，是要用于替换 Old_text 中字符的文本。

【例 2.11】　对"原电话号码"列中的电话号码进行升级。升级方法是在区号（0571）后面加上"8"，并将其计算结果保存在"升级电话号码"列的相应单元格中。

分析提示：

在相应编辑栏中编辑公式"=REPLACE(F2,1,4,"05718")",这个是用替换的方法;也可以使用插入的方法"= REPLACE（F2,5,0, "8"）"。

2）RIGHT 函数

功能：从字符串右边开始取几个字符。

格式：RIGHT(Text,Num_chars)

说明：Text 是包含要提取字符的文本字符串。Num_chars 是从字符串右边取的字符数。类似地，LEFT(Text,Num_chars)函数则表示从字符串左边开始取几个字符，两者用法相同。

3）MID函数

功能：返回文本字符串中从指定位置开始的特定数目的字符。

格式：MID(Text,Start_num,Num_chars)。

说明：Text 是包含要提取字符的文本字符串，Start_num 是文本中要提取的第一个字符的位置，Num_chars 指定希望 MID 函数从文本中返回字符的个数。

4）CONCATENATE函数

功能：将几个文本字符串合并为一个文本字符串。

格式：CONCATENATE (Text1,Text2,...)。

说明：Text1, Text2, ... 为 1 到 30 个将要合并成单个文本项的文本项。

【例 2.12】 仅使用文本函数 MID 函数和 CONCATENATE 函数，对 Sheet1 中的"出生日期"列进行自动填充。填充的内容根据"身份证号码"列的内容来确定，身份证号码中的第 7 位～第 10 位表示出生年份；第 11 位～第 12 位表示出生月份；第 13 位～第 14 位表示出生日。填充结果的格式为：xxxx 年 xx 月 xx 日（注意：不得使用单元格格式进行设置）。

分析提示：

在相应单元格编辑栏中编辑公式：

=CONCATENATE(MID(E3,7,4),"年",MID(E3,11,2),"月",MID(E3,13,2),"日")

如果不使用 CONCATENATE 函数，也可以使用字符连接运算符&来完成公式：

=MID(E3,7,4)& "年"& MID(E3,11,2) & "月" & MID(E3,13,2) & "日"。

5）COUNTBLANK函数

功能：计算某个单元格区域中空白单元格的数目。

格式：COUNTBLANK(Range)。

例如，COUNTBLANK(B2:E11)。

6）ISTEXT函数

功能：判定 Value 是否为文本。

格式：ISTEXT(Value)。

例如，IF(ISTEXT(C21),TRUE,FALSE)。

7）UPPER 函数

功能：将文本字符串的字母全部转换成大写形式。

格式：UPPER (text)。

说明：text 是文本字符串。

类似地，LOWER(text)函数是将文本字符串的字母全部转换成小写形式；PROPER(text)函数是将一个文本字符串中各英文单词的第一个字母转换成大写，将其他字符转换成小写。

例如"=PROPER("I am a sTUDENT")"结果为"I Am A Student"。

6．数据库函数

数据库函数是用于对存储在数据清单或数据库中的数据进行分析，判断其是否符合特定的条件。

典型的数据库函数，表达的完整格式为：函数名称（Database，Field，Criteria）

说明：

● Database（数据库），构成数据清单或数据库的单元格区域。数据库是包含一组相关数据的数据清单，其中包含相关信息的行称为记录，包含数据的列称为字段。

● Field（字段），指定数据库函数所作用（计算或者获取）的数据列，可以是单元格地址，也可以是代表清单中数据列位置的数字，1 表示第 1 列，2 表示第 2 列，……

● Criteria（条件区域），一组包含给定条件的单元格区域。此区域至少包含一个列标志和列下方用于设定条件的单元格。如在 Sheet2 表中自己先构建条件区间，如 $J$10:$K$11。

图 2.12 给出了各个数据库函数参数的例子。

Database:

field1	field2	语文	数学	……
数据	数据	数据	数据	……
……				
……	……	……		

Criteria:

	J	K
10	数学	数学
11	>=80	<=100

图 2.12　数据库函数参数的例子

主要数据库函数列举如下。

1）DCOUNT

功能：计算数据库中满足指定条件的记录字段（列）中包含数值的单元格的个数。

2）DCOUNTA

功能：对满足指定条件的数据库中记录字段（列）的非空单元格进行计数。

3）DSUM

功能：数据库中符合指定条件的单元格的值的总和。

4）DAVERAGE

功能：数据库中符合指定条件的单元格的值的平均值。

5）DGET

功能：获取数据库的列中提取符合指定条件的单元格的值。

6）DMAX

功能：数据库的列中满足条件的最大值。

【例 2.13】 如图 2.13 所示，在 Sheet1 中，利用数据库函数及已设置的条件区域，根据以下情况计算，并将结果填入到相应的单元格中。

（1）计算："语文"和"数学"成绩都大于或等于 85 分的学生人数；

（2）计算："体育"成绩大于或等于 90 分的"女生"姓名；

（3）计算："体育"成绩中男生的平均分；

（4）计算："体育"成绩中男生的最高分；

（5）计算：男生的总获奖次数。

	A	B	C	D	E	F	G	H	I	J	K
1			学生成绩表							条件区域1：	
2	学号	新学号	姓名	性别	语文	数学	体育	获奖次数		语文	数学
3	001	2009001	钱梅宝	男	88	98	90	2		>=85	>=85
4	002	2009002	张平光	男	100	98	87	3			
5	003	2009003	许动明	男	89	87	70	1			
6	004	2009004	张　云	女	77	76	85	0		条件区域2：	
7	005	2009005	唐　琳	女	98	96	80	2		体育	性别
8	006	2009006	宋国强	男	50	60	76	0		>=90	女
9	007	2009007	郭建峰	男	97	94	81	2			
10	008	2009008	凌晓婉	女	88	95	86	1			
11	009	2009009	张启轩	男	98	96	92	3		条件区域3：	
12	010	2009010	王　丽	女	78	92	78	1		性别	
13	011	2009011	王　敏	女	85	96	94	2		男	
14	012	2009012	丁伟光	男	67	61	74	0			
15											
16			情况					计算结果			
17	"语文"和"数学"成绩都大于或等于85的学生人数：										
18	"体育"成绩大于或等于90的"女生"姓名：										
19	"体育"成绩中男生的平均分：										
20	"体育"成绩中男生的最高分：										
21	男生的总获奖次数：										

图 2.13　数据库函数举例

分析提示：

（1）H17 单元格公式：=DCOUNT(A2:H14,E2,J2:K3)，其中第 2 个参数 E2 也可以是 F2、G2、H2，还可以是 5、6、7、8。只要是能统计学生人数的数值类型字段均可。

（2）H18 单元格公式：=DGET(A2:H14,C2,J7:K8)，其中第 2 个参数 C2 也可以是 3。

（3）H19 单元格公式：=DAVERAGE(A2:H14,G2,J12:J13)。

（4）H20 单元格公式：=DMAX(A2:H14,G2,J12:J13)。

（5）H21 单元格公式：=DSUM(A2:H14,H2,J12:J13)。

数据库函数举例结果如图 2.14 所示。

16	情况	计算结果
17	"语文"和"数学"成绩都大于或等于85的学生人数：	8
18	"体育"成绩大于或等于90的"女生"姓名：	王　敏
19	"体育"成绩中男生的平均分：	81.428571
20	"体育"成绩中男生的最高分：	92
21	男生的总获奖次数：	11

图 2.14　数据库函数举例结果

7．财务函数

1）PMT 函数

功能：基于固定利率及等额分期付款方式，返回贷款的每期付款额。

格式：PMT(Rate，Nper，Pv，[Fv]，[Type])

说明：

● PMT，可以理解成 payment，欠款，贷款。

● Rate，贷款利率（年利率）。

● Nper（Total Number of Periods，总期数），该项贷款的总贷款期限或者总投资期（贷款年限）。

● Pv（Present Value，现值），从该项贷款（或投资）开始计算时已经入账的款项（贷款总金额）。

● Fv（Future Value，未来值），未来值，或在最后一次付款后希望得到的现金余额，如忽略该值，将自动默认为 0。

● Type，一个逻辑值，用以指定付款时间是在期初还是在期末，1 表示期初，0 表示期末，忽略该值，默认为 0。

【例 2.14】　某人向银行贷款 100 万元，年利率为 5.58%，贷款年限为 15 年，计算贷款按年偿还和按月偿还的金额各是多少？

分析：在计算时要注意利率和期数的单位要一致，即年利率对应年期数，月利率对应月期数，其中月利率为年利率除以 12，月期数为年期数乘以 12。

提示：各个单元格输入的公式为：

E2 单元格公式：=PMT(B4,B3,B2,,1)

E3 单元格公式：=PMT(B4,B3,B2,,0)

E4 单元格公式：=PMT(B4/12,B3*12,B2,,1)

E5 单元格公式：=PMT(B4/12,B3*12,B2)

最终执行函数后，其结果如图 2.15 所示。

	E4		▼	f_x　=PMT(B4/12, B3*12, B2, , 1)	
	A	B	C	D	E
1	贷款情况			需还款情况	
2	贷款金额	1000000		按年偿还贷款（年初）	¥-94,862.62
3	贷款年限	15		按年偿还贷款（年末）	¥-100,155.95
4	年利率	5.58%		按月偿还贷款（月初）	¥-8,175.33
5				按月偿还贷款（月末）	¥-8,213.35

图 2.15　PMT 函数举例 1

【例 2.15】　某人的年金计划，计算在固定年利率 6%下，连续 20 年每个月存多少钱才能最终得到 100 万元？

提示：B6 单元格输入的公式为：=PMT(B3/12,B2*12,0,B4)，如图 2.16 所示。

B6 ▼	fx	=PMT(B3/12,B2*12,0,B4)

	A	B	C
1	年金计划		
2	年限	20	
3	年利率	6.00%	
4	最后一次付款后希望得到的现金余额	1000000	
5			
6	**每个月要存的钱**	¥-2,164.31	

图 2.16　PMT 函数举例 2

2）IPMT 函数

功能：基于固定利率及等额分期付款方式，返回投资或贷款在某一给定期限内的利息偿还额。

格式：IPMT(Rate，Per，Nper，Pv，[Fv]，[Type])

说明：

- Rate，各期利率（月利率=年利率/12）。
- Per，用于计算利息数额的期数，介于 1～Nper 之间。
- Nper，总投资（或贷款）期，即该项投资（或贷款）的付款期总数（年数*12 月）。
- Pv，从该项投资（或贷款）开始计算时已经入账的款项（贷款金额）。
- Fv 和 Type，同 PMT 函数。

【例 2.16】　某人向银行贷款 100 万元，年利率为 5.58%，贷款年限为 15 年，如果贷款按月偿还（期末），计算前 3 个月每月应付的利息金额为多少元。

操作提示：各个单元格输入的公式为：

E8 单元格公式：=IPMT($B$4/12,1,$B$3*12,$B$2)

E9 单元格公式：=IPMT($B$4/12,2,$B$3*12,$B$2)

E10 单元格公式：=IPMT($B$4/12,3,$B$3*12,$B$2)

IPMT 函数举例结果，如图 2.17 所示。

E8 ▼	fx	=IPMT($B$4/12,1,$B$3*12,$B$2)

	A	B	C	D	E
1	贷款情况			需还款情况	
2	贷款金额	1000000		按年偿还贷款（年初）	¥-94,862.62
3	贷款年限	15		按年偿还贷款（年末）	¥-100,155.95
4	年利率	5.58%		按月偿还贷款（月初）	¥-8,175.33
5				按月偿还贷款（月末）	¥-8,213.35
6					
7				贷款利息	
8				第1个月贷款利息	¥-4,650.00
9				第2个月贷款利息	¥-4,633.43
10				第3个月贷款利息	¥-4,616.78

图 2.17　IPMT 函数举例

3）FV 函数

功能：基于固定利率及等额分期付款方式，返回某项投资的未来值。

格式：FV（Rate，Nper，Pmt，[Pv]，[Type]）

说明：

● Rate，各期利率（年利率）。

● Nper，总投资（或贷款）期，即该项投资（或贷款）的付款期总数（再投资年限）。

● Pmt，各期所应支付的金额（每年再投资金额）。

● Pv，现值，即从该项投资开始计算时已经入账的款项，也称为本金（先投资金额）。

【例 2.17】　某人为某项工程，先投资 50 万元，年利率为 6%，并在接下来的 8 年中每年再投资 10000 元，使用财务函数，根据"投资情况表 1"中的数据，计算 8 年以后得到的金额，并将结果填入到 B7 单元格中。

提示：B7 单元格输入的公式为：=FV(B3,B5,B4,B2)，如图 2.18 所示，一般投资金额为付出金额，所以应为负数。

B7		f_x	=FV(B3, B5, B4, B2)
	A		B
1	投资情况表1		
2	先投资金额：		−500000
3	年利率：		6%
4	每年再投资金额：		−10000
5	再投资年限：		8
6			
7	8年以后得到的金额：		¥895,898.72

图 2.18　FV 函数举例

4）PV 函数

功能：一系列未来付款的当前值的累积和，返回的是投资现值。

格式：PV(Rate，Nper，Pmt，[Fv]，[Type])

说明：

● Rate，贷款利率（年利率）。

● Nper，该项贷款的总贷款期限或者总投资期（年限）。

● Pmt，各期所应支付的金额（每年投资金额）。

【例 2.18】　某个项目预计每年投资 20000元，投资年限为 10 年，其回报年利率是 10%，那么预计投资多少金额？

提示：单元格输入的公式为：=PV(B3,B4,B2)，如图 2.19 所示。

B6		f_x	=PV(B3, B4, B2)
	A		B
1	投资情况表2		
2	每年投资金额：		−20000
3	年利率：		10%
4	再投资年限：		10
5			
6	预计投资金额：		¥122,891.34

图 2.19　PV 函数举例

5）RATE 函数

功能：基于固定利率及等额分期付款方式，返回某项投资的未来值。

格式：RATE (Nper，Pmt，Pv，[Fv]，[Type]，[Guess])

说明：

- Nper，总投资（或贷款）期。
- Pmt，各期所应付给（或得到）的金额。
- Pv，现值，即从该项投资开始计算时已经入账的款项，也称为本金。
- Guess，预期利率（估计值），如果省略预期利率，则假设该值为 10%，如果函数 RATE 不收敛，则需要改变 Guess 的值。通常情况下当 Guess 位于 0 和 1 之间时，函数 RATE 是收敛的。

【例 2.19】 某人买房申请了 10 年期贷款 200000 元，每月还款 2250 元，那么贷款的月利率是多少？

提示：单元格输入的公式为：=RATE(B4*12,B3,B2)，如图 2.20 所示。

B6	▼	f_x	=RATE (B4*12, B3, B2)	
	A		B	C
1	**贷款情况表**			
2	贷款总额		200000	
3	每月还款额		−2250	
4	年限		10	
5				
6	**月利率**		0.5245%	

图 2.20 RATE 函数举例

6）SLN函数

功能：返回某项资产在一个期间中的线性折旧值。

格式：SLN(Cost,Salvage,Life)

说明：

- Cost，资产原值。
- Salvage，资产在折旧期末的价值（也称为资产残值）。
- Life 为折旧期限（有时也称为资产的使用寿命）。

B6	▼	f_x	=SLN(B2, B3, B4*365)	
	A		B	C
1	折旧情况表			
2	固定资产金额		100000	
3	资产残值		10000	
4	使用年限		10	
5				
6	每天折旧值		¥24.66	
7	每月折旧值		¥750.00	
8	每年折旧值		¥9,000.00	

图 2.21 SLN 函数举例结果

【例 2.20】 某企业拥有固定资产总值为 100000 元，使用 10 年后的资产残值估计为 10000 元，那么每天、每月、每年固定资产的折旧值为多少？

提示：各个单元格输入的公式为：

B6 单元格公式：=SLN(B2,B3,B4*365)

B7 单元格公式：=SLN(B2,B3,B4*12)

B8 单元格公式：=SLN(B2,B3,B4)

SLN 函数举例结果如图 2.21 所示。

2.2　案例一　学生成绩统计

此案例完成学生成绩统计（总分、平均分、排名、考评等），主要知识点有数组公式、高级筛选、算术函数、文本函数、统计函数、逻辑函数、数据库函数和数据透视表等。已知"学生成绩统计.xlsx"原文件 Sheet1 内容如图 2.22 所示。

图 2.22　"学生成绩统计.xlsx"原文件 Sheet1 内容

要求如下：

（1）使用 REPLACE 函数，将 Sheet1 中"学生成绩表"的学生学号进行更改，并将更改的学号填入到"新学号"列中，学号更改的方法为，在原学号的前面加上"2019"。例如，"001" -> "2019001"。

（2）使用数组公式，对 Sheet1 计算总分和平均分（保留 1 位小数点），将其计算结果保存到表中的"总分"列和"平均"列当中。

（3）使用 IF 函数，根据以下条件，对 Sheet1 中"学生成绩表"的"考评"列进行计算。条件为，如果总分大于或等于 210 分，填充为"合格"；否则，填充为"不合格"。

（4）使用逻辑函数判断 Sheet1 中每个同学的每门功课是否均高于平均分，如果是，保存结果为 TRUE，否则，保存结果为 FALSE，将结果保存在表中的"三科成绩是否均超过平均"列当中。

（5）使用 RANK 函数，对 Sheet1 中的每个同学总分排名情况进行统计，并将排名结果保存到表中的"排名"列当中。

（6）在 Sheet1 中，使用统计函数，统计"数学"考试成绩各个分数段的同学人数，将统计结果保存到相应位置。

（7）在 Sheet1 中，利用数据库函数及已设置的条件区域，根据以下情况计算，并将结

果填入到相应的单元格当中。条件为

- 计算："语文"和"数学"成绩都大于或等于 85 的学生人数；
- 计算："英语"成绩大于或等于 90 的"女生"姓名；
- 计算："语文"成绩中男生的平均分；
- 计算："数学"成绩中男生的最高分。

（8）将 Sheet1 中的"学生成绩表"复制到 Sheet2 当中（将标题项"学生成绩表"连同数据一同复制，粘贴时，数据表必须顶格放置），并对 Sheet2 进行高级筛选。要求为

- 筛选条件为：（条件区域请建立在 F16 开始的位置）"性别"-男；"英语"->90 或者"三科成绩是否均超过平均"-TRUE；"性别"-女；
- 将筛选结果保存在 Sheet2 中 A20 开始的位置。

（9）根据 Sheet1 中的"学生成绩表"，在 Sheet3 中新建一张数据透视表。要求为

- 显示不同性别、不同考评结果的学生人数情况；
- 行区域设置为"性别"；
- 列区域设置为"考评"；
- 数据区域设置为"考评"；
- 计数项为"考评"。

（10）将 Sheet1 的"学生成绩表"中的第 1 条记录的姓名改为你的姓名，增加一个以学号+姓名命名的工作表。

具体操作步骤参考如下。

1. REPLACE 函数

（1）打开"学生成绩统计.xlsx"原文件，光标定位在 Sheet1 工作表"新学号"列 B3 单元格。选择菜单"公式"|"插入函数"或者单击编辑栏的"插入函数"按钮 f_x，打开"插入函数"对话框。在"搜索函数"文本框中输入"replace"，再单击"转到"按钮，在"选择函数"列表框中会自动选中并列出该函数，如图 2.23 所示，单击"确定"按钮。

（2）打开"函数参数"对话框，单击"Old_text"右边的文本框，再单击"学生成绩表"的 A3 单元格，A3 即显示在"Old_text"右边的文本框中；"Start_num"中输入"1"，"Num_chars"中输入"0"（表示插入字符），"New_text"中输入"2019"，如图 2.24 所示，单击"确定"按钮。

图 2.23 　"插入函数"对话框

图 2.24　REPLACE 函数参数设置

（3）此时 B3 单元格的内容变为"2019001"，光标移动该单元格右下角，拖动填充柄到 B14 或者双击 B3 填充柄完成 B 列数据填充。

2. 数组公式

（1）拖动选中 H3:H14 目标区域，在编辑栏中输入"="，拖动选中 E3:E14，在编辑栏中输入"+"，拖动选中 F3:F14，在编辑栏中输入"+"，拖动选中 G3:G14，这时编辑栏中显示"=E3:E14+F3:F14+G3:G14"，按 Ctrl+Shift+Enter 三个键（三个键的组合可以先按住前面两个，再按一次第三个键，最后全部放开），完成总分数组公式计算。此时单击 H 列的数据区域，编辑栏均显示"{=E3:E14+F3:F14+G3:G14}"。

（2）光标定位在"总分"列其中一个单元格数据，按 Delete 删除键（不要按 Backspace键）试着删除。如果弹出"不能更改数组的某一部分"信息框表示数组公式创建正确，单击"确定"按钮返回；如果能够删除，则表示创建数组公式失败，要重新创建。

（3）拖动选中 I3:I14 目标区域，在编辑栏中输入"="，拖动选中 H3:H14，在编辑栏中将公式修改成"=ROUND(H3:H14/3,1)"，按 Ctrl+Shift+Enter 三个键，完成平均分数组公式计算。此时单击 I 列的数据区域，编辑栏均显示"{=ROUND(H3:H14/3,1)}"。

公式解释：ROUND(H3:H14/3,1)表示结果四舍五入，保留 1 位小数点。

3. IF 函数

（1）光标定位在"考评"列 J3 单元格，编辑栏中输入"=IF(H3>=210,"合格","不合格")"，回车后，再填充其他单元格。注意：编辑栏公式使用到的等于、大于等于、括号及双引号等均应为英文半角符号。

（2）光标定位在 L3 单元格，编辑栏中输入"=IF(AND(E3>AVERAGE($E$3:$E$14),F3>AVERAGE($F$3:$F$14),G3>AVERAGE($G$3:$G$14)),TRUE,FALSE)"，回车后，再填充其他单元格。

公式解释：E3>AVERAGE($E$3:$E$14)中$E$3:$E$14 为绝对引用，表示该区域在以后的填充过程中不产生任何变化；而 E3 为相对引用，会随着填充变成 E4、E5……AND(表达式 1，表达式 2，表达式 3)表示三个表达式都为 TRUE，其结果才为 TRUE。TRUE，FALSE不能加上双引号。

4. RANK 函数

（1）光标定位在"排名"列 K3 单元格，单击编辑栏的"插入函数"按钮 f_x，打开"插入函数"对话框。在"搜索函数"文本框中输入"rank"，再单击"转到"按钮，在"选择函数"列表框中会自动选中并列出该函数，单击"确定"按钮。

（2）弹出"函数参数"对话框，"Number"行输入"H3"，光标放在"Ref"行文本框中，拖动鼠标选中 H3:H14，而后选中文本框中显示的"H3:H14"，按 F4 键，使其变成绝对引用单元格地址"$H$3:$H$14"，如图 2.25 所示，单击"确定"按钮。

图 2.25　RANK 函数

（3）K3 单元格编辑栏里自动显示"=RANK(H3,$H$3:$H$14)"，当然运用函数熟练的话可以直接进行输入，再填充其他单元格。此时学生成绩表数据如图 2.26 所示。

	A	B	C	D	E	F	G	H	I	J	K	L
1						学生成绩表						
2	学号	新学号	姓名	性别	语文	数学	英语	总分	平均	考评	排名	三科成绩是否均超过平均
3	001	2019001	吴兰兰	女	88	88	82	258	86	合格	7	FALSE
4	002	2019002	许光明	男	100	98	100	298	99.3	合格	1	TRUE
5	003	2019003	程坚强	男	89	87	87	263	87.7	合格	6	TRUE
6	004	2019004	姜玲燕	女	77	76	80	233	77.7	合格	9	FALSE
7	005	2019005	周兆平	男	98	89	89	276	92	合格	3	TRUE
8	006	2019006	赵永敏	女	50	61	54	165	55	不合格	12	FALSE
9	007	2019007	黄永良	男	97	79	89	265	88.3	合格	5	FALSE
10	008	2019008	梁泉涌	女	88	95	100	283	94.3	合格	2	TRUE
11	009	2019009	任广明	男	98	86	92	276	92	合格	3	TRUE
12	010	2019010	郝海平	男	78	68	84	230	76.7	合格	10	FALSE
13	011	2019011	王　敏	女	85	96	74	255	85	合格	8	FALSE
14	012	2019012	丁伟光	男	67	59	66	192	64	不合格	11	FALSE

图 2.26　学生成绩表效果

5. COUNTIF 统计函数

（1）光标定位在"人数"列 L19 单元格，单击编辑栏的"插入函数"按钮 f_x，打开"插入函数"对话框。在"搜索函数"文本框中输入"countif"，再单击"转到"按钮，在"选择函数"列表框中会自动选中并列出该函数，单击"确定"按钮。

（2）弹出"函数参数"对话框，在"Range"文本框中，拖动鼠标选中 F3:F14，"Criteria"文本框中输入"<60"，如图 2.27 所示，单击"确定"按钮。L19 单元格编辑栏里自动显示"=COUNTIF(F3:F14,"<60")"。选中编辑栏中公式，按 Ctrl+C 快捷键复制该公式。

图 2.27　COUNTIF 函数

（3）光标定位在 L20 单元格，在编辑栏中，粘贴两次公式，将公式修改成 "=COUNTIF(F3:F14,"<70")-COUNTIF(F3:F14,"<60")"。选中编辑栏中的公式，按 Ctrl+C 快捷键复制该公式。

（4）光标定位在 L21 单元格，在编辑栏中，粘贴公式，并将公式修改成 "=COUNTIF(F3:F14,"<80")-COUNTIF(F3:F14,"<70")"。

（5）光标定位在 L22 单元格，在编辑栏中，粘贴公式，并将公式修改成 "=COUNTIF(F3:F14,"<90")-COUNTIF(F3:F14,"<80")"。

（6）光标定位在 L23 单元格，在编辑栏中，粘贴公式，并将公式修改成 "=COUNTIF(F3:F14,"<=100")-COUNTIF(F3:F14,"<90")"。

数学分数统计	人数
<60	1
60～69	2
70～79	2
80～89	4
90～100	3

图 2.28　各分数段统计结果

（7）公式编辑完成后，数学各个分数段的同学人数统计结果如图 2.28 所示。

6. 数据库函数

（1）光标定位在"计算结果"列 H22 单元格，单击编辑栏的"插入函数"按钮 f_x，打开"插入函数"对话框。在"或选择类别"下拉框中选择"数据库"，在"选择函数"列表框中会列出该类型函数，这里选择"DCOUNT"，如图 2.29 所示，单击"确定"按钮。

图 2.29　插入 DCOUNT 函数

（2）弹出"函数参数"对话框，在"Database"文本框中，拖动鼠标选中 C2:F14，"Field"文本框中输入"3"（也可以输入 4、E2、F2，只要是数值类型字段地址或者序号），"Criteria"文本框中选择 B18:C19 条件区域，如图 2.30 所示，单击"确定"按钮。H22 单元格编辑栏自动显示公式为"=DCOUNT(C2:F14,3,B18:C19)"。

图 2.30　DCOUNT 函数

（3）光标定位在 H23 单元格，在"插入函数"对话框中，选择函数"DGET"，单击"确定"按钮。弹出"函数参数"对话框，在"Database"文本框中，拖动鼠标选中 C2:G14，"Field"文本框中输入"1"（也可以输入 C2），"Criteria"文本框中选择 E18:F19 条件区域，如图 2.31 所示，单击"确定"按钮。H23 单元格编辑栏自动显示公式为"=DGET(C2:G14,1,E18:F19)"。

图 2.31　DGET 函数

（4）光标定位在 H24 单元格，在"插入函数"对话框中，选择函数"DAVERAGE"，单击"确定"按钮。弹出"函数参数"对话框，在"Database"文本框中，拖动鼠标选中 D2:E14，"Field"文本框中输入"2"（也可以输入 E2），"Criteria"文本框中选择 H18:H19 条件区域，如图 2.32 所示，单击"确定"按钮。H24 单元格编辑栏自动显示公式为"=DAVERAGE(D2:E14,2,H18:H19)"。

图 2.32　DAVERAGE 函数

（5）光标定位在 H25 单元格，在"插入函数"对话框中，选择函数"DMAX"，单击"确定"按钮。弹出"函数参数"对话框，在"Database"文本框中，拖动鼠标选中 D2:F14，"Field"文本框中输入"3"（也可以输入 F2），"Criteria"文本框中选择 H18:H19 条件区域，如图 2.33 所示，单击"确定"按钮。H25 单元格编辑栏自动显示公式为"=DMAX(D2:F14,3,H18:H19)"。

图 2.33　DMAX 函数

（6）数据库函数应用完成之后，结果如图 2.34 所示。

17	条件区域1		条件区域2			条件区域3
18	语文	数学	英语	性别		性别
19	>=85	>=85	>=90	女		男
20						
21	情况					计算结果
22	"语文"和"数学"成绩都大于或等于85的人数					7
23	"英语"成绩大于或等于90的"女生"姓名					梁泉涌
24	"语文"成绩中男生的平均分					89.5714286
25	"数学"成绩中男生的最高分					98

图 2.34　数据库函数完成效果

7. 高级筛选

（1）在 Sheet1 中，选择 A1：L14，按 Ctrl+C 组合键复制，右击 Sheet2 中的 A1 单元格，按 Ctrl+V 组合键粘贴过来。

（2）在 Sheet2 中，复制"性别""英语""三科成绩是否均超过平均"到 F16、G16、

H16 单元格，其他如图 2.35 所示，性别中"男"和"女"也尽量从原文中复制过来。

条件区域解释：性别="男"和英语>90 在同一行表示要同时成立，否则只要满足一条件即可。性别="女"和三科成绩是否均超过平均=TRUE 在同一行要同时成立。第一行和第二行的条件组合是"或者"的关系，只要成立一组即可。注意：大于符号要英文半角符号。

性别	英语	责是否均超过平均
男	>90	
女		TRUE

图 2.35　条件区域建立

（3）光标放在 Sheet2 的 A2:L14 任意单元格中，选择菜单"数据"选项卡|"排序与筛选"组中的"高级"，弹出"高级筛选"对话框。选中"将筛选结果复制到其他位置"选项；列表区域应该会自动列出，不用输入；光标放在"条件区域"右边文本框，选择 F16:H18 区域；光标放在"复制到"右边文本框，单击 A20 单元格，此时"高级筛选"对话框设置如图 2.36 所示，单击"确定"按钮。

图 2.36　"高级筛选"对话框设置

（4）完成高级筛选后，结果如图 2.37 所示。

16				性别	英语				责是否均超过平均			
17				男	>90							
18				女					TRUE			
19												
20	学号	新学号	姓名	性别	语文	数学	英语	总分	平均	考评	排名	责是否均超过平均
21	002	2019002	许光明	男	100	98	100	298	99.3	合格	1	TRUE
22	008	2019008	梁泉涌	女	88	95	100	283	94.3	合格	2	TRUE
23	009	2019009	任广明	男	98	86	92	276	92	合格	3	TRUE

图 2.37　高级筛选完成结果

8. 数据透视表

（1）光标放在 Sheet1 中 A2：L14 任意单元格中，选择菜单"插入"选项卡|"表格"组中的"数据透视表"|"数据透视表"，弹出"创建数据透视表"对话框。"表/区域"内容

自动会显示，不需更改。"选择放置数据透视表的位置"选择"现有工作表"，"位置"右边文本框单击后，再单击 Sheet3 工作表的 A1 单元格，如图 2.38 所示，单击"确定"按钮。

图 2.38   "创建数据透视表"对话框

（2）进入 Sheet3 工作表，在"数据透视表字段列表"窗格中，拖动"性别"字段到"行标签"，拖动"考评"字段到"列标签"和"数值"中，透视表即建立完毕，如图 2.39 所示。

图 2.39   数据透视表完成效果

（3）将 Sheet1 的"学生成绩表"中第 1 条记录的姓名改为你的姓名；增加一个以学号姓名命名的工作表。

2.3 案例二 教工信息管理

此案例是教工信息（年龄、工龄、扣税、工资等）管理，主要知识点有数组公式、分类汇总、复杂统计函数及函数嵌套组合等。已知有"教工信息管理.xlsx"原文件的"教工信息表"工作表内容如图2.40所示。

图2.40 "教工信息管理.xlsx"原文件内容

要求如下：

（1）已知18位身份证号码：第7～10位为出生年份（4位数），第11、12位为出生月份，第13、14位为出生日期，第17位代表性别，奇数为男，偶数为女。请使用MID、IF、MOD、DATE函数，从身份证号码中分离出性别信息，"教工信息表"的D列"性别"填入"男"或"女"；分离出出生日期信息，使用"年/月/日"格式填入"教工信息表"的E列"出生日期"中。

（2）判断出生日期是否闰年，结果"是"或"否"填入"教工信息表"F列"是否闰年"。判断闰年的条件为，能被4整除但不能被100整除，或者能被400整除的年份是闰年。

（3）根据出生日期计算出年龄（年龄=当前年份-出生年份），根据工作日期计算出"教工信息表"的I列"工龄"（工龄=当前年份-工作年份+1）。

（4）使用VLOOKUP函数，将"岗位工资表"工作表中的"岗位工资"和"岗位津贴"查找到并填充到"教工信息表"对应的K列"岗位工资"和M列"岗位津贴"。

（5）使用函数，将"生活补贴表"工作表中的"生活补贴"查找到并填充到"教工信息表"对应的N列"生活补贴"。

（6）使用数组公式，计算应发工资（应发工资=岗位工资+薪级工资+岗位津贴+生活补贴+预发等），将其计算结果保存到"教工信息表"P列"应发工资"当中。

（7）参照"生活补贴表"工作表，完善"个人所得税税率表"工作表，将"个人所得税税率表"工作表中的"税率"和"速算扣除数"查找到并填充到"教工信息表"的"税率"和"速算扣除"列。

（8）"教工信息表"工作表所计算出的"应发工资"为工资、薪金所得，以每月收入额减除费用 3500 元后的余额为应纳税所得额。因此，应纳税所得额=应发工资-3500。根据应发工资、税率和速算扣除，计算并填充"扣税"列（扣税=应纳税所得额×税率-速算扣除）。

（9）使用数组公式，计算实发工资（实发工资=应发工资-扣税），将其计算结果保存到"教工信息表"的 T 列"实发工资"当中。

（10）将"统计表"工作表填写完整。使用 COUNTIF 函数计算各部门人数；使用 AVERAGEIF 函数计算各部门平均工资；使用 SUMIF 函数计算各部门总工资。统计表原来信息如图 2.41 所示。

图 2.41 统计表原来信息

（11）新建"分类汇总"工作表，将"教师信息表"内容复制过来。按照"部门"分类，统计各部门的人数、平均工资与总工资。

（12）将"教师信息表"中第 1 条记录的姓名改为你的姓名，增加一个以学号姓名命名的工作表。

具体操作步骤参考如下。

1. 性别、出生日期信息提取

（1）打开"教工信息管理.xlsx"文件，定位到"教师信息表"工作表中，在"性别"列 D2 单元格中输入公式"=IF(MOD(MID(C2,17,1),2)=0,"女","男")"后，如图 2.42 所示，按回车键确认，然后填充 D 列其他数据。

公式解释：MID(C2,17,1)表示从第 17 个字符开始提取，提取 1 个字符出来；MOD(MID(C2,17,1),2)=0 表示能否被 2 整除；整个公式就表示身份证号码第 17 位如果能被 2 整除，说明该学生的性别就是"女"，否则为"男"。

图 2.42 身份证号中性别提取

（2）在"出生日期"列 E2 单元格中输入公式"=DATE(MID(C2,7,4),MID(C2,11,2),MID(C2,13,2))"。

公式解释：MID(C2,7,4)表示从第 7 个字符开始提取，提取 4 个字符出来，也就是年份；MID(C2,11,2) 表示从第 11 个字符开始提取，提取 2 个字符出来，也就是月份；MID(C2,13,2)表示从第 13 个字符开始提取，提取 2 个字符出来，也就是日期；DATE 函数是将文本类型转换成日期类型输出。

2. 判断是否闰年，计算年龄、工龄

（1）在"是否闰年"列 F2 单元格中输入公式"=IF(OR(MOD(YEAR(E2),400)=0,AND(MOD(YEAR(E2),100)<>0,MOD(YEAR(E2),4)=0)),"是","否")"。按回车键确认，然后填充 F 列其他数据。

公式解释：YEAR(E2)表示求年份；MOD(YEAR(E2),400)=0 表示年份能被 400 整除；MOD(YEAR(E2),100)<>0 表示年份不能被 100 整除；AND(MOD(YEAR(E2),100)<>0,MOD(YEAR(E2),4)=0)表示年份能被 4 整除但不能被 100 整除要同时成立。OR(MOD(YEAR(E2),400)=0,AND(MOD(YEAR(E2),100)<>0,MOD(YEAR(E2),4)=0))表示年份能被 4 整除但不能被 100 整除，或者能被 400 整除。

（2）在"年龄"列 G2 单元格中输入公式"=YEAR(TODAY())-YEAR(E2)"，填充 G 列其他数据。

（3）在"工龄"列 I2 单元格中输入公式"=YEAR(TODAY())-YEAR(H2)+1"，填充 I 列其他数据。

3. VLOOKUP 函数

（1）观察"岗位工资表"工作表中的内容，如图 2.43 所示，"生活补贴表"工作表中的内容如图 2.44 所示。分析"生活补贴表"工作表，"工龄说明"与"工龄"的差别在于："工龄"就是"工龄说明"的下界。

	A	B	C
1	岗位工资表		
2	岗位级别	岗位工资	岗位津贴
3	1	2800	
4	2	1900	3250
5	3	1630	2990
6	4	1420	2780
7	5	1180	2470
8	6	1040	2310
9	7	930	2160
10	8	780	1950
11	9	730	1820
12	10	680	1690
13	11	620	1530
14	12	590	1430
15	13	550	1300

图 2.43　岗位工资表

	A	B	C
1	生活补贴表		
2	工龄说明	工龄	生活补贴
3	0~5	0	1800
4	6~10	6	1850
5	11~15	11	1900
6	16~20	16	1950
7	21~25	21	2000
8	26~30	26	2050
9	31~35	31	2100
10	36~	36	2150

图 2.44　生活补贴表

（2）返回"教师信息表"工作表，光标定位在"岗位工资"列 K2 单元格中，单击编辑栏的"插入函数"按钮 f_x，打开"插入函数"对话框。在"搜索函数"文本框中输入"VLOOKUP"，再单击"转到"按钮，在"选择函数"列表框中会自动选中并列出该函数，单击"确定"按钮。

（3）弹出"函数参数"对话框，单击"Lookup_value"右边文本框，再单击"教工信息表"中"岗位级别"列 J2 单元格。单击"Table_array"右边文本框，再单击"岗位工资表"工作表，拖动鼠标选中岗位工资表中的 A2:C15，选中生成的文字"岗位工资表!A2:C15"，按 F4 键，使其变成绝对引用格式"岗位工资表!$A$2:$C$15"。"Col_index_num"文本框中输入"2"，表示返回第 2 列数据。"Range_lookup"文本框中输入"false"，表示精确匹配数据。如图 2.45 所示，单击"确定"按钮。K2 单元格编辑栏里自动显示"=VLOOKUP(J2,岗位工资表!$A$2:$C$15,2,FALSE)"。按 Ctrl+C 组合键复制该公式，填充该列数据。

图 2.45　VLOOKUP 函数岗位工资提取

（4）光标定位在"岗位津贴"列 M2 单元格中，在编辑栏中粘贴上一步复制的公式，将其略作修改成"=VLOOKUP(J2,岗位工资表!$A$2:$C$15,3,FALSE)"。这里的 3 表示返回岗位工资表第 3 列数据，回车确认后填充数据。

（5）光标定位在"生活补贴"列 N2 单元格中，单击编辑栏的"插入函数"按钮 f_x，打开"插入函数"对话框。在"选择函数"列表框中选中函数"VLOOKUP"，单击"确定"按钮。

（6）弹出"函数参数"对话框，单击"Lookup_value"右边文本框，再单击"教工信息表"中"工龄"列 I2 单元格。单击"Table_array"右边文本框，再单击"生活补贴"工作表，拖动鼠标选中生活补贴表中的 B2:C10，选中生成的文字"生活补贴表!B2:C10"，按F4 键，使其变成绝对引用格式"生活补贴表!$B$2:$C$10"。"Col_index_num"文本框中输入"2"。"Range_lookup"文本框中输入"TRUE"，表示模糊匹配数据。如图 2.46 所示，单击"确定"按钮。N2 单元格编辑栏里自动显示"=VLOOKUP(I2,生活补贴表!$B$2:$C$10,2,TRUE)"。

图 2.46　VLOOKUP 函数生活补贴提取

（7）拖动选中 P2:P30 目标区域，在编辑栏中输入 "="，拖动选中 K2:K30，在编辑栏中输入 "+"，拖动选中 L2:L30，在编辑栏中输入 "+"，拖动选中 M2:M30，在编辑栏中输入 "+"，拖动选中 N2:N30，在编辑栏中输入 "+"，拖动选中 O2:O30，这时编辑栏中显示 "=K2:K30+L2:L30+M2:M30+N2:N30+O2:O30"，按 Ctrl+Shift+Enter 三个键，完成 "应发工资" 列数组公式计算。

4. 计算个人所得税

（1）定位到 "个人所得税税率表" 工作表，将其 C 列填写完整，和生活补贴表类似，"应纳税所得额说明" 与 "应纳税所得额" 的差别在于："应纳税所得额" 就是 "应纳税所得额说明" 的下界，如图 2.47 所示。

	A	B	C	D	E	F
1			个人所得税税率表			
2	级数	应纳税所得额说明	应纳税所得额	税率(%)	速算扣除数(元)	
3	1	0～1500	0	3	0	
4	2	1500.01～4500	1500.01	10	105	
5	3	4500.01～9000	4500.01	20	555	
6	4	9000.01～35000	9000.01	25	1005	
7	5	35000.01～55000	35000.01	30	2755	
8	6	55000.01～80000	55000.01	35	5505	
9	7	80000.01～	80000.01	45	13505	
10	注：					
11	一、工资、薪金所得，以每月收入额减除费用3500后的余额，为应纳税所得额					
12	二、应纳个人所得税税额=应纳税所得额*适用税率−速算扣除数					

图 2.47　个人所得税税率表

（2）返回 "教师信息表" 工作表，光标定位在 "税率（%）" 列 Q2，如图 2.48 所示，用 VLOOKUP 函数，将 "个人所得税税率表" 工作表中的 "税率（%）" 查找到并填充到 "教工信息表" 的 "税率（%）" 列。

（3）"税率（%）" 列 Q2 公式为 "=VLOOKUP(P2-3500,个人所得税税率表!$C$2:$E$9,2,TRUE)"。复制并修改 "速算扣除" 列 R2 公式为 "=VLOOKUP(P2-3500,个人所得税税率表!$C$2:$E$9,3,TRUE)"。

图 2.48　VLOOKUP 函数个人所得税税率提取

（4）在"扣税"列 S2 单元格中输入公式"=(P2-3500)*Q2/100-R2"。

（5）"实发工资"列 T 单元格用数组公式计算：实发工资=应发工资-扣税。编辑栏中显示公式为"{=P2:P30-S2:S30}"。

（6）到目前为止，"教师信息表"数据已经填写完整，笔者在 2018 年数据计算结果如图 2.49 所示，随着年份增长，工龄和年龄都会增长，数据结果应有变化。

图 2.49　教师信息表完整数据

5. 统计函数

（1）切换到"统计表"工作表中，光标定位在 B3 单元格，插入函数选择"COUNTIF"，打开 "函数参数"对话框。在"Range"文本框中选择"教工信息表"中的 A1:A30，在"Criteria"文本框中选择 A3，按 F4 键设置 A1:A30 区域为绝对引用，如图 2.50 所示，单击"确定"按钮。填充数据。B3 单元格公式为"=COUNTIF(教工信息表!$A$1:$A$30,A3)"。

图 2.50　COUNTIF 函数

（2）在"统计表"工作表中，光标定位在 C3 单元格，插入函数选择"AVERAGEIF"，打开"函数参数"对话框。在"Range"文本框中选择"教工信息表"中的 A2:A30，在"Criteria"文本框中选择 A3，在"Average_range"文本框中选择"教工信息表"中的 T2:T30，按 F4 键设置 A2:A30 和 T2:T30 区域为绝对引用，如图 2.51 所示，单击"确定"按钮，填充数据。C3 单元格公式为"=AVERAGEIF(教工信息表!$A$2:$A$30,A3,教工信息表!$T$2:$T$30)"。

图 2.51　AVERAGEIF 函数

（3）在"统计表"工作表中，光标定位在 D3 单元格，插入函数选择"SUMIF"，打开"函数参数"对话框。在"Range"文本框中选择"教工信息表"中的 A2:A30，在"Criteria"文本框中选择 A3，在"Sum_range"文本框中选择"教工信息表"中的 T2:T30，按 F4 键设置 A2:A30 和 T2:T30 区域为绝对引用，如图 2.52 所示，单击"确定"按钮，填充数据。C3 单元格公式为"= SUMIF (教工信息表!$A$2:$A$30,A3,教工信息表!$T$2:$T$30)"。

图 2.52　SUMIF 函数

（4）"统计表"工作表填写完整后，效果如图2.53所示。

	A	B	C	D
1	统计表			
2	部门	人数	平均工资	总工资
3	信息学院	9	7833.877778	70504.9
4	法学院	7	7215.721429	50510.05
5	外语学院	8	6263.545	50108.36
6	阳明学院	5	7659.16	38295.8

图 2.53　统计表完成后的效果

6. 分类汇总

（1）新建"分类汇总"工作表，选中"教师信息表"所有数据，按 Ctrl+C 组合键复制，右击"分类汇总"工作表中的 A1 单元格，在弹出的快捷菜单中选择"粘贴"｜"值" ，这主要是因为原来表使用了数组公式，不利于排序，所以只把数值复制过来，不包含公式。

（2）在"分类汇总"工作表中，拖动鼠标选择 E～I 列标，使 E～I 整列被选中，右击，在弹出的快捷菜单中选择"隐藏"，将这几列隐藏起来。光标放在"部门"列有数据的位置，单击"升序"按钮 ，将数据按"部门"升序排序。

（3）光标放在数据区域，选择菜单"数据"｜"分类汇总"，弹出"分类汇总"对话框。"分类字段"选择"部门"，"汇总方式"选择"计数"，"选定汇总项"只选中"姓名"，其他不选中，如图 2.54 所示，单击"确定"按钮。一个简单的计数分类汇总完成了。

图 2.54　"分类汇总"对话框计数分类

（4）继续选择菜单"数据"｜"分类汇总"，弹出"分类汇总"对话框。"分类字段"选择"部门"，"汇总方式"选择"平均值"，"选定汇总项"只选中"实发工资"，其他不选；单击取消"替换当前分类汇总"复选框，使其不选中，如图 2.55 所示，单击"确定"按钮。计数和求平均值分类汇总复合在一起显示出来。

图 2.55　"分类汇总"对话框计数和求平均值分类

（5）继续选择菜单"数据"|"分类汇总"，弹出"分类汇总"对话框。"分类字段"选择"部门"，"汇总方式"选择"求和"，"选定汇总项"只选"实发工资"，取消"替换当前分类汇总"复选框，使其不选中，单击"确定"按钮。一个复杂的分类汇总完成了，如图2.56所示。

图 2.56　分类汇总复合完成

（6）在"分类汇总"工作表中，分别单击左边第 4 列的所有按钮□，使其都变成□，把数据折叠起来了，选中 C～S 整列，隐藏这几列，如图 2.57 所示，与统计表数据进行比较核对一下。

	A	B	T
1	部门	姓名	实发工资
9	法学院 汇总		50510.05
10	法学院 平均值		7215.721
11	法学院 计数	7	
20	外语学院 汇总		50108.36
21	外语学院 平均值		6263.545
22	外语学院 计数	8	
32	信息学院 汇总		70504.9
33	信息学院 平均值		7833.878
34	信息学院 计数	9	
40	阳明学院 汇总		38295.8
41	阳明学院 平均值		7659.16
42	阳明学院 计数	5	
43	总计		209419.1
44	总计平均值		7221.349
45	总计数	29	

图 2.57　分类汇总折叠后的效果

（7）将"教师信息表"中第 1 条记录的姓名改为你的姓名，增加一个以学号姓名命名的工作表。

2.4　案例三　个人理财管理

此案例是个人理财（资产投资、旧房出售、购房贷款等）管理，主要知识点有财务函数（PMT、PV、FV）和算术函数等。已知"个人理财.xlsx"原文件 Sheet1 工作表内容如图 2.58 所示。某公司白领，2014 年时 45 岁，家有现金存款 88 万元，持有基金 10 万元，股票 5 万元，住房公积金 15 万元，2014 年净收入 25 万元，养老金账户 18 万元，还有一套价值 110 万元的房子。现家里孩子长大，房子不够大，因此打算买一套新房子，房价 200 万，首付一半，其余分别使用公积金贷款和商业按揭贷款。

图 2.58　"个人理财.xlsx"原文件 Sheet1 工作表内容

要求如下：

（1）公积金贷款 50 万元，利率为 5%；商业按揭贷款 50 万元，利率为 6.55%。贷款 15 年，分别求两种贷款的月供，同时判断该月供是否合理（月供小于月净收入的 40% 为合理），若合理则在相应位置填 TRUE，否则填写 FALSE。

（2）计算两年后房子交付时，剩余的贷款总余额。

（3）现年 45 岁，拟在 60 岁退休，已有养老金 18 万元，今后每年继续交 7880 元，养老金投资报酬为 8%，计算退休时养老金资产。

（4）两年后新房交付，旧房可以卖出。旧房现价 110 万元，旧房房价年增长率为 7%，折旧率为每年 2%，即年折旧价为房价的 2%。要求计算两年后的旧房售价。

（5）计算出将旧房卖房款还完新房贷款余额后的房产投资收益，并将总收益数据保留到百位。

（6）增加一个以学号姓名命名的工作表。

具体操作步骤参考如下。

1. 房贷月供计算

（1）打开"个人理财.xlsx"文件，光标定位在 Sheet1 工作表 B10，计算首付款为新房价格的 50%。

（2）光标定位在 B18，计算公积金贷款的房贷月供。选择菜单"公式"|"财务"|"PMT"，弹出"函数参数"PMT 对话框。设置参数，其中"Rate"为公积金贷款年利率 5%（B15）除以 12；总期数"Nper"为 15（B16）年再乘以 12，转换成总月数；"Pv"为贷款金额共500000（B17），其他参数省略，如图 2.59 所示。

图 2.59　PMT 函数应用

（3）单击"确定"按钮后，B18 编辑栏中显示"=PMT(B15/12,B16*12,B17)"。

（4）商业按揭贷款的房贷月供的计算方式与公积金贷款相同，因此，只要将 B18 公式复制到 C18 即可。贷款月供结果如图 2.60 所示，负数表示该资金是付出金额。

B18	▼	f_x =PMT(B15/12,B16*12,B17)	
	A	B	C
13	购房贷款		
14		公积金贷款	商业按揭贷款
15	房贷年利率	5%	6.55%
16	贷款年限	15	15
17	贷款金额	¥500,000	¥500,000
18	贷款月供	¥-3,824.97	¥-4,369.29

图 2.60　贷款月供结果

（5）判断月供是否合理要使用 IF 函数，如果月供小于月净收入的 40%条件成立，显示 TRUE，否则显示 FALSE。B19 单元格输入公式 "=IF(ABS(B18+C18)<40%*B6/12,TRUE, FALSE)"，结果为 TRUE。

2. 两年后贷款总余额计算

（1）光标定位在 B20，计算两年后房子交付时，剩余的公积金贷款余额。选择菜单 "公式" | "财务" | "PV"，弹出 "函数参数" PV 对话框。设置参数，其中 "Rate" 为公积金贷款年利率 5%（B15）除以 12；余下期数 "Nper" 为 15-2（B16-2）年再乘以 12，转换成余下月数；"Pmt" 为每月月供，即-B18；其他参数省略，如图 2.61 所示。

图 2.61　PV 函数应用

（2）单击 "确定" 按钮后，B20 编辑栏中显示 "=PV(B15/12,(B16-2)*12,-B18)"。

（3）剩余的商业按揭贷款余额的计算方式与公积金贷款相同，因此，只要将 B20 公式复制到 C20 即可，如图 2.62 所示。

B20	▼	f_x	=PV(B15/12, (B16-2)*12, -B18)

	A	B	C
12			
13	购房贷款		
14		公积金贷款	商业按揭贷款
15	房贷年利率	5%	6.55%
16	贷款年限	15	15
17	贷款金额	¥500,000	¥500,000
18	贷款月供	¥-3,824.97	¥-4,369.29
19	月供是否合理（月供小于月净收入的40%）	TRUE	
20	2年后贷款总余额	¥-451,125.98	¥-458,064.34

图 2.62　购房贷款计算完成

（4）计算 "2 年后贷款总余额" F17 单元格，公式为 "=B20+C20"，得到两年后贷款总余额。

3. 退休时养老金资产计算

（1）选中 F7 单元格，计算退休时的养老金资产。选择菜单"公式"|"财务"|"FV"，弹出"函数参数"FV 对话框。设置参数，其中"Rate"为养老金投资年利率 8%（F4）；"Nper"为离退休年数 60-45（F3-F2）；"Pmt"为今后每年养老金的投资额，即养老金储蓄，该投资是现金流出，为负值，所以要将它取反，"Pmt"设为-F6；"Pv"为已经投资的金额，即已准备的养老金，也为负值；其他参数省略，如图 2.63 所示。

图 2.63　FV 函数应用 1

（2）单击"确定"按钮后，F7 编辑栏中显示"=FV(F4,F3-F2,-F6,-F5)"，结果如图 2.64 所示。

	E	F
1	养老金投资	
2	年龄	45
3	预计退休年龄	60
4	养老金投资年利率	8%
5	已准备养老金	¥180,000
6	养老金年储蓄	¥7,880
7	退休时养老金资产	¥784,949.10

图 2.64　养老金投资计算结果

4. 两年后旧房的售价计算

（1）选中 F13 单元格，计算旧房折旧值，使用如下公式：折旧值=房价×折旧率×年限，即公式为"=F11*F12*2"。

（2）选中 F14 单元格，计算"2 年后旧房售价"。选择菜单"公式"|"财务"|"FV"，弹出"函数参数"FV 对话框。设置参数，其中"Rate"为房子年增长率 7%；"Nper"为年数 2；"Pmt"为今后投资额 0；"Pv"为已经投资的金额，即"-(F11-F13)"，也为负值；其他参数省略，如图 2.65 所示。

图 2.65 FV 函数应用 2

（3）单击"确定"按钮后，F14 编辑栏中显示"=FV(F10,2,0,−(F11−F13))"，结果如图 2.66 所示。

	E	F
9	旧房出售	
10	房价增长率	7%
11	旧房现价	¥1,100,000
12	旧房折旧系数	2%
13	旧房折旧值	¥44,000
14	2年后旧房售价	¥1,209,014

（编辑栏：F14 ▼ ƒx =FV(F10,2,0,−(F11−F13))）

图 2.66 旧房出售信息计算

5. 两年后总收益计算

（1）选中 F18 单元格，计算"旧房卖出还清贷款余额"，选择菜单"公式"|"数学和三角函数"|"ROUND"，弹出"函数参数"ROUND 对话框。设置参数，其中"Number"为 F17+F14；"Num_digits"为四舍五入采用的位数为−2，表示四舍五入到百位，如图 2.67 所示。

图 2.67 ROUND 函数

（2）单击"确定"按钮后，编辑栏中显示"=ROUND(F17+F14,−2)"，结果如图 2.68 所示。

图 2.68　旧房卖出还清贷款余额计算结果

（3）个人理财案例全部完成，最后效果如图 2.69 所示。

图 2.69　个人理财案例完成效果

2.5　案例四　手机市场调查问卷

市场调查问卷在企业的生产和销售中均具有重要的作用，通过这种方式可以了解市场需求状况、消费者心态和产品销售状况等。

此案例要求运用 Excel 的 VBA 高级功能，制作电子版的手机市场调查问卷，使得被调查用户可以在网上填写问卷，同时会自动地将问卷结果统计成数据清单，从而大大提高了调查问卷统计的效率。通过本案例的学习，可以对 Excel VBA 有一定的了解。

已知原有"手机市场调查问卷.xlsx"文件，其中"市场调查问卷"工作表如图 2.70 所示；"数据源"工作表如图 2.71 所示；"统计表"工作表如图 2.72 所示。

图 2.70　"市场调查问卷"工作表

图 2.71　"数据源"工作表

图 2.72　"统计表"工作表

具体操作步骤参考如下。

1. 准备工作

（1）打开"手机市场调查问卷.xlsx"工作簿文件，选择菜单"文件"|"选项"，弹出"Excel 选项"对话框。选择左边的"信任中心"选项，再单击"信任中心设置"按钮，弹出"信任中心"对话框。选择左边的"宏设置"选项，再单击选中"启用所有宏（不推荐；可能会运行有潜在危险的代码）"单选框，并单击选中"信任对 VBA 工程对象模型的访问"复选框。

（2）选择菜单"文件"|"选项"，弹出"Excel 选项"对话框。选择左边的"自定义功能区"选项，在右上角"自定义功能区"下拉框中选择"主选项卡"，选中"开发工具"项。如果没有该项，可从左边列表框中添加。单击"确定"按钮后，Excel 应用程序主菜单会增加"开发工具"项。

（3）将工作簿文件另存为"手机市场调查问卷.xlsm"，"保存类型"要选择"Excel 启用宏的工作簿(*.xlsm)"。

2. 使用分组框和选项按钮

（1）在"市场调查问卷"工作表中，单击菜单"开发工具"|"插入"，弹出"表单控件"工具栏，在此工具栏中包含多个控件供用户使用，如图 2.73 所示。

图 2.73 "表单控制"工具栏

（2）添加分组框。单击"表单控件"工具栏中的"分组框(窗体控件)"按钮，此时光标变为"+"形状。按住鼠标左键不放将其拖动至合适的位置（如"您的性别"右边）释放，即可在工作表中添加一个分组框。默认情况下分组框左上角的文本文字为"分组框 1"，单击，将其重命名为"性别"，并适当地调整其大小位置。

（3）添加选项按钮。单击"表单控件"工具栏中的"选项按钮(窗体控件)"按钮 ◉ ，按住鼠标左键不放，在"性别"分组框中拖动添加一个选项按钮。将其命名为"男"，并适当地调整其大小位置。复制该选项按钮，并命名为"女"，再适当地调整其大小位置。注意，两选项按钮不要超出性别分组框的框线范围。

（4）选项按钮添加完毕，单击工作表的其他位置可退出其编辑状态，单击选项按钮可以将其选中，如图 2.74 所示，表示"女"为选中状态。要想使选项按钮再次进入编辑状态，右击对象，即可进入编辑状态。

图 2.74　设置分组框和选项按钮

3. 使用组合框

为了方便用户输入"年龄、学历、职业、月收入、手机价位、更换频率"等项目，这

图 2.75　设置组合框

里使用组合框将其各个选项罗列出来供用户选择。这里要使用"数据源"工作表。

（1）在"市场调查问卷"工作表中，单击菜单"开发工具"|"插入"|"表单控件"工具栏中的"组合框(窗体控件)"。

（2）此时光标变为"+"形状。按住鼠标左键不放将其拖动至合适的位置（如"年龄"右边）释放，即可在工作表中添加一个组合框，并适当地调整其大小位置，右击该组合框，如图 2.75 所示。

（3）在弹出的快捷菜单中选择"设置控件格式"菜单命令，打开"设置控件（或对象）格式"对话框，切换到"控制"选项卡。如果没有看到"控制"选项卡，说明你之前插入的控件不是表单窗体控件。

（4）将鼠标定位在"数据源区域"右边的文本框中，单击其后的"折叠"按钮，此时该对话框即被折叠起来。拖动选中"数据源"工作表中的 A2：A7 区域，这样由鼠标选中的区域就会出现在文本框中。单击"折叠"按钮还原对话框，如图 2.76 所示。单击"确定"按钮返回工作表。

图 2.76　"设置对象格式"对话框添加组合框

（5）按照相同的方法再添加 5 个组合框，分别为"学历""职业""月收入""手机价位""更换频率"，并为其链接数据源工作表中相应的单元格区域，然后适当调整各个项目的位置，如图 2.77 所示。

您的性别：　性别　○男　○女　　　　　您的年龄：　▢ ▼

您的学历：　▢ ▼　　　　　您的职业：　▢ ▼

您的月收入：　▢ ▼

您能接受的手机价位是：　▢ ▼　　　　　您更换手机的频率是：　▢ ▼

图 2.77　其他控件

（6）单击工作表中的任意其他区域，取消组合框的选中状态，然后单击此组合框的下拉按钮▼，根据实际情况在下拉列表中选择相应的选项即可，如图 2.78 所示。

您的性别：　性别　●男　○女　　　　　您的年龄：　16-25岁 ▼

您的学历：　大学 ▼　　　　　您的职业：　学生 ▼

您的月收入：　2000元以下 ▼

您能接受的手机价位是：　1500-3000元 ▼　　　　　您更换手机的频率是：　1-3年 ▼

图 2.78　填入信息效果

4．使用复选框

（1）在"市场调查问卷"工作表中，单击菜单"开发工具"|"插入"|"表单控件"工具栏中的"复选框(窗体控件)"　☑。

（2）此时光标变为"+"形状。按住鼠标左键不放将其拖动至合适的位置（如"您更换手机的原因是："下方）释放，即可在工作表中添加一个复选框，并适当地调整其大小位置。复选框默认名为"复选框 1"，将其更名为"质量等出现问题"，并适当调整其大小。

（3）复制该复选框，再更名。如此反复操作，插入如图 2.79 所示复选框。其中"您选择手机时最看重的是："下方插入的控件是选项按钮。

您更换手机的原因是：

▢ 质量等出现问题　　▢ 外观出现磨损、掉色　　▢ 样式陈旧

▢ 功能太少　　▢ 追求时尚　　▢ 其他

您喜欢的手机品牌：

▢ 苹果　　▢ 摩托罗拉　　▢ 三星　　▢ 波导

▢ 索尼爱立信　　▢ 多普达　　▢ 联想　　▢ TCL　　▢ 其他

您选择手机时最看重的是：

○ 外观时尚　　○ 质量过硬　　○ 功能强大　　○ 价格便宜

手机的附加功能哪些对您实用？

▢ mp3 fm　　▢ 拍照 摄像　　▢ 多媒体视频

▢ 上网　　▢ 游戏　　▢ gps

图 2.79　复选框设置

5. 制作统计表

市场调查问卷设计完成后，企业还需要对调查的结果进行统计，并对统计的结果进行分析，这才是制作市场调查问卷的最终目的。为了方便统计，可以设计一个自动统计调查结果的"统计表"。制作完成的"统计表"的基本模型如图 2.80 所示，数据显示可能不相同。

图 2.80　"统计表"基本模型

在调查问卷中有单选题和多选题，一个单选题对应一个答案，一个多选题对应多个答案。为了便于记录，这里使用数字编号代表多选题的多个选项。这里以简洁的语言在工作表中输入问卷中每一个问题，以便于在一页中显示问卷中的所有题目。输入完毕可适当地调整字体大小、行高、列宽以及合并相应的单元格等。

统计表创建完成之后还需要将其与调查问卷链接起来，只有这样才能实现调查结果的自动统计。

1）链接单选题

（1）切换到"市场调查问卷"工作表中，选中"男"选项按钮，右击，在弹出的快捷菜单中选择"设置控件格式"菜单项，将打开"设置控件（或对象）格式"对话框。切换到"控制"选项卡，在"值"选项组中选中"已选择"选项按钮。

（2）将鼠标定位在"单元格链接"文本框中，单击工作表标签"统计表"中的单元格 B3，即可将链接的单元格显示在"单元格链接"文本框中，如图 2.81 所示。

图 2.81　单元格链接设置

（3）单击"确定"按钮返回工作表中，此时如果在工作表"市场调查问卷"中选择的性别是"男"，在"统计表"工作表单元格 B3 中显示的则为"1"；如果选中"女"，则在 B3 单元格中显示则为"2"。

（4）按照相同的方法链接其他的选项按钮，如"年龄、学历、职业、月收入"等项。

2）链接多选题

（1）切换到"市场调查问卷"工作表，在"您更换手机的原因是："题目中选中"质量等出现问题"复选框，右击，在弹出的快捷菜单中选择"设置控件格式"菜单项，打开"设置对象格式"对话框。切换到"控制"选项卡，在"值"选项组中选中"已选择"按钮，然后在"单元格链接"文本框中输入"统计表!$I$3"。

（2）单击"确定"按钮返回工作表。在单元格 I3 中显示的如果为一个或者多个"#"，则需要加宽该列。选中此单元格可以发现在编辑栏中显示的是"TRUE"，即系统自动以"TRUE"和"FALSE"来表示复选框的选中和未选中状态。

（3）按照相同的方法逐个将问卷中的其他复选框与统计表中的单元格相链接，并适当地调整列宽，将结果全部显示出来。

6. 添加按钮

链接问卷与统计表之后，虽然此时统计表可以自动地记录调查结果，但是第一次填写的结果会被第二次填写的结果所覆盖，不能将每次的填写结果都记录下来。所以，为了将每次填写的结果均记录下来，需要在表格中添加一个提交按钮。

（1）在"市场调查问卷"工作表中，单击菜单"开发工具"|"插入"|"表单控件"工具栏中的"按钮(窗体控件)" ▬ ，然后在表格的最下方拖动鼠标添加一个按钮。同时系统会自动地弹出"指定宏"对话框。

（2）单击"新建"按钮，打开"Microsoft Visual Basic"代码编辑窗口，即 VBA 窗口，用户可在此输入、编辑以及运行宏。输入代码，如图 2.82 所示，图中显示的是按钮 49 的完整代码，如果你创建的不是按钮 49 而是按钮 50，就需要将图中按钮 49 改为按钮 50。

图 2.82　Excel VBA 代码

代码及解释如下（特别观察生成的按钮是按钮 49 还是其他，如果是 50，则将代码中的 49 改为 50）：

```
Dim a, b As Integer          '定义变量 a 和 b
Sub 按钮 49_Click()          '可能你创建的按钮不是按钮 49，可修改
a = a + 1                    '行自动加 1
For b = 2 To 30             '列号从 2~30 循环
```

```
Sheets("统计表").Select                            '选择"统计表"工作表
Cells(3, b).Select                               '选择第 3 行单元格 b3，每次循环 b 都在变化
Selection.Copy Destination:=Cells(a + 3, b)      '将第 3 行单元格 b3 数据复制到 a+3 行
Cells(3, b) = ""                                 '删除单元格内容
Next b                                           'b 自动加 1，转入下一个单元格，直到 b=30
Sheets("市场调查问卷").Select                       '循环结束，返回"市场调查问卷"工作表
End Sub
```

（3）代码设置完成后，单击"保存"按钮，保存输入的代码。关闭 VBA 窗口，返回"市场调查问卷"工作表中，将按钮重命名为"提交"。

（4）采用相同方法，创建另一个按钮并重命名为"清空重置"。代码如下（如果创建的不是按钮 54 而是按钮 55，就需要将按钮 54 改为按钮 55）：

```
Sub 按钮 54_Click()
For b = 2 To 30
Sheets("统计表").Select
Cells(3, b) = ""
Next b
Sheets("市场调查问卷").Select
End Sub
```

（5）最后，"手机市场调查问卷.xlsm"完成效果如图 2.83 所示，至少填写一份调查问卷后，单击"提交"按钮，观察工作表"统计表"自动统计的调查结果。

（6）再填写一份调查报告，单击"清空重置"按钮，将已选择的数据完全清空，保存文件。

图 2.83　手机市场调查表完成效果

图 2.84 "保护工作表"对话框

7. 保护工作表

为了保障调查数据的安全性，一般不允许任何人对设置好的调研问卷进行修改，为此可对工作表进行保护设置。

（1）首先保护"市场调查问卷"工作表。单击"审阅"|"保护工作表"菜单命令，打开"保护工作表"对话框，如图 2.84 所示。在"取消工作表保护时使用的密码"文本框中输入自己定义的密码（如"123456"）。

（2）单击"确定"按钮，弹出"确认密码"对话框，在"重新输入密码"文本框中输入前面定义的密码。单击"确定"按钮返回工作表，即完成对工作表的保护。

（3）按照相同的方法保护工作表"数据源"。至此完成"手机市场调查问卷"的案例设计。

2.6 案例五 学生成绩管理系统

此案例要求用 Excel VBA 制作学生成绩管理系统，其中，系统有登录窗体界面、浏览查询数据、成绩输入以及统计总分、平均分等功能。"学生成绩管理.xlsx"原文件内容 Sheet1 和 Sheet3 如图 2.85 所示，Sheet2 为空表。

图 2.85 学生成绩管理原文件内容 Sheet1 和 Sheet3

具体操作步骤参考如下。

1. 准备工作

（1）打开"学生成绩管理.xlsx"工作簿文件，选择菜单"文件"|"选项"，弹出"Excel 选项"对话框。选择左边的"信任中心"选项，再单击"信任中心设置"按钮，弹出"信任中心"对话框。选择左边的"宏设置"选项，再单击选中"启用所有宏（不推荐；可能会运行有潜在危险的代码）"单选框，并单击选中"信任对 VBA 工程对象模型的访问"复

选框。

（2）选择菜单"文件"|"选项"，弹出"Excel 选项"对话框。选择左边的"自定义功能区"选项，在右上角"自定义功能区"下拉框中选择"主选项卡"，选中"开发工具"项。如果没有该项，可以从左边列表框中添加。单击"确定"按钮后，Excel 应用程序主菜单会增加"开发工具"项。

（3）将 Sheet1、Sheet2、Sheet3 工作表分别改名为"浏览""主界面""用户表"。将工作簿文件另存为"学生成绩管理.xlsm"，"保存类型"要选择"Excel 启用宏的工作簿(*.xlsm)"，如图 2.86 所示。

图 2.86　Excel 启用宏的工作簿

（4）选择菜单"开发工具"|"Visual Basic"，进入 VBA 编辑窗口。右击工程资源管理器中的"ThisWorkbook"，在弹出的快捷菜单中选择"查看代码"。输入以下代码，如图 2.87 所示。

```
Private Sub Workbook_Open()
      Application.Visible = False
      系统登录.Show
      Application.Caption = "我的程序"
      Sheets("主界面").ScrollArea = "$A$1"
End Sub
```

图 2.87　工作簿打开的代码

2．建立系统登录窗体

（1）在 VBA 编辑窗口中，选择菜单"插入"|"用户窗体"，修改窗体的 Name（名称）和 Caption 属性都为"系统登录"。按照如图 2.88 所示的窗体设计图，利用工具箱加入各个控件。其中"登录信息"为框架 Frame1，修改其 Caption 属性为"登录信息"；操作员用户（登录信息下面一行）选择使用复合框 ComboBox1；密码（操作员用户下面一行）使用文字框 TextBox1 输入，为实现输入的密码显示为"*"，要设置文字框的 PasswordChar 属性为"*"。

（2）"确定"使用按钮 CommandButton1，"退出"使用按钮 CommandButton2，分别修改其 Caption 属性为"确定"和"退出"。

图 2.88　系统登录界面设计

（3）双击"确定"按钮，进入代码编辑状态。其中代码如下。

```
Private Sub CommandButton1_Click()
        If ComboBox1.Text = "" Or TextBox1.Text = "" Then
        MsgBox "请填写完整", 1 + 64, "系统登录"
        TextBox1.SetFocus
        Else
        If 取指定用户密码(ComboBox1) = TextBox1.Text Then
        Unload Me
        MsgBox ComboBox1.Text & "你好，欢迎你进入本系统！", 1 + 64, "欢迎词"
        Application.Visible = True
        ActiveWorkbook.Unprotect Password:="123"
        Sheets("主界面").Visible = True
        Sheets("主界面").Activate
        ActiveWorkbook.Protect Password:="123"
        Else
        MsgBox "登录密码错误，请重新输入"
        End If
        End If
End Sub
```

（4）为提取操作人员的密码，以便在系统登录时进行比较，编写一个提取密码函数，接着刚才的代码，输入如下代码。

```
Function 取指定用户密码(X As Object)
    Dim mrow As Integer
    mrow = Sheets("用户表").Cells.Find(X.Text).Row
    取指定用户密码 = Sheets("用户表").Cells(mrow, 2)
End Function
```

（5）为了在"系统登录"窗体运行时，将用户表中的所有用户自动提取到操作员列表中，如图 2.89（a）所示，需要加入代码。单击"关闭"按钮，切换回"系统登录"设计窗体，单击窗体空白处，对象选择"UserForm"，如图 2.89（b）所示，过程选择"Initialize"，代码如下。

（a）

（b）

图 2.89 系统登录窗体初始化代码

```
Private Sub UserForm_Initialize()
    Dim X, y As Integer
    X = Sheets("用户表").Range("a65536").End(xlUp).Row
    For y = 2 To X
    ComboBox1.AddItem Sheets("用户表").Cells(y, 1)
    Next
End Sub
```

（6）双击"退出"按钮，进入代码编辑状态。其中代码如下。

```
Private Sub CommandButton2_Click()
    Unload Me
    Application.Visible = True
    ActiveWorkbook.Close SAVECHANGES:=False
End Sub
```

（7）保存工作簿文件，按 F5 键运行调试"系统登录"窗体，操作员选择"系统管理员"，密码输入"123456"，单击"确定"按钮，出现欢迎词"系统管理员你好，欢迎你进入本系统！"，如图 2.90 所示。

图 2.90 填写正确时显示信息

（8）当没有输入密码或者密码输错时，会出现错误提示信息，如图 2.91 所示。调试完成，按 Alt+F11 键返回 Excel 环境。

图 2.91　填写有误时显示信息

3. 建立主界面

（1）在工作表"主界面"中，单击单元格 A1，使用菜单"插入"|"图片"，插入一张图片，调整图片到适当大小。

（2）使用菜单"开发工具"|"插入"|"命令按钮(ActiveX 控件)"，插入"浏览"按钮 CommandButton1 和"输入"按钮 CommandButton2，如图 2.92 所示。

（3）右击按钮，在弹出的快捷菜单中选择"属性"，弹出"属性"窗口，分别修改其 Caption 属性为"浏览"和"输入"。在"设计模式"选中状态下，双击按钮进入代码编辑模式，输入如下代码。

图 2.92　主界面设计

```
Private Sub CommandButton1_Click()
    Sheets("浏览").Activate
End Sub

Private Sub CommandButton2_Click()
    学生成绩.Show
```

```
End Sub
```

4. 建立浏览界面

（1）在工作表"浏览"中，和主界面类似，创建"主界面"按钮 CommandButton1、"查询"按钮 CommandButton2 和"输入"按钮 CommandButton3，如图 2.93 所示。"主界面"按钮用来返回"主界面"工作表，"查询"按钮用来显示一个筛选界面。

图 2.93　浏览界面设计

（2）单击"开发工具" | "设计模式"，选中它，可以编辑代码，代码如下。再次单击"设计模式"可以使其不选中，此时单击按钮表示运行模式。

```
Private Sub CommandButton1_Click()
    Sheets("主界面").Activate
End Sub

Private Sub CommandButton2_Click()
    If Not (IsEmpty(Cells(4, 1))) Then
    Range("A4").AutoFilter
    End If
End Sub

Private Sub CommandButton3_Click()
    学生成绩.Show
End Sub
```

5. 成绩输入界面

按 Alt+F11 键进入 VBA 编辑环境，选择菜单"插入" | "用户窗体"，修改窗体的 Name(名称)为"学生成绩"和 Caption 属性都为"学生成绩管理"。根据如图 2.94 所示的窗体界面进行设计。其中学号、姓名、语文、数学、英语、总分、平均分分别为标签 Label1~Label7；学号、姓名、语文、数学、英语的右边为文本框 TextBox1~ TextBox5；总分、平均分的右边是标签 Label8、Label9；男、女为 OptionButton1~ OptionButton2。下面直接输入各代码。

图 2.94　学生成绩管理输入界面

（1）声明公用全局变量 n 和定义公用的"显示"过程 display()。双击任意一个控件，打开代码编辑窗口，删除自动产生的代码，再将以下代码放入代码区域（注意不要将代码放入其他任何过程中）：

```
Public n As Integer                        '全局变量n,别忘了
Sub display()
    TextBox1.Value = Cells(n, 1): TextBox2.Value = Cells(n, 2)
    TextBox3.Value = Cells(n, 4): TextBox4.Value = Cells(n, 5)
    TextBox5.Value = Cells(n, 6): Label8.Caption = Cells(n, 7)
    Label9.Caption = Cells(n, 8)
    If Cells(n, 3) = "男" Then
    OptionButton1.Value = True
    Else
    OptionButton2.Value = True
    End If
End Sub
```

（2）"上一个"按钮 CommandButton1 代码如下：

```
Private Sub CommandButton1_Click()
    If n > 2 Then
    n = n - 1
    Else
    MsgBox ("已到第一条了! ")
    End If
    Call display
End Sub
```

（3）"下一个"按钮 CommandButton2 代码如下：

```
Private Sub CommandButton2_Click()
    If Not (IsEmpty(Cells(n + 1, 1))) Then
    n = n + 1
    Else
    MsgBox ("已到最后一条了! ")
```

```
    End If
    Call display
End Sub
```

（4）"添加"按钮 CommandButton3 代码如下：

```
Private Sub CommandButton3_Click()
    While Not (IsEmpty(Cells(n, 1)))
    n = n + 1
    Wend
    Call display
End Sub
```

（5）"删除"按钮 CommandButton4 代码如下：

```
Private Sub CommandButton4_Click()
    Worksheets("浏览").Activate
    If MsgBox("你真的要删除吗？", vbOKCancel) = vbOK Then
    Rows(n).Delete
    TextBox1.Value = "": TextBox2.Value = ""
    TextBox3.Value = "": TextBox4.Value = ""
    TextBox5.Value = ""
    Label8.Caption = "": Label9.Caption = ""
    OptionButton1.Value = False
    OptionButton2.Value = False
    n = n - 1
    End If
End Sub
```

（6）"确定"按钮 CommandButton5 代码如下：

```
Private Sub CommandButton5_Click()
    Worksheets("浏览").Activate
    Cells(n, 1) = TextBox1.Value
    Cells(n, 2) = TextBox2.Value
    Cells(n, 4) = TextBox3.Value
    Cells(n, 5) = TextBox4.Value
    Cells(n, 6) = TextBox5.Value
    Cells(n, 7) = Label8.Caption
    Cells(n, 8) = Label9.Caption
    If OptionButton1.Value = True Then
    Cells(n, 3) = "男"
    Else
    Cells(n, 3) = "女"
    End If
    Range(Cells(n, 1), Cells(n, 8)).HorizontalAlignment = xlCenter
    With Range(Cells(n, 1), Cells(n, 8)).Borders
    .LineStyle = xlContinuous
    .Weight = xlThin
    End With
End Sub
```

（7）"计算"按钮 CommandButton7 和"退出"按钮 CommandButton6 代码

```
Private Sub CommandButton7_Click()
    Label8.Caption=Val(TextBox3.Value)+Val(TextBox4.Value)+Val(TextBox5.Value)
    Label9.Caption = Label8.Caption / 3
End Sub

Private Sub CommandButton6_Click()
```

```
    学生成绩.Hide
End Sub
```

（8）窗体初始化代码如下：

```
Private Sub UserForm_Initialize()
    Worksheets("浏览").Activate
    n = 2
    Call display
End Sub
```

（9）窗体调试 1：单击"上一个"按钮，可以显示上一条记录，如果已经是第一条，再单击它，则出现"已到第一条了！"提示，如图 2.95 所示。单击"下一个"按钮，可以显示下一条记录，如果已经是最后一条，再单击它，则出现"已到最后一条了！"提示，如图 2.96 所示。

图 2.95　已经是第一条再单击"上一个"按钮

图 2.96　已经是最后一条再单击"下一个"按钮

（10）窗体调试 2：单击"添加"按钮，可以在窗体中添加一条空白记录，输入自己学号后 7 位、性别、姓名、语文、数学、英语等信息后，单击"计算"按钮可以计算总分和平均分，如图 2.97 所示。

图 2.97　计算总分和平均分

（11）窗体调试 3：单击"确定"按钮，可以添加一条记录到工作表中，可以再次添加记录，如图 2.98 所示。如果不满意输入的信息，也可以单击"删除"按钮删除之。

图 2.98　添加记录

　习题　◇◆◇

一、判断题（对的在右边的括号中打"√"，错的打"×"）

1. Excel 中的数据库函数都以字母 D 开头。（　　　）

2. 在 Excel 工作表中建立数据透视图时，数据系列只能是数值。（　　　）

3. 分类汇总只能按一个字段分类。（　　　　）

4. 自动筛选的条件只能有一个，高级筛选的条件可以有多个。（　　　　）

5. 在 Excel 中排序时如果有多个关键字段，则所有关键字段必须选用相同的排序趋势（递增/递减）。（　　　　）

6. Excel 中使用高级筛选功能时，其条件区域的运算关系是：同一行的条件是"与"，同一列的条件是"或"。（　　　　）

7. 在 Excel 中既可以按行排序，也可以按列排序。（　　　　）

8. MOD 函数返回值是两数相除的商。（　　　　）

9. Excel 中提供了保护工作表、保护工作簿和保护特定工作区域的功能。（　　　　）

10. 高级筛选不需要建立条件区，只需要指定数据区域就可以。（　　　　）

11. 在"数学成绩"工作表，用 COUNTIF 函数统计分数段 60～80 分的人数，可使用公式：=COUNTIF(C2:C81,">=60" and "<=80")。（　　　　）

二、选择题

1. 关于筛选，下列叙述中正确的是＿＿＿＿＿＿。

A. 自动筛选可以同时显示数据区域和筛选结果

B. 高级筛选可以进行更复杂条件的筛选

C. 高级筛选不需要建立条件区，只有数据区域就可以了

D. 自动筛选可以将筛选结果放在指定的区域

2. 计算贷款指定期数应付的利息额应使用＿＿＿＿函数。

A. FV　　　　　　　　B. PV　　　　　　　　C. IPMT　　　　　　　　D. PMT

3. 某单位要统计各科室人员工资情况，按工资从高到低排序，若工资相同，以工龄降序排序，则以下做法正确的是＿＿＿＿＿＿。

A. 主要关键字为"科室"，次要关键字为"工资"，第二次要关键字为"工龄"

B. 主要关键字为"工资"，次要关键字为"工龄"，第二个次要关键字为"科室"

C. 主要关键字为"工龄"，次要关键字为"工资"，第二个次要关键字为"科室"

D. 主要关键字为"科室"，次要关键字为"工龄"，第二次要关键字为"工资"

4. Excel 中所建的图表是动态的，当在图表中修改了数据系列的值时，与图表相关的工资表中的数据＿＿＿＿＿。

A. 出现错误值　　　　B. 不变　　　　C. 自动修改　　　　D. 用特殊颜色显示

5. 在一个表格中，为了查看满足部分条件的数据内容，最有效的方法是＿＿＿＿。

A. 选中相应的单元格　　　　　　　　B. 采用数据透视表工具

C. 采用数据筛选工具　　　　　　　　D. 通过宏来实现

6. 为了实现多字段的分类汇总，Excel 提供的工具是＿＿＿＿＿＿。

A. 数据地图　　　　B. 数据列表　　　　C. 数据分析　　　　D. 数据透视表

7. Excel 文档包括：＿＿＿＿＿＿。

A. 工作表　　　　B. 工作簿　　　　C. 编辑区域　　　　D. 以上都是

8. 以下哪种方式可在 Excel 中输入文本类型的数字"0001"＿＿＿＿。

A. "0001"　　　　B. '0001　　　　C. \0001　　　　D. \\0001

9. 关于分类汇总，下列叙述中正确的是____。

A. 分类汇总前首先应按分类字段值对记录排序

B. 分类汇总可以按多个字段分类

C. 只能对数值型字段分类

D. 汇总方式只能求和

10. _____ 函数用来计数数据库中满足指定条件的记录字段（列）中包含数值的单元格的个数。

A. DSUM   B. SUM   C. DCOUNT   D. DGET

11. 财务函数中____函数的功能是：基于固定利率及等额分期付款方式，返回某项投资的未来值。

A. PMT   B. IPMT   C. SLN   D. FV

12. 在 Excel 中，若把单元格 F2 中的公式"=SUM($A2: C$3)"复制并粘贴到 H3 中，则 H3 中的公式为____。

A. =SUM($A2: C$3)   B. =SUM($A3:E$3)

C. =SUM($C2:E$3)   D. =SUM($C3:E$4)

13. 在中国公民的身份证号中，第 17 位代表性别，偶数表示性别为"女"，否则表示性别为"男"，根据身份证号码填写性别，正确的公式是_____。

A. =IF(MOD(MID(C2,17,1),2)=0,"女","男")

B. =IF(MOD(MID(C2,17,1),2)=0,"男","女")

C. =IF(MID(MOD(C2,17,1),2)=0,"女","男")

D. =IF(MID(MOD(C2,17,1),2)=0,"男","女")

14. 现 A1 和 B1 中分别有内容 12 和 34，在 C1 中输入公式"=A1&B1"，则 C1 中的结果是_____。

A. 12   B. 34

C. 1234   D. 46

15. 在 Excel 某工作表中，数据共有 18 行，其中第 1 行 A～H 列为标题（学号、姓名、性别、语文、数学、英语、总分、排名），根据"总分"自动生成"排名"列的相应值。H2 插入 RANK(Number,Ref)函数，其中 Number 和 Ref 处应填写____。

A. G2 和$G$2:$G$18   B. F2 和$F$2:$F$18

C. G2 和 G2:G18   D. F2 和 F2:F18

16. 在 Excel 中已知有"成绩"表，要求高级筛选"数学"大于等于 85 分，或者"平均分"大于 80 分的男生。应建立的条件区域为____。

A.

性别	数学	平均分
男	>=85	>80

B.

性别	数学	平均分
	>=85	
男		>80

C.

性别	数学	平均分
	>=85	>80
男		

D.

性别	数学	平均分
男	>=85	
		>80

17. 在 Excel 计算贷款中基于固定利率及等额分期付款方式，返回贷款的每期付款额应使用____函数。

    A. FV   B. PV   C. PMT   D. IPMT

18. 选取一个 Excel 单元格，按住_____键的同时单击其他单元格，可选取多个不连续的单元格区域。

    A. Ctrl   B. Alt   C. Shift   D. Tab

第 3 章 PowerPoint 高级应用

3.1 PowerPoint 2010 相关知识

3.1.1 演示文稿和幻灯片

演示文稿就是利用 PowerPoint 软件设计制作出来的一个文件，简称 PPT。使用较早 PowerPoint 2003 及以前版本创建的演示文稿扩展名为"ppt"，自从 PowerPoint 2007 版本开始创建的演示文稿扩展名为"pptx"。

一个完整的演示文稿文件是由多张幻灯片组成的。新建幻灯片可以有多种方法，"开始"选项卡中单击"新建幻灯片"按钮 或者按快捷键 Ctrl+M，可快速插入一张沿用当前幻灯片版式的新幻灯片；单击"开始"选项卡中"新建幻灯片"字样或者右下角的下拉框可在弹出的下拉列表中选择一张幻灯片版式，如图 3.1 所示，即可插入一张任选版式的幻灯片。

图 3.1　幻灯片版式

幻灯片版式有标题幻灯片、标题和内容、节标题、两栏内容、比较、仅标题、空白、内容与标题、图片与标题、标题和竖排文字、垂直排列标题与文本等。

3.1.2　主题

主题由主题颜色、主题字体、主题效果三者组合而成。主题可以是一套独立的选择方案，将主题应用于某个演示文稿时，该演示文稿中所涉及的字体、颜色、效果都会自动发生变化。系统内置了很多主题，如图 3.2 所示，可以将主题应用于相应幻灯片（本幻灯片同主题的所有幻灯片）、所有幻灯片、选定幻灯片。一个演示文稿中可以应用多种主题。

图 3.2　系统内置主题

用户可以自定义主题，比如可以对主题颜色进行自定义设置，如图 3.3 所示，可以修改超链接、已访问的超链接颜色等。

图 3.3　主题颜色修改

3.1.3　母版

幻灯片母版是一张特殊的幻灯片,用于存储有关演示文稿的主题和幻灯片版式等信息,包括背景、颜色、字体、效果、占位符大小和位置等。

在演示文稿中,所有幻灯片都基于相应幻灯片的母版创建,如果更改了某母版,则会影响所有基于该母版创建的幻灯片。使用幻灯片母版的主要优点是可以对演示文稿的每张幻灯片进行统一的样式修改。

选择“视图”选项卡“母版视图”组中的“幻灯片母版”,可切换到母版视图,如图 3.4 所示。每种应用于演示文稿的主题都会出现一组 12 张默认母版,在左边幻灯片母版缩略图中,其中较大的一张是幻灯片母版,在该页面修改的内容及设置的格式会在所有版式中起作用;其他 11 种幻灯片版式相对应的母版,作用范围在应用了该版式的幻灯片。

图 3.4　母版视图

3.1.4　动画

PowerPoint 2010 提供了 4 种动画:进入、强调、退出、动作路径,如图 3.5 所示。

● 进入动画是在演示文稿放映过程中,文本等对象刚进入播放画面时所设置的动画效果。

● 强调效果是在演示文稿放映过程中,为已经显示的文本等对象设置加强显示的动画效果。

● 退出动画是在演示文稿放映过程中,为已经显示的文本等对象离开画面时所设置的动画效果。

● 动作路径动画是在放映过程中,为已经显示的文本等对象沿某既定路径移动所设置的动画效果。

当添加了某动画效果后,会在动画窗格中出现一行,单击其右边下拉框三角标记会出现“效果选项”“计时”等选项。其中单击“计时”选项卡,在出现的对话框中可以设置触发器,如图 3.6 所示,触发器触发的对象可以是一个动作按钮。放映演示文稿时,单击该动作按钮，就可以触发之前设置的动画效果，否则不出现效果。

图 3.5　添加动画

图 3.6　触发器设置

3.2　案例一　宁波东钱湖简介

要求制作演示文稿"宁波东钱湖简介.pptx"，通过该演示文稿来介绍宁波东钱湖的基本情况。已经准备了一些素材（有东钱湖介绍视频、图片、背景音乐、简介文件、简单的演示文稿文件等），相关素材与演示文稿都放在同一个文件夹中，如图 3.7 所示。

图 3.7　演示文稿相关素材

开始时，"宁波东钱湖简介.pptx"演示文稿内容如图 3.8 所示，现在需要我们对其进行完善。

具体操作步骤参考如下。

1. 修改幻灯片母版

（1）打开演示文稿"宁波东钱湖简介.pptx"文件，选择菜单"视图"选项卡|"母版视图"组中的"幻灯片母版"命令，进入幻灯片母版视图。光标指向左边母版窗格中，其中第 2 张会出现"标题幻灯片版式：由幻灯片 1 使用"，这张就是标题母版，如图 3.9 所示。

图 3.8　"宁波东钱湖简介.pptx"原始内容

图 3.9　标题母版

（2）右击标题母版其中一个圆或椭圆对象框线，在弹出的快捷菜单中选择"设置形状格式"，弹出"设置形状格式"对话框。选择左边窗格的"填充"选项后，选中"图片或纹理填充"选项，此时对话框变为"设置图片格式"对话框。再单击"文件"按钮，弹出"插入图片"对话框，选择合适的图片，如图 3.10 所示。

图 3.10　插入图片

（3）单击"插入"按钮，返回，完成一个对象的图片填充。不用关闭"设置图片格式"对话框，选中另一个圆或椭圆对象。再选中"图片或纹理填充"选项，然后单击"文件"按钮，完成标题母版中的其他几个对象的填充，如图 3.11 所示。

图 3.11 标题母版设置

（4）光标指向左边母版窗格中，其中第 1 张会出现"聚合幻灯片母版：由幻灯片 1-8 使用"，这张就是幻灯片母版，也采用上述方法，依次完成幻灯片母版中的 3 个椭圆对象的填充效果，如图 3.12 所示。

图 3.12 幻灯片母版设置效果

（5）选择"幻灯片母版"选项卡"关闭"组中的"关闭母版视图"按钮，退出母版视图，至此完成幻灯片母版的修改。

2. 加入背景音乐

（1）切换到幻灯片首页，选择菜单"插入"选项卡|"媒体"组中的"音频"|"文件中的音频"命令，弹出"插入音频"对话框。选择声音文件"一个人的精彩.mp3"并插入，此时在幻灯片中出现小喇叭图标。

（2）单击菜单"音频工具"选项卡中的"播放"，选中"音频选项"组中的"放映时隐藏"和"循环播放，直到停止"复选项，"开始"下拉框选择"跨幻灯片播放"，如图 3.13 所示。

图 3.13　设置音频播放

（3）选中菜单"动画"选项卡|"高级动画"组中的"动画窗格"命令，显示动画窗格，可以发现动画窗格多了一项 0 ▷ 一个人的... ▷ 。

3. 滚动字幕制作

（1）将幻灯片首页底部"宁波东钱湖欢迎您"文本框拖动到幻灯片的左边，并使得最后一个字刚好拖出。此时"宁波东钱湖欢迎您"文本框为选中状态。

（2）选中菜单"动画"选项卡|"高级动画"组的"添加动画"|"进入"组中的"飞入"选项，在动画窗格中出现该文字动画"TextBox 4…"，单击其右边的下拉箭头 ，在出现的快捷菜单中选择"效果选项"，如图 3.14 所示。

（3）在出现的"飞入"对话框的"效果"选项卡中，把"方向"设置为"自右侧"；在"计时"选项卡中，把"开始"设置为"上一动画之后"，"期间"设置为"非常慢（5秒）"，"重复"设置为"直到下一次单击"，如图 3.15 所示。

图 3.14　"效果选项"菜单命令

图 3.15　飞入效果设置

办公软件高级应用与多媒体实用案例

4. 带滚动条的文本框制作

（1）设置菜单，使得出现"开发工具"菜单。选中第三张幻灯片，选择菜单"开发工具"选项卡|"控件"组中的"文本框" ，在幻灯片上拖动拉出一个控件文本框，调整好大小和位置。

（2）右击该文本框，在弹出的快捷菜单中选择"属性"，打开文本框"属性"设置窗口，把"东钱湖简介.txt"的内容复制到"Text"属性，设置"ScrollBars"属性为"2-fmScrollBars Vertical"，设置"MultiLine"属性为"True"，如图 3.16 所示。

图 3.16　文本框属性设置

（3）放映幻灯片，可以滚动文本框的垂直滚动条，浏览更多的内容，如图 3.17 所示。

图 3.17　文本框的垂直滚动条显示

134

5. 图片的缩放

（1）选中第四张幻灯片，选择菜单"插入"选项卡|"文本"组中的"对象"，弹出"插入对象"对话框。"对象类型"选择"Microsoft PowerPoint 97-2003 演示文稿"，如图 3.18 所示，单击"确定"按钮。

图 3.18　"插入对象"对话框

（2）此时会在当前幻灯片中插入一个"PowerPoint 演示文稿"的编辑区域（边线以斜线填充表示），如图 3.19 所示，菜单的内容也已经变为编辑区域相应的内容了。选择菜单"插入"选项卡|"图像"组中的"图片"，在弹出的"插入图片"对话框中，选择打开"东钱湖 1.jpg"，并拖动图片边角适当放大图片，使其填充整个编辑区域。

图 3.19　一个"PowerPoint 演示文稿"的编辑区域

（3）单击编辑区域外任意位置，退出编辑状态，拖动并适当调整其边缘大小；按 Ctrl 键，并拖动图片边缘到其他位置，即可复制一个一样的对象，这里复制三个同样的区域。

（4）双击选中图片，进入编辑状态，右击，在弹出的快捷菜单中选择"更改图片"，再选择其他图片插入。其他三幅图片插入完成后的效果如图 3.20 所示，其中第四个图处于可编辑状态。

图 3.20　其他三幅图插入后的效果

（5）放映第四张幻灯片时，单击第三张图片，可以看到大图效果，如图 3.21 所示。而后，单击大图，回到小图状态。

图 3.21　小图到大图效果

6. 动态图表制作

（1）选中第五张幻灯片，选择菜单"插入"选项卡|"插图"组中的"图表"，弹出"插入图表"对话框。选择"折线图"中的第一个，出现"Microsoft PowerPoint 中的图表" Excel 窗口，删除 Excel 工作表的 3、4、5 行。

（2）将演示文稿幻灯片中的"月份/游客人次"表格数据复制到 Excel 窗口 A1 开始的区域。

（3）单击演示文稿图表外框选中图表，选择菜单"图表工具"|"设计"选项卡|"数据"组中的"切换行/列"项，使图表图例变成"游客人次"，如图 3.22 所示。关闭 Excel 窗口。

图 3.22　图表数据

（4）选中图表，再选择菜单"图表工具"|"布局"选项卡|"标签"组中的"坐标轴标题"|"主要横坐标标题"|"坐标轴下方标题"项，加入横坐标标题"月份"。

（5）选择菜单"图表工具"|"布局"选项卡|"标签"组中的"坐标轴标题"|"主要纵坐标标题"|"旋转过的标题"项，加入纵坐标标题"人次（万）"。

（6）单击图表标题部分，将其修改为"各月份游客人次"，如图 3.23 所示。

图 3.23　图表修改效果

（7）选中图表，再执行菜单"动画"选项卡|"高级动画"组中的"添加动画"|"进入"组的"擦除"选项，在动画窗格中出现该文字动画，单击其右边的下拉箭头，在出现的快捷菜单中选择"效果选项"。

（8）在出现的"擦除"对话框中，选中"效果"选项卡，把"方向"设置为"自左侧"；在"计时"选项卡中，把"开始"设置为"上一动画之后"，"期间"设置为"非常慢（5秒）"，"重复"设置为"直到下一次单击"；在"图表动画"选项卡中，把"组合图表"设置为"按系列",单击"通过绘制图表背景启动动画效果"复选框,使之不选中,如图 3.24 所示。

图 3.24　图表动画设置

（9）单击"确定"按钮,一个动态图表设置完成,放映该幻灯片可以看到的效果,如图 3.25 所示,动态效果周而复始。

图 3.25　图表动画显示

7. 可控视频制作

（1）选中第六张幻灯片,再选择菜单"开发工具"选项卡|"控件"组中的"其他控件" ,弹出"其他控件"对话框,如图 3.26 所示。选择"Windows Media Player",单击"确定"按钮。

（2）在幻灯片上拖动拉出一个控件框,调整好大小和位置。右击该框,在弹出的快捷菜单中选择"属性",打开"属性"设置窗口,把"URL"属性设置为要插入视频的路径和包含扩展名的文件名,比如"D:\东钱湖.wmv"（如果视频 wmv 文件路径不同,则需要调整,也可以将视频文件和演示文稿文件放在同一个文件夹中,这里只要输入"东钱湖.wmv"即可）,设置"stretchToFit"属性为"True",如图 3.27 所示。

（3）放映幻灯片,视频自动开始播放,右击视频播放器会出现如图 3.28 所示的菜单,可以选择"缩放"里的"全屏"进行播放。

8. 自定义动画（路径和触发器）

（1）切换到第七张幻灯片,选中地图中的人物 gif 图片,再选择菜单"动画"选项卡|"高级动画"组中的"添加动画"|"动作路径"组的"自定义路径",如图 3.29 所示。

图 3.26　"其他控件"对话框

图 3.27　控件属性设置

四、视频欣赏

图 3.28　PPT 中视频播放菜单

图 3.29　自定义路径动画

（2）先单击地图中的宁波市圆点作为起点，再单击嘉兴市圆点，然后单击上海市圆点作为终点，如图 3.30 所示。双击终点，表示自定义路径完成，如图 3.31 所示。

图 3.30　自定义路径设置　　　　　　　　图 3.31　自定义路径完成

（3）在"动画窗格"中，双击新生成的自定义路径动画1 N 内容占位...　[　　]，打开"自定义路径"对话框，如图 3.32 所示。单击"计时"选项卡，设置"期间"为"非常慢（5秒）"，设置"重复"为"3"，单击"触发器"按钮，再单击"单击下列对象时启动效果"，其下拉框选择"动作按钮：自定义 4：到上海"。单击"确定"按钮。

图 3.32　"自定义路径"对话框

（4）放映幻灯片，单击"到上海"动作按钮，人物从宁波市出发跑向嘉兴市，然后再跑向上海市，一共重复循环 3 次，如图 3.33 所示。

图 3.33　单击"到上海"动作按钮效果

（5）宁波市到嘉兴市，宁波市到杭州市，宁波市到金华市，宁波市到台州市，这几条路径操作的创建也采用类似的做法，请自己完成。设计完成后，路径和动画窗格如图 3.34 所示。

图 3.34　路径和动画窗格

9. 插入 Flash 文件（swf 格式）

（1）选择菜单"开发工具"选项卡 |"控件"组中的"其他控件"选项 ，出现"其他控件"对话框。从列出的 Active X 控件中选中"Shockwave Flash Object"控件选项。

（2）这时，鼠标变成"＋"，在幻灯片中需要插入 Flash 动画的地方拖动鼠标画出一个框，并调整到合适大小。

（3）右击框，在弹出的快捷菜单中选择"属性"，出现 Shockwave Flash1 属性设置对话框。找到"Movie"属性，其后的输入栏中，输入或者复制要插入的 swf 档案的路径和包含 swf 扩展名的文件名，比如"D:\宁波东钱湖简介\拼图.swf"（如果 swf 文件路径不同，则需要调整）。放映第六张幻灯片，进行拼图操作一次。

（4）完成第二张幻灯片与其他幻灯片之间的链接，使得单击目录文字可以链接到其相应内容；在其他幻灯片中创建动作按钮返回目录。

3.3　案例二　计算机基础考试

要求结合 Access 2010 数据库"test.accdb"的"选择题"表，利用 PowerPoint VBA 创建一个"计算机基础考试"系统。其中，"test.accdb"数据库中"选择题"表文件表结构内容如图 3.35 所示，表数据内容如图 3.36 所示。

图 3.35 "选择题"表文件表结构内容

图 3.36 "选择题"表数据内容

具体操作步骤参考如下。

1. 新建启用宏的演示文稿

（1）打开 PowerPoint 2010 应用程序，将新建的演示文稿文件另存为"计算机基础考试.pptm"，"保存类型"要选择"启用宏的 PowerPoint 演示文稿(*.pptm)"，如图 3.37 所示。

图 3.37 启用宏的 PowerPoint 演示文稿

（2）演示文稿"标题幻灯片"标题处输入"计算机基础考试"，主题应用"平衡"，并使用"幻灯片母版"视图，将标题上移到最高处。

（3）选择菜单"开发工具"|"控件"|"命令按钮"，插入一个按钮后，右击它，在弹出的快捷菜单中选择"属性"。在打开的"属性"窗口中，设置 Caption 属性为"打开考试界面"，并自定义其 Font、Forecolor 等属性，如图 3.38 所示。

图 3.38　命令按钮创建

（4）双击"打开考试界面"按钮，进入 VBA 代码编辑状态，输入以下代码：

```
Private Sub CommandButton1_Click()
    计算机基础考试.Show    '显示"计算机基础考试"窗体
End Sub
```

2. 建立"计算机基础考试"窗体界面

（1）在 VBA 编辑器中，选择菜单"插入"|"用户窗体"，修改其（名称）和"Caption"属性均为"计算机基础考试"。根据如图 3.39 所示的界面设计该窗体：3 个文字框（TextBox1、TextBox2、TextBox3）、2 个标签（Label1、Label2）、5 个命令按钮（CommandButton1、CommandButton2、CommandButton3、CommandButton4、CommandButton5）。

（2）TextBox1、TextBox2 文字框的"MultiLine"属性设置为"True"，"ScrollBars"属性设置为"3-fmScrollBarsBoth"。

（3）Label1、Label2 标签的"Caption"属性分别设置为"答题"和"（请输入答案前面的代码字母）"。5 个命令按钮的"Caption"属性分别设置为"开始出题""递交答案""下一题""上一题""退出"，如图 3.39 所示。

（4）在 VBA 编辑窗口中，选择"工具"|"引用"，打开"引用-VBAProject"对话框。在"可使用的引用"列表框中选中"Microsoft ActiveX Data Objects 2.8 Library"（务必打

钩），如图 3.40 所示。单击"确定"按钮。

图 3.39 "计算机基础考试"界面设计

图 3.40 "引用-VBAProject"对话框

3. 窗体代码

（1）双击任意一个控件，打开代码编辑窗口，删除自动产生的代码，输入通用代码，注意不要将代码放入其他任何过程中：

```
Dim setpxp As New ADODB.Recordset
Dim cnnpxp As New ADODB.Connection
Dim constring As String
Dim th, tm, da1, da2, da3, da4, da5 As String
Dim a(50), b(50), c(50)
Dim i, j, row, sum As Integer
```

（2）将 test.accdb 数据库文件拷贝到 D 盘根目录下，当然也可以放在学号文件夹原位置，这时需要将以下代码"d:\test.accdb"修改为你放置 test.accdb 数据库文件的路径和包含扩展名的文件名（也可以将数据库文件和演示文稿文件放在同一个文件夹中，这里只要输入

"test.accdb" 即可)。"开始出题" 按钮代码如下：

```
Private Sub CommandButton1_Click()
constring = "provider=Microsoft.ACE.OLEDB.12.0;" & "data source=" & "d:\test.accdb"
cnnpxp.Open constring
setpxp.Open "选择题", cnnpxp, adOpenStatic, adLockOptimistic
row = 0
With setpxp
    Do While Not .EOF
        row = row + 1
        setpxp.MoveNext
    Loop
End With
setpxp.MoveFirst
If Not setpxp.EOF Then
        i = setpxp("编号"): th = setpxp("题号")
        tm = setpxp("题目")
        da1 = setpxp("A"): da2 = setpxp("B")
        da3 = setpxp("C"): da4 = setpxp("D")
        a(i) = setpxp("正确答案")
        c(i) = setpxp("分数")
        CommandButton1.Enabled = False
        CommandButton2.Enabled = True
        TextBox3.SetFocus
        If i < row Then
                CommandButton3.Enabled = True
        Else
                CommandButton3.Enabled = False
        End If
        CommandButton4.Enabled = False
        TextBox1.Text = th + ". " + tm
        TextBox2.Text = "答案选项：" & vbCrLf & "A." & da1 & vbCrLf & "B." & da2 &
vbCrLf & "C." & da3 & vbCrLf & "D." & da4
        TextBox3.Text = b(i)
End If
End Sub
```

（3）"递交答案" 按钮代码如下：

```
Private Sub CommandButton2_Click()
i = 1
sum = 0
For i = 1 To row
  If UCase(b(i)) = UCase(a(i)) Then
    sum = sum + c(i)
  Else
    MsgBox "第" & i & "题" & ":" & vbCrLf & "你的答案是" & b(i) & vbCrLf & "正确答案是:
" & a(i)
  End If
Next i
MsgBox "统计总分是: " & sum
End Sub
```

（4）"下一题" 按钮代码如下：

```
Private Sub CommandButton3_Click() '下一题
setpxp.MoveNext
CommandButton4.Enabled = True
```

```
If Not setpxp.EOF Then
    i = setpxp("编号"): th = setpxp("题号")
    tm = setpxp("题目")
    da1 = setpxp("A"): da2 = setpxp("B")
    da3 = setpxp("C"): da4 = setpxp("D")
    a(i) = setpxp("正确答案")
    c(i) = setpxp("分数")
    TextBox1.Text = th + ".  " + tm
    TextBox2.Text = "答案选项: " & vbCrLf & "A." & da1 & vbCrLf & "B." & da2 &
vbCrLf & "C." & da3 & vbCrLf & "D." & da4
    TextBox3.Text = b(i)
End If
If i < row Then
    CommandButton3.Enabled = True
Else
    CommandButton3.Enabled = False
End If
TextBox3.SetFocus
End Sub
```

（5）"上一题"按钮代码如下：

```
Private Sub CommandButton4_Click()  '上一题
If setpxp.BOF Then
    CommandButton4.Enabled = False
Else
    setpxp.MovePrevious
    CommandButton3.Enabled = True
    If Not setpxp.BOF Then
        i = setpxp("编号"): th = setpxp("题号")
        tm = setpxp("题目")
        da1 = setpxp("A"): da2 = setpxp("B")
        da3 = setpxp("C"): da4 = setpxp("D")
        a(i) = setpxp("正确答案")
        c(i) = setpxp("分数")
        TextBox1.Text = th + ".  " + tm
        TextBox2.Text = "答案选项: " & vbCrLf & "A." & da1 & vbCrLf & "B." &
da2 & vbCrLf & "C." & da3 & vbCrLf & "D." & da4
        TextBox3.Text = b(i)
    End If
End If
If i > 1 Then
    CommandButton4.Enabled = True
Else
    CommandButton4.Enabled = False
End If
TextBox3.SetFocus
End Sub
```

（6）"退出"按钮代码如下：

```
Private Sub CommandButton5_Click()
    End
End Sub
```

（7）输入数据时，TextBox3 代码如下：

```
Private Sub TextBox3_Change()
```

```
    b(i) = TextBox3.Text
End Sub
```

4. 调试

（1）关闭 VBA 编辑窗口，切换到幻灯片放映视图，单击"打开考试界面"按钮，打开"计算机基础考试"窗体。单击"开始出题"按钮，显示第一题，如图 3.41 所示。此时"开始出题"和"上一题"按钮都不可用。

（2）"答题"文本框可输入答案前面的代码字母（如 D 或 d），大小写均可。

图 3.41　"计算机基础考试"窗体运行

（3）单击"下一题"按钮，进入第 2 题，此时只有"开始出题"按钮不可用，答题后，再单击"下一题"按钮继续答题，如图 3.42 所示。

图 3.42　答题界面

（4）如果想在第 4 题作答完毕后就结束的话，可以单击"递交答案"按钮，此时会弹出有错误的答题提示，同时给出正确的答案，再单击"确定"按钮，会出现统计总分提示框，如图 3.43 所示。

图 3.43　递交后提示出错信息并统计总分

◇◆◇　习题　◇◆◇

一、判断题（对的在右边的括号中打"√"，错的打"×"）

1. 在幻灯片中，超链接的颜色设置是不能改变的。（　　）
2. 演示文稿的背景最好采用统一的颜色。（　　）
3. 在 PowerPoint 中，旋转工具能旋转文本和图像对象。（　　）
4. 在幻灯片中，剪贴图有静态和动态两种。（　　）
5. 当在一张幻灯片中将某文本行降级时，使该行缩进一个幻灯片层。（　　）
6. 在幻灯片母版中进行设置，可以起到统一整个幻灯片的风格的作用。（　　）
7. 在 PowerPoint "幻灯片浏览"视图中，可以对幻灯片文字内容进行编辑。（　　）

二、选择题

1. 下面哪个视图中，不可以编辑、修改幻灯片中文字内容_____。
A. 浏览　　　　　B. 普通　　　　　C. 大纲　　　　　D. 备注页
2. Smart 图形不包括下面的_____。
A. 图表　　　　　B. 流程图　　　　　C. 循环图　　　　　D. 层次结构图
3. 幻灯片中占位符的作用是_____。
A. 表示文本长度　　　　　　　　B. 限制插入对象的数量
C. 表示图形大小　　　　　　　　D. 为文本、图形预留位置
4. 如果希望在演示过程中终止幻灯片的演示，则随时可按的终止键是_____。
A. Delete　　　　B. Ctrl+E　　　　C. Shift+C　　　　D. Esc
5. 幻灯片放映过程，右击，在弹出的快捷菜单中选择"指针选项"中的荧光笔，在讲

解过程中可以进行写和画，其结果是_____。

A. 对幻灯片进行了修改

B. 对幻灯片没有进行修改

C. 写和画的内容留在幻灯片上，下次放映还会显示出来

D. 写和画的内容可以保存起来，以便下次放映时显示出来

6. 可以用鼠标直接拖动方法改变幻灯片的顺序是_____。

A. 幻灯片视图　　　B. 备注页视图　　　C. 幻灯片浏览视图　　D. 幻灯片放映

7. 改变演讲文稿的外观可以通过_____实现。

A. 修改主题　　　　B. 修改母板　　　　C. 修改背景样式　　D. 以上三个都对

8. 在 PowerPoint 中，下列说法中错误的是_____。

A. 可以动态显示文本和对象　　　　　B. 可以更改动画对象的出现顺序

C. 图表中的元素不可以设置动画效果　D. 可以设置动画片切换效果

9. 在 PowerPoint 中，要实现幻灯片之间的任意切换，除了利用文字超链接，还可以利用_____。

A. 鼠标选取　　　　B. 动作按钮　　　　C. 放映按钮　　　　D. 滚动条

10. PowerPoint 中不可插入____文件。

A. AVI 文件　　　　B. WAV 文件　　　　C. BMP 文件　　　　D. 可执行EXE 文件

第二部分
多媒体技术应用

自 20 世纪 80 年代末以来，随着电子技术和大规模集成电路的发展，计算机技术、通信技术和广播电视技术迅速发展并相互渗透，相互融合，形成了一门崭新的技术，即多媒体技术。多媒体技术已经渗入日常生活的各个领域，如视频点播、视频会议、远程教育和游戏娱乐等。

第 ④ 章 多媒体技术基础

4.1 多媒体技术的基本概念

4.1.1 媒体

媒体（Media）是人与人之间实现信息交流的中介，简单地说，就是信息的载体，也称为媒介。媒体在计算机领域中有两种含义：一是指用以存储信息的实体，如磁盘、磁带、光盘和半导体存储器等；一是指信息的载体，如数字、文字、声音、图形、图像和视频等。多媒体技术中的媒体一般指的是后者。

国际电信联盟远程通信标准化组 ITU-T 将媒体分为感觉媒体、表示媒体、表现媒体、存储媒体和传输媒体。

感觉媒体是指能够直接作用于人的感觉器官（听觉、视觉、触觉和嗅觉），并使人产生直接感觉的媒体。感觉媒体有人类的各种语言、音乐；自然界的各种声音、图形、静止和运动的图像等。

表示媒体是指为了加工、处理和传播感觉媒体而人为研究和创建的媒体，其目的是将感觉媒体从一个地方向另一个地方传送，以便于加工和处理。表示媒体有各种编码方式如语音编码、文本编码、静止和运动图像编码等。

表现媒体是指感觉媒体输入到计算机中或通过计算机展示感觉媒体的物理设备，即获取和显示感觉媒体信息的计算机输入和输出设备，也称显示媒体。显示媒体包括输入显示媒体（如键盘、摄像机和话筒等）和输出显示媒体（如显示器、喇叭和打印机等）。

存储媒体是用来存放表示媒体的，以方便计算机处理加工和调用，这类媒体主要是指与计算机相关的外部存储设备，如磁带、磁盘和光盘等。

传输媒体是用来将媒体从一个地方传送到另一个地方的物理载体，是通信的信息载体，如双绞线、同轴电缆和光纤等。

在使用多媒体计算机时，人们首先通过表现媒体的输入设备将感觉媒体转换为表示媒体，再存放在存储媒体中，计算机对存储媒体中的表示媒体进行加工处理，然后通过表现媒体的输出设备还原成感觉媒体，反馈给用户，如图 4.1 所示。5 种媒体的核心是表示媒体，所以通常将表示媒体称为媒体。可以认为多媒体就是多样化的表示媒体。

图 4.1　媒体之间的联系

4.1.2　多媒体技术

多媒体的英文单词是 Multimedia，它由 media 和 multi 两部分组成。一般理解为多种媒体的综合。多媒体是多种媒体的有机组合，在计算机领域是指计算机与人进行交流的多元化信息，常用的媒体元素主要包括文本、图形、图像、声音、动画和视频等。

多媒体技术就是把文字、图片、声音、视频等媒体通过计算机集成在一起的技术。即利用计算机对文本、图形、图像、音频、视频和动画等多种媒体信息进行采集、压缩、存储、控制、编辑、变换、解压缩、播放、传输等数字化综合处理，使多种媒体信息建立逻辑连接，使之具有集成性和交互性等特征的系统技术。

多媒体技术所处理的文字、声音、图像和图形等媒体信息是一个有机的整体，而不是一个个"分立"的信息类的简单堆积，多种媒体之间无论在时间上还是空间上都存在着紧密的联系。因此多媒体技术有数字化、多样性、交互性、集成性和实时性基本特征。

（1）多样性。多媒体技术的多样性是指多媒体种类的多样化。它不再局限于数值、文本而广泛采用图像、图形、视频、音频等信息形式来表达。多媒体就是要把计算机处理的信息多样化或多维化，从而改变计算机信息处理的单一模式，使人们能交互地处理多种信息。

（2）集成性。集成性是指不同的媒体信息有机地结合到一起，形成一个完整的整体。它以计算机为中心综合处理多种信息媒体，它包括信息媒体的集成和多媒体设备的集成。信息媒体的集成包括信息的多通道统一获取、多媒体信息的统一组织和存储、多媒体信息表现合成等方面。多媒体设备的集成包括硬件和软件两个方面。

（3）交互性。交互性是指用户与计算机之间进行数据交换、媒体交换和控制权交换的一种特性。多媒体的交互性是指用户可以与计算机的多种信息媒体进行交互操作从而为用户提供了更加有效控制和使用信息的手段。人们可以通过使用键盘、鼠标、触摸屏、话筒等设备，通过计算机程序去控制各种媒体的播放，检索信息等。

（4）实时性。对媒体信息的实时处理，实时性意味着多媒体系统在处理信息时有着严格的时序要求和很高的速度要求。

（5）数字化。媒体信息的数字化，是指各种媒体信息都以数字形式（0 和 1 的方式）进行存储和处理。

多媒体技术是一种基于计算机的综合技术，包括数字化信息的处理技术、音频和视频处理技术、计算机硬件和软件技术、人工智能和模式识别技术、通信和图像处理技术等，因而是一门跨学科的综合技术。随着多媒体技术的深入发展，其应用也越来越广泛，多媒体技术的应用已经渗透到人类社会的各个方面，包括教育、医疗、军事、通信、娱乐、模拟仿真和监控等。

4.2 多媒体计算机系统

多媒体计算机系统与一般计算机系统结构原则上是相同的，都由底层的硬件系统和各层软件系统组成，区别在于多媒体计算机系统需要考虑多媒体信息处理的特性，其系统的层次结构比一般的计算机系统更为丰富。

多媒体计算机系统是一种复杂的硬件和软件有机结合的综合系统。它把多媒体与计算机系统融合起来，并由计算机系统对各种媒体数据进行数字化处理。由于目前开展多媒体应用的主流计算机是个人计算机，所以多媒体计算机系统将围绕多媒体个人计算机，即MPC(Multimedia Personal Computer)展开讨论。事实上，多媒体计算机是在原有的 PC 机上增加多媒体套件而构成的，即在原有的 PC 机上增加多媒体硬件和多媒体软件。

多媒体计算机是指能够综合处理多种媒体信息，使多种媒体信息建立逻辑连接，集成为一个系统并具有交互性的计算机。多媒体计算机系统一般由多媒体硬件系统和多媒体软件系统组成，如图 4.2 所示。

图 4.2   多媒体计算机系统组成

4.2.1   多媒体硬件系统

多媒体计算机的硬件系统层是多媒体计算机系统的物质基础，它包括计算机主机系统和多媒体接口及外部设备等。多媒体输入设备主要有话筒、音响、语音输入等声音输入设备；图像输入设备主要有数码相机、图像扫描仪、数字化仪、触摸屏等；视频输入设备主要有影视录像、摄录机及光碟机等。多媒体输出设备有投影仪、刻录机、音箱及语言输出、绘图仪等。随着网络技术和多媒体通信技术的发展，网卡、Modem、传真机、电话等通信设备也逐渐成为 MPC 的多媒体配置。为实现音频、视频和图像信号的采集与处理，声卡、视频卡等成为 MPC 机必需的接口板卡配置。

多媒体硬件系统主要包括计算机传统硬件设备、光盘存储器、音频输入/输出和处理设备、视频输入/输出和处理设备。图 4.3 所示的是典型的多媒体计算机的硬件配置。

打印机　刻录机　音箱

视频卡

声卡

麦克风

扫描仪

主机和显示器

数码相机

录像机　摄像机

图 4.3　多媒体计算机的硬件配置

（1）声卡（Sound Card）：用于处理音频信息，它可以把话筒、录音机、电子乐器等输入的声音信息进行模/数转换（A/D）、压缩等处理，也可以把经过计算机处理的数字化的声音信号通过还原（解压缩）、数/模转换（D/A）后用音箱播放出来，或者用录音设备记录下来。

（2）视频卡（Video Card）：用来支持视频信号（如电视）的输入与输出。

（3）采集卡（图 4.3 中未展示）：能将电视信号转换成计算机的数字信号，便于使用软件对转换后的数字信号进行剪辑处理、加工和色彩控制，还可将处理后的数字信号输出到录像带中。

（4）扫描仪：一种图形输入设备，将摄影作品、绘画作品或其他印刷材料上的文字和图像等纸制材料的电子数据化，扫描到计算机中，以便进行加工处理。

（5）光驱：分为只读光驱（CD-ROM）和可读写光驱（CD-R，CD-RW），可读写光驱又称刻录机。用于读取或存储大容量的多媒体信息。

（6）数码相机：一种数字成像设备，是一种与计算机配套使用的照相机。它是集光、机、电于一体的数字化产品。与普通光学相机相比，最大区别在于数码相机用存储器保存图像资料，而不通过胶片保存图像。

4.2.2　多媒体软件系统

多媒体软件系统主要包括多媒体操作系统、多媒体驱动程序、多媒体支持软件和多媒体应用软件等。

1. 多媒体驱动程序

多媒体驱动程序（也称驱动模块）是底层硬件的软件支撑环境，直接与计算机硬件打交道，完成设备初始化、各种设备操作、设备的打开和关闭、基于硬件的压缩 / 解压缩、图像快速变换及功能调用等。通常驱动软件有视频子系统、音频子系统以及视频 / 音频信号获取子系统等。一种多媒体硬件需要一个相应的驱动程序，驱动程序一般随硬件产品提供，它常驻内存。

2. 多媒体操作系统

多媒体操作系统是多媒体软件的核心。它负责多媒体环境下多任务的调度和管理，保证音频和视频同步控制以及信息处理的实时性，提供各种基本操作和管理。多媒体操作系统是系统软件的核心，作为多媒体计算机的操作系统除了传统的管理功能，还要有标准化的对硬件透明的应用程序接口、图形用户接口，实现多媒体环境下多任务的调度，保证音频、视频同步控制及信息处理的实时性；提供多媒体信息的各种基本操作和管理；具有对设备的相对独立性和可操作性。操作系统还应该具有独立于硬件设备和较强的可扩展能力。Windows、OS/2 和 Macintosh 操作系统都提供了对多媒体的支持。

3. 多媒体支持软件

多媒体支持软件通常包括多媒体素材制作工具、多媒体创作工具和多媒体编程工具。为多媒体应用程序进行数据准备的程序，主要为多媒体数据采集软件，其中包括数字化音频的录制和编辑软件、MIDI 文件的录制和编辑软件、图像扫描及预处理软件、全动态视频采集软件、动画生成和编辑软件等。

4. 多媒体应用软件

多媒体应用软件是在多媒体硬件平台上设计开发的面向应用的软件系统。目前多媒体应用软件种类已经很多，既有可以广泛使用的公共型应用支持软件，如多媒体数据库系统等，又有不需要二次开发的应用软件。像 Windows 以前自带的豪杰超级解霸播放器、现在的 Windows Media Player，以及 RealPlayer、暴风影音等播放器之类的软件，都是"多媒体应用软件"的一部分。这类软件与用户有直接接口，用户只要使用有关的操作命令，就能方便地进行如 MP3 播放、DVD 播放等。

4.3 多媒体中的媒体元素及特征

多媒体媒体元素是指多媒体应用中可显示给用户的媒体组成。

1. 文本（Text）

文本是以文字和各种专用符号表达的信息形式，它是现实生活中使用得最多的一种信息存储和传递方式。文本是计算机中基本的信息表示方式，包含数字、字母、符号和汉字，以文本文件形式存储。用文本表达信息给人以充分的想象空间，它主要用于对知识的描述性表示，如阐述概念、定义、原理和问题以及显示标题、菜单等内容。

文本分为非格式化文本文件和格式化文本文件。非格式化文本文件指只有文本信息没有其他任何有关格式信息的文件，又称为纯文本文件，如".TXT"文件。格式化文本文件指带有各种文本排版信息等格式信息的文本文件，如".DOC"文件。可用文字处理软件（如记事本和 Word 等）对文本进行编辑，也可对文本进行识别、翻译和发声等操作。

2. 图形（Graphics）

图形一般是指由计算机通过绘图软件绘制的画面，由点、线、面、体等组合而成，以矢量图形文件形式存储，如直线、圆、圆弧、矩形、任意曲线和图表等。图形的格式是一组描述点、线、面等几何图形的大小、形状及其位置等的集合。在图形文件中只记录生成图的算法和图上的某些特征点，因此也称矢量图。

由于图形只保存算法和特征点，因此占用的存储空间很小，但显示时需经过重新计算，因而显示速度相对慢些。

3. 图像（Image）

图像是指由输入设备捕捉的实际场景的静止画面，或以数字化形式存储的任意画面，经数字化后以位图格式存储，如照片等。图像是多媒体应用软件中最重要的信息表现形式之一，它是决定一个多媒体软件视觉效果的关键因素。

静止的图像是一个矩阵，阵列中的各项数字用来描述构成图像的各个点（称为像素点 pixel）的强度与颜色等信息。这种图像也称为位图（bit-mapped picture）。图像文件在计算机中的存储格式有多种，如 BMP、PCX、TIF、TGA、GIF、JPG 等，一般数据量都较大。

4. 音频（Audio）

声音是人们用来传递信息、交流感情最方便、最熟悉的方式之一。自然界的声音经数字化后以音频文件格式存储。数字音频可分为波形声音、语音和音乐。波形声音实际上已经包含了所有的声音形式，它可以将任何声音都进行采样量化，相应的文件格式是 WAV 或 VOC。语音也是一种波形，所以和波形声音的文件格式相同。音乐是符号化了的声音，其中乐谱可转变为符号媒体形式，对应的文件格式是 MID 或 CMF。

5. 动画（Animation）

动画是利用人的视觉暂留特性，快速播放一系列连续运动变化的图形图像，也包括画面的缩放、旋转、变换、淡入、淡出等特殊效果。动画是活动的画面，实质是一幅幅静态图像的连续播放。动画的连续播放既指时间上的连续，也指图像内容上的连续。当一系列图形或图像的画面按一定时间间隔在人的视线中经过时，人脑就会产生物体运动的印象。

通过动画可以把抽象的内容形象化，使许多难以理解的教学内容变为生动有趣。合理使用动画可以达到事半功倍的效果。

6. 视频（Video）

视频由一幅幅单独的画面序列（帧 frame）组成，这些画面以一定的速率（fps）连续地投射在屏幕上，使观察者具有图像连续运动的感觉。由摄像机等输入设备获取的活动画面，数字化后以视频文件格式存储。视频影像具有时序性与丰富的信息内涵，常用于交代事物的发展过程。视频非常类似于我们熟知的电影和电视，在多媒体中充当起重要的角色。

4.4 多媒体数据压缩技术

多媒体信息经过数字化处理后其数据量是非常大的，如果不进行数据压缩处理，计算机系统就无法对它进行存储、传输和处理。解决这一难题的有效方法就是数据压缩编码。

数据压缩是通过数学运算将原来较大的文件变为较小文件的数字处理技术，数据解压缩是把压缩数据还原成原始数据或与原始数据相近的数据的技术。数据压缩是通过编码技术减少数据冗余来降低数据存储时所需空间，当数据使用时，再进行解压缩。根据对压缩数据经解压缩后是否能准确地恢复压缩前的数据来分类，分成无损压缩和有损压缩两类。

1. 无损压缩

无损压缩是利用数据的统计冗余进行压缩的，可完全恢复原始数据而不引入任何失真，但压缩率受到数据统计冗余度的理论限制，一般为 2∶1 到 5∶1。无损压缩的压缩过程是可逆的，也就是说，从压缩后的数据能够完全恢复出原来的数据，信息没有任何丢失。无损压缩的原理是统计被压缩数据中重复数据的出现次数来进行编码的。这类方法广泛用于文本数据、程序和特殊应用场合的图像数据（如指纹图像、医学图像等）的压缩。典型的无损压缩编码有哈夫曼编码、行程编码、Lempel zev 编码和算术编码等。由于压缩比的限制，仅使用无损压缩方法不可能解决图像和数字视频的存储和传输问题。

2. 有损压缩

有损压缩是利用人类视觉对图像中的某些频率成分不敏感的特性，允许压缩过程中损失一定的信息，不对这些不敏感频率进行还原。虽然不能完全恢复原始数据，但是所损失的部分对理解原始图像的影响较小，却换来了更大的压缩比。有损压缩的压缩过程是不可逆的，无法完全恢复出原始数据，信息有一定的丢失。有损压缩广泛应用于语音、图像和视频数据的压缩。

3. 常见压缩标准

视频音频数据压缩/解压缩技术选用合适的数据压缩技术，有可能将字符数据量压缩到原来的 1/2 左右，语音数据量压缩到原来的 1/2～1/10，图像数据量压缩到原来的 1/2～1/60。如今已有压缩编码/解压缩编码的国际标准 JPEG 和 MPEG。

1）JPEG（Joint Photographic Experts Group）静止图像压缩编码

国际标准化组织（ID）和国际电报电话咨询委员会（CCITT）联合成立的专家组 JPEG 于 1991 年 3 月提出了 ISO CDIO918 号建议草案：多灰度静止图像的数字压缩编码（通常简称为 JPEG 标准）。这是一个适用于彩色和单色多灰度或连续色调静止数字图像的压缩标准，由于综合采用多种压缩编码技术，因此经其处理的图像质量高、压缩比大，包括无损（压缩比 2∶1）与各种类型的有损模式（压缩比可达 30∶1 且没有明显的品质退化）。

2）MPEG（Moving Pictures Experts Group）运动图像压缩编码

ISO/IEC/JTC/SC2/WG11 的一个小组，于 1992 年制定了运动图像数据压缩编码的标准 ISO CD11172，简称 MPEG（Motion Picture Expert Group）标准。它旨在解决视频图像压缩、音频压缩及多种压缩数据流的复合与同步，它很好地解决了计算机系统对庞大的音像数据的吞吐、传输和存储问题，该编码技术的发展十分迅速，从 MPEG-1、MPEG-2 到 MPEG-4，不仅图像质量得到了很大的提高，而且在编码的可伸缩性方面，也有了很大的灵活性。

MPEG-1 是针对传输速率为 lMbps 到 1.5Mbps 的普通电视质量的视频信号的压缩。

MPEG-2 是针对每秒 30 帧的 720×572 分辨率的视频信号的压缩，在扩展模式下，MPEG-2 可以对分辨率达 1440×1152 高清晰度电视（HDTV）的信号进行压缩。

4.5　多媒体技术应用软件

多媒体作品的开发是一个系统而又复杂的工程，涉及文本、图形、图像、动画、视频等诸多处理软件。常见的多媒体处理软件有：

- 图形处理软件，如 CorelDRAW、Adobe Illustrator、AutoCAD；
- 图像处理软件，如 Photoshop、ACDSee、我形我速；
- 音频处理软件，如 Windows 自带的"录音机"程序、Adobe Audition、GoldWave、Cool Edit Pro；
- 视频处理软件，如 Adobe Premiere、Corel VideoStudio、会声会影；
- 动画制作软件，如 Flash、Animator Pro、3DS Max、Morph、Cool 3D、MAYA。

———————————◇◆◇　习题　◇◆◇———————————

一、判断题（对的在右边的括号中打"√"，错的打"×"）

1. 计算机只能加工数字化信息，因此，所有的多媒体信息都必须转换成数字化信息，再由计算机处理。（　　）

2. 媒体信息经数字化以后，体积减小了，信息量也减少了。（　　）

3. 对图像文件采用有损压缩，可以将文件压缩得更小，减少存储空间。（　　）

4. JPEG 标准适合于静止图像，MPEG 标准适用于动态图像。（　　）

5. 一幅位图图像在同一显示器上显示，显示器显示分辨率设得越大，图像显示的范围越大。（　　）

二、选择题

1. 电视或网页中的多媒体广告比普通报刊上广告的最大优势表现在_____。

A. 多感官刺激　　　　B. 超时空传递　　　　C. 覆盖范围广　　　　D. 实时性好

2. 下列关于多媒体技术主要特征描述正确的是_____。

①多媒体技术要求各种信息媒体必须要数字化

②多媒体技术要求对文本、声音、图像、视频等媒体进行集成

③多媒体技术涉及信息的多样化和信息载体的多样化

④交互性是多媒体技术的关键特征

A. ①②③　　　　　　B. ①④　　　　　　C. ①②③　　　　　　D. ①②③④

3. 计算机存储信息的文件格式有多种，WMV 格式的文件是用于存储_____信息的。

A. 文本　　　　　　　B. 图片　　　　　　C. 声音　　　　　　D. 视频

4. 在多媒体课件中，课件能够根据用户答题情况给予正确和错误的回复，突出显示了多媒体技术的_____。

A. 多样性　　　　　　B. 交互性　　　　　C. 集成性　　　　　D. 非线性

5. 关于文件的压缩，以下说法正确的是_____。

A. 文本文件与图形图像都可以采用有损压缩

B. 文本文件与图形图像都不可以采用有损压缩

C. 图形图像可以采用有损压缩，文本文件不可以

D. 文本文件可以采用有损压缩，图形图像不可以

6. 多媒体是由_____等媒体元素组成的。

A. 图形、图像、动画、音乐、磁盘

B. 文字、颜色、动画、视频、图形

C. 文本、图形、图像、声音、动画、视频

D. 图像、视频、动画、文字、杂志

三、问答题

1. 多媒体技术有哪些特征？

2. 简述多媒体系统的组成。

3. 多媒体压缩分为哪几类？常见的压缩标准有哪些？

第 5 章　图像编辑与处理
——Photoshop

5.1　图像基础知识

图像作为一种视觉媒体，很久以前就已成为人类信息传输、思想表达的重要方式之一。在计算机出现以前，图像处理主要是依靠光学、照相、相片处理和视频信号处理等模拟处理。随着多媒体计算机的产生与发展，数字图像技术代替了传统的模拟图像技术，形成了独立的"数字图像处理技术"。多媒体技术借助数字图像处理技术得到迅猛发展，同时又为数字图像处理技术的应用开拓了更为广阔的前景。

利用 Photoshop 对图像进行各种编辑与处理之前，应该先了解有关图像大小、分辨率、图像色彩模式以及图像格式等基础知识。掌握了这些图像处理的基本概念，才不至于使处理出来的图像失真或达不到自己预想的效果。

5.1.1　图形和图像

1. 矢量图（图形）

数字图像按照图面元素的组成可以分为两类，即矢量式图像（Vector Image）和点阵式图像（Raster Image）。两类图像各有优缺点，可以搭配使用，互相取长补短。

矢量式图像也叫矢量图，有时也称为图形，它是一种基于图形的几何特性来描述的图像。矢量图一般由绘图软件生成，由直线、圆、圆弧和任意曲线等元素组成，利用数学的矢量方式来记录图像内容。矢量图中的各种图形元素称为对象，每一个对象都是独立的个体，都具有大小、颜色、形状、轮廓等属性。

矢量图文件的大小与图像大小无关，只与图像的复杂程度有关，因此简单的图像所占的存储空间小。矢量图像可无级缩放，并且不会产生锯齿或模糊效果，在任何输出设备及打印机上，矢量图都能以打印机或印刷机的最高分辨率进行打印输出。

矢量图有两个优点：

（1）矢量式图像文件所占的容量较小，处理时需要的内存空间也小。

（2）矢量图与分辨率无关，可以将它设置为任意大小，其清晰度不变，也不会出现锯齿状的边缘。在进行各种变形（如缩放、旋转、扭曲）时几乎没有误差产生，不失真。如图 5.1 所示，放大 3 倍、24 倍都几乎没有失真。

图 5.1　矢量图放大

矢量图的缺点是不易制作色调丰富或色彩变化太多的图像，所绘制出来的图形不是很逼真，无法像照片一样精确地描写自然界的景物，同时也不宜在不同的软件之间交换文件。

2. 位图图像

位图图像也叫点阵式图像，它是由许多不同颜色的小方块组成的，每一个小方块称为像素点，每个像素点都有特定的位置和颜色值。像素点越多，图像的分辨率越高，相应地，图像的文件量也会随之增大。使用放大工具放大后，可以清晰地看到像素的小方块形状与不同的颜色。

图像是由扫描仪、数码照相机和摄像机等输入设备捕捉的真实场景画面产生的映像，数字化后以位图形式存储。存储构成图像每个像素点的亮度和颜色，位图文件的大小与分辨率和色彩的颜色种类有关。

位图图像的优点：色彩和色调变化丰富，可以较逼真地反映自然界的景物，同时也容易在不同软件之间交换文件。

位图图像的缺点：在放大、缩小或者旋转处理后会产生失真，同时文件数据量巨大，对内存要求容量也较高。例如一条线段在点阵式图像中是由许多像素组成的，每一个像素是独立的，因此可以表现复杂的色彩纹路，但数据量相对增加，而且构成这条线段的像素是固定且有限的，在变换时就会影响其分辨率，产生失真。如图 5.2 所示，放大 3 倍、24 倍都有一定程度的失真。

图 5.2　位图图像放大

位图图像的大小和图像的分辨率与尺寸有关，图像较大其所占用的存储空间也较大，当图像分辨率较小时，其图像输出的品质也较低，位图比较适合制作细腻、轻柔缥缈的特殊效果，Photoshop 生成的图像一般都是位图图像。

5.1.2 图像的基本属性

1. 像素

像素（Pixel）是组成图像的最基本单元，是一个小的方形的颜色块。一个图像通常由许多像素组成，这些像素被排成横行或纵列，每个像素都是方形的。每个像素都有不同的颜色值。当扫描一幅图像时，我们要设置扫描仪的分辨率，这一分辨率决定了扫描仪从源图像里每英寸取多少个样点。这时，扫描仪将源图像看成由大量的网格组成，然后在每一网格里取出一点，用它的颜色值来代表这一网格区域里所有点的颜色值。这些被选中的点就称为样点。

2. 分辨率

图像中每单位长度上的像素数目称为图像的分辨率，其单位为像素/英寸或是像素/厘米。图像的分辨率典型的是以每英寸的像素数（Pixel Per Inch，PPI）来衡量的。图像由像素点构成，而像素点密度决定了分辨率的高低。图像分辨率的高低直接影响图像的质量，在相同尺寸的两幅图像中，高分辨率的图像包含的像素比低分辨率的图像包含的像素多。在一定显示分辨率情况下，图像分辨率越高，图像越清晰，同时图像文件也越大。

在 Photoshop 系统中，新建文件默认分辨率为 72 像素/英寸，如果进行精美彩色印刷，图片的分辨率最少应不低于 300 像素/英寸。

显示分辨率是指显示屏上能够显示出的像素数目。例如一台 14 英寸笔记本电脑的显示分辨率为 1440×900，表示显示屏分成 900 行，每行显示 1440 像素。对于一个确定大小的屏幕而言，屏幕能够显示的像素越多说明显示设备的分辨率越高，显示的图像质量也越高。

设备分辨率又称为输出分辨率，是指各类图像输出设备在输出图像时每英寸长度上可输出的点数（Dots Per Inch，DPI），如打印机、绘图仪的分辨率。

3. 像素深度

像素深度，也称为颜色深度、图像深度，是指描述图像中每像素的数据所需要的二进制位数（bit），用来存储像素点的颜色、亮度等信息。像素深度决定了彩色图像的每像素点可能有的颜色数，或者确定灰度图像中每像素点可能有的灰度等级数。目前深度有 1、8、16、24、32 几种。深度为 1 时，表示像素的颜色只有 1 位，可以表示两种颜色（黑色和白色）；深度为 8 时，表示像素的颜色有 8 位，可以表示 $2^8=256$ 种颜色；深度为 24 时，表示像素的颜色有 24 位，可以表示 $2^{24}=16\ 777\ 216$ 种颜色，它用三个 8 位二进制数来分别表示 R、G、B 颜色，这种图像叫做真彩色图像；深度为 32 时，也用三个 8 位二进制数来分别表示 R、G、B 颜色，另一个 8 位二进制数用来表示图像的其他属性（透明度等）。

5.1.3 色彩

颜色是外界光刺激作用于人的视觉器官而产生的主观感觉。颜色分两大类：非彩色和彩色。非彩色是指黑色、白色和介于这两者之间深浅不同的灰色，也称为无色系列。彩色是指除了非彩色以外的各种颜色。

1. 色彩的产生

在自然界中，物体本身没有颜色，是光赋予了自然界一切非光源物体以丰富多彩的颜色，没有光就没有颜色。一个发光的物体称为光源，光源的颜色由其发出的光波来决定。而非光源物体的颜色则由该物体吸收或者反射的光波来决定。非光源物体从被照射的光里选择性地吸收了一部分波长的色光，并反射或透射剩余的色光。人眼看到的剩余的色光就是物体的颜色。比如红色的花是因为吸收了白色光中的蓝色光和绿色光，而仅仅反射了红色光。

人眼可以分辨的是可见光，可见光由各种不同波长的彩色光谱组合而成，波长范围在350～750nm 之间，图 5.3 列出了不同颜色的可见光波长范围。

图 5.3　可见光波长范围

2. 色彩的三要素

人的视觉系统对彩色色度的感觉和亮度的敏感性是不同的。从人的视觉特性看，色彩可用色调、饱和度和亮度三个要素来描述。

❖　色调：色调也称为色相，表示彩色的外观，在不同波长的光的照射下人眼感觉到的颜色，如红色、绿色、黄色等，用于区别颜色种类。

❖　亮度：亮度也称为明度，它是指彩色光作用于人眼时引起人眼视觉的明亮程度。它与彩色光线的强弱有关，而且与彩色光的波长有关。亮度最小时即为黑色，亮度越大该彩色越鲜明。

❖　饱和度：饱和度也称为色度，表示颜色的深浅程度，色彩的浓淡程度。它取决于彩色光中白光的含量，掺入的白光越多，色彩越淡，饱和度越低，直至淡化为白色；未掺入白光的彩色最纯，亦即饱和度最高。

3. 色彩的三原色

三原色（也称为三基色）是指红、绿、蓝 3 种颜色。这是因为自然界中常见的各种颜色都可以由红、绿和蓝 3 种色光按一定比例混合而成。红、绿和蓝 3 种色光也是白光分解后得到的主要色光，与人眼视网膜细胞的光谱响应区间相匹配，符合人眼的视觉生理效应。红、绿和蓝 3 种颜色混合得到的彩色范围最广，而且这 3 种色光相互独立，其中任意一种都不能由另外两种色光混合而成，因此称红、绿、蓝为色彩的三原色。

5.1.4　颜色模式

颜色模式，是将某种颜色表现为数字形式的模型，或者说是一种记录图像颜色的方式，分为 RGB 模式、CMYK 模式、HSB 模式、Lab 颜色模式、位图模式、灰度模式、索引颜色模式、双色调模式和多通道模式等。颜色模式除确定图像中能显示的颜色数，还影响图像的通道数和文件大小。

1. RGB 模式

RGB 模式是一种加色模式，它通过红、绿、蓝 3 种色光相叠加而形成更多的颜色，RGB 分别是 Red、Green 和 Blue。任何一种颜色由红、绿、蓝三基色通过不同的强度混合而成。一幅 24 位的 RGB 图像有三个色彩信息的通道：红色（R）、绿色（G）和蓝色（B）；将红、绿、蓝三种颜色分别按强度不同分成 256 个级别（值为 0～255），组合可以得到 256×256×256=167 777 216 种颜色。

当这三个分量的值均为 255 时颜色为纯白色，当所有分量的值均为 0 时，结果是纯黑色。因为 RGB 色彩模式产生颜色的方法是加色法，没有光时为黑色，加入 RGB 色的光产生颜色，当光亮达到最大时就为白色。

RGB 颜色模式是编辑图像的最佳颜色模型。新建 Photoshop 图像的默认模式为 RGB，计算机显示器总使用 RGB 模型显示颜色。屏幕、扫描仪和投影仪都属于 RGB 设备，因为它们是由红、绿、蓝三个电子射线枪构成的。

2. CMYK 模式

CMYK 模式颜色系统中任何一种颜色可以由青、洋红、黄和黑 4 种颜色混合而成。CMYK 分别代表 Cyan（青）、Magenta（洋红）、Yellow（黄）、BlacK（黑）。

CMYK 模式是一种印刷模式，与 RGB 模式不同的是，RGB 采用的是加色法，CMYK 采用的是减色法。在 CMYK 模式中，每个像素的每种印刷油墨会被分配一个百分比值。最亮的颜色分配较低的印刷油墨颜色百分比值，较暗的颜色分配较高的百分比值。

CMYK 模式是最佳的颜色打印模式，RGB 模式尽管色彩多，但不能完全打印出来。一般先用 RGB 模式编辑，打印时转换为 CMYK 模式，因此，打印时的色彩会有一定的失真。

3. HSB 模式

HSB 颜色系统中任何一种颜色由色相、饱和度和亮度三个要素定义而成。H 代表色相，S 代表饱和度，B 代表亮度。

色相的意思是纯色，即组成可见光谱的单色。红色为 0 度，绿色为 120 度，蓝色为 240 度。饱和度代表色彩的纯度，其值在 0～100 之间，0 为灰色。亮度是色彩的明亮程度，最大亮度是色彩最鲜明的状态，亮度值在 0～100 之间，0 为全黑。该模式是基于人眼对颜色的感觉。利用该模式可以任意选择不同明亮度的颜色。

4. 灰度模式

灰度模式，灰度图又叫 8 位深度图。每个像素用 8 个二进制位表示，能产生 2^8（即 256）级灰色调。灰度图像的每个像素有一个 0（黑色）～255（白色）之间的亮度值。使用黑白或灰度扫描仪产生的图像常以"灰度"模式显示。

当一个彩色文件被转换为灰度模式文件时，所有的颜色信息都将从文件中丢失，所以要转换为灰度模式时，应先做好图像的备份。

5. Lab 颜色模式

Lab 是一种国际色彩标准模式，它由 L、a、b 三个通道组成。L 通道是透明度，代表光亮度分量，范围为 0～100。其他两个是色彩通道，即色相和饱和度，用 a 和 b 表示，两者范围都是+120～-120。a 通道包括的颜色值从深绿色（低亮度值）到灰色（中亮度值），再到亮粉红色（高亮度值）；b 通道是从亮蓝色（低亮度值）到灰色（中亮度值），再到焦黄色（高亮度值）。

Lab 颜色是在不同颜色模式之间转换时使用的内部颜色模式。它能毫无偏差地在不同系统和平台之间进行转换。计算机将 RGB 模式转换成 CMYK 模式时，实际上是先将 RGB 模式转换成 Lab 颜色模式，然后再将 Lab 颜色模式转换成 CMYK 模式。

6. 位图模式

位图模式为黑白位图模式，使用两种颜色值即黑色和白色来表示图像中的像素。它通过组合不同大小的点，产生一定的灰度级阴影，其位深度为 1，并且所要求的磁盘空间最少，该图像模式下不能制作出色彩丰富的图像，只能制作一些黑白图像。

需要注意的是，只有灰度模式的图像或多通道模式的图像才能转换为位图图像，其他色彩模式的图像文件必须先转换为这两种模式，然后才能转换为位图模式。

7. 色彩模式转换

由于实际需要，常常会将图像从一种模式转换为另一种模式。但由于各种颜色模式的色域不同，所以在进行颜色模式转换时会永久性地改变图像中的颜色值。

转换时的注意事项如下：

● 图像输出方式。以印刷方式输出必须使用 CMYK 模式存储；在屏幕上显示输出，以 RGB 或索引颜色模式较多。

● 图像输入方式。在扫描输入图像时，通常采用拥有较广阔的颜色范围和操作空间的 RGB 模式。

● 编辑功能。CMYK 模式的图像不能使用某些滤镜，位图模式不能使用自由旋转、层功能等。面对这些情况，通常我们在编辑时选择 RGB 模式来操作，图像制作完毕之后再另存为其他模式。这主要是基于 RGB 图像可以使用所有的滤镜和其他的一些功能。

● 颜色范围。RGB 和 Lab 模式可选择的颜色范围较广，通常设置为这两种模式以获得较佳的图像效果。

● 文件占用内存及磁盘空间。不同模式保存时占用空间是不同的，文件越大占用内存越多，因此可选择占用空间较小的模式，但综合而言选择 RGB 较佳。

5.1.5 图像数字化

图形是用计算机绘图软件生成的矢量图形，矢量图形文件存储的是描述生成图形的指令，因此不必对图形中的每一点进行数字化处理。现实中的图像是一种模拟信号。图像数字化是指将一幅真实图像转变成为计算机能够接受的数字形式，这涉及对图像的采样、量化和编码等。

1. 采样

采样就是将连续图像转换成离散点的过程。采样实质就是要决定在一定面积内取多少个点来描述一幅图像，或者叫多少个像素点，称为图像的分辨率。分辨率越高，图像越清晰，存储量也越大。

2. 量化

量化是在图像采样离散化后，将表示图像色彩浓淡的值取为整数值的过程。将量化时可取整数值的个数称为量化级数。表示色彩（或亮度）所需的二进制位数为量化字长，称为颜色深度。一般用 8 位、16 位、24 位、32 位等来表示图像颜色。24 位可以表示 $2^{24} =$ 16 777 216 种颜色，称为真彩色。

3. 编码

图像文件的数据量与组成图像像素数量和颜色深度有关，可由以下公式计算：

$$s=(h \times w \times c)/8$$

其中，s 是图像文件数据量；h 是图像水平方向像素数；w 是图像垂直方向像素数；c 是颜色深度数值。

例如，某图像采用 24 位真彩色，其图像尺寸为 800 像素×600 像素，则图像文件数据量为：

$$s=(800 \times 600 \times 24)/8=1\ 440\ 000\text{B}（1.37\text{MB}）$$

可见数字化后图像数据量大，必须采取编码技术来压缩信息，它是图像存储与传输的关键。图像的压缩编码请参考其他书籍。

4. 图像大小

图像大小可用两种方法表示：第一种是"图像大小"，指的是图像在计算机中占用的随机存储器（RAM）的大小；第二种则是"文件大小"，是指图像保存文件后的长度。两者之间基本上是正比的关系，但并不一定相等。因为图像信息从 RAM 保存到文件时，会在文件中加上头部信息，再进行压缩。因此，文件大小通常会比图像大小小一些。

5.1.6　图像文件格式

在图形图像处理中，对于同一幅数字图像，采用不同文件格式保存时，会在图像颜色和层次还原方面产生不同的效果，这是由于不同文件格式采用不同压缩算法的缘故。

常用文件格式有以下几种。

1. BMP 格式

BMP 格式是 Windows Bitmap 的缩写。BMP（Bitmap 位图）格式文件扩展名是 bmp，是标准的 Windows 图形图像基本位图格式，绝大多数图形图像软件都支持 BMP 格式文件。

BMP 格式文件的特点是数据几乎不进行压缩，包含的图像信息较丰富，但文件占用存储空间过大。目前在单机上 BMP 格式文件比较流行。BMP 文件有压缩和非压缩之分，一般作为图像资源使用的 BMP 文件都是不压缩的；BMP 支持黑白图像、16 色和 256 色的伪彩色图像以及 RGB 真彩色图像。

2. GIF 格式

GIF 格式是 Graphics Interchange Format 的缩写，该格式文件扩展名是 gif。GIF 格式的图像文件容量比较小，它形成一种压缩的 8 位图像文件，是美国联机服务商针对当时网络传输带宽的限制开发出的图像格式。

GIF 格式使用 LZW 压缩方法，其优点是压缩比高，磁盘空间占用较少，下载速度快，是网络中重要文件格式之一。目前 Internet 上大量采用的彩色动画文件多为这种格式文件。

如果在网络中传送图像文件，GIF 格式的图像文件要比其他格式的图像文件快得多。GIF 格式支持透明图像属性，还采用了渐显方式，即在图像传输过程中，用户先看到图像的大致轮廓，然后随着传输过程的继续而逐渐看清图像中的细节。

GIF 压缩图像存储格式支持黑白图像、16 色和 256 色的彩色图像，目的是便于在不同的平台上进行图像交流和传输。GIF 图像的缺点是不能存储超过 256 色的图像。

3．JPEG 格式

JPEG 格式是常见的一种图像格式，它由联合照片专家组（Joint Photograph Experts Group）开发并命名为"ISO 10918-1"，JPEG 仅仅是一种俗称而已。JPEG 文件的扩展名为.jpg 或.jpeg。JPEG 格式是压缩格式中的"佼佼者"，与 TIFF 文件格式采用的 LIW 无损压缩相比，它的压缩比例更大。JPEG 格式是一种很灵活的格式，具有调节图像质量的功能，允许用不同压缩比例对这种文件进行压缩。作为先进的压缩技术，它用有损压缩方式去除冗余图像和彩色数据，在获取较高压缩率的同时能够展现十分丰富生动的图像。但它使用的有损压缩会丢失部分数据。用户可以在存储前选择图像的质量，这就能控制数据的损失程度。经过压缩，其容量较小，常用于网页制作。

同一图像 BMP 格式的大小是 JPEG 格式的 5～10 倍。而 GIF 格式最多只有 256 色，JPEG 格式适用于处理 256 色以上图像和大幅面图像。JPEG 是一种有损压缩的静态图像文件存储格式，压缩比可以选择，支持灰度图像、RGB 真彩色图像和 CMYK 真彩色图像。

4．TIFF 格式

TIFF（Tagged Image File Format，标志图像文件格式）格式文件扩展名是 tif。TIFF 格式文件以 RGB 真彩色模式存储，常被用于彩色图像扫描和桌面出版业。

TIFF 格式可以用于 PC、Macintosh 以及 UNIX 工作站 3 大平台，是这 3 大平台上使用最广泛的绘图格式。用 TIFF 格式存储时应考虑文件的大小，因为 TIFF 格式的结构要比其他格式更复杂。TIFF 格式文件包含两部分，第一部分是屏幕显示低分辨率图样，便于图像处理时的预览和定位，第二部分则包含各分色与单独信息。

TIFF 格式支持 24 个通道，能存储多于 4 个通道的文件格式，还允许使用 Photoshop CS5 中的复杂工具和滤镜特效，可以设置背景为透明色。TIFF 格式采用的是一种无损压缩方式。

5．PNG 格式

PNG 格式是一种新兴的网络图像格式，该格式文件的扩展名是 png。PNG 是目前最不失真的格式；能将图像文件压缩到极限，既利于网络传输，又能保留所有与图像品质有关的信息，因为 PNG 采用无损压缩方式来减少文件大小；显示速度很快，只需下载 1/64 的图像信息就可以显示出低分辨率的预览图像；PNG 同样支持透明图像制作，这样可以让图像和网页背景和谐地融合在一起。PNG 的缺点是 PNG 文件不支持动画应用效果。

6．PSD 格式

PSD 格式和 PDD 格式是 Photoshop CS5 自身的专用文件格式，能够支持所有图像类型。PSD 格式和 PDD 格式能够保存图像数据的细小部分，它支持所有文件类型，能保存没有合并的图层、通道和蒙版等信息。但其缺点是很少有其他的图像软件能读取这种格式，其通用性不强，且存盘容量极大。

7. TGA 格式

TGA 格式与 TIFF 格式相同，都可用来处理高质量的色彩通道图像。TGA 格式支持 32 位图像，它吸收了广播电视标准的优点，包括 8 位 Alpha 通道。另外，这种格式使 Photoshop CS5 软件和 UNIX 工作站相互交换图像文件成为可能。

8. EPS 格式

EPS 格式是 Illustrator CS3 和 Photoshop CS5 之间可交换的文件格式。Illustrator 软件制作出来的流动曲线、简单图形和专业图像一般都存储为 EPS 格式。Photoshop 可以获取这种格式的文件。在 Photoshop CS5 中，也可以把其他图形文件存储为 EPS 格式，在排版类的 PageMaker 和绘图类的 Illustrator 等其他软件中使用。

5.1.7 图像编辑软件

图像处理是对已有的位图图像进行编辑、加工、处理以及运用一些特殊效果；常见的图像处理软件有 Photoshop、Photo Painter、Photo Impact、Paint Shop Pro 和 Design Painter 等。

图形创作是按照自己的构思进行创作的。常见的图形创作软件有 Freehand、Illustrator、CorelDraw 和 AutoCAD 等，主要应用于平面设计、网页设计、数码暗房、建筑效果图后期处理以及影像创意等。

5.2　Photoshop CS5 相关知识

Adobe Photoshop，简称 PS，是由 Adobe 开发和发行的图像处理软件。Photoshop 以其直观的界面，全面的功能成为最流行的图像处理软件，是我们学习的首选软件。

2003 年，Adobe Photoshop 8 被更名为 Adobe Photoshop CS。2013 年 7 月，Adobe 公司推出了最新版本的 Photoshop CC，自此，Photoshop CS6 作为 Adobe CS 系列的最后一个版本被新的 CC 系列取代。目前市场最新版为 Adobe Photoshop CC 2018。

因为机房硬件条件的限制，这里将以 Photoshop CS5 为例介绍 Photoshop 的使用。Photoshop 的窗口由标题栏、菜单栏、工具箱、工作窗口、面板、状态栏 6 部分组成。

5.2.1 常用工具

Photoshop 的基本工具存放在工具箱中，一般置于 Photoshop 界面的左侧。有些工具的图标右下角有一个小三角，表示此工具图标中还隐藏了其他工具。用鼠标单击此图标不放，便可以打开隐藏的工具栏。单击隐藏的工具后，所选工具便会代替原先工具出现在工具箱里。当把鼠标停在某个工具上时，会出现此工具的名称及快捷键。

Photoshop 工具箱的工具十分丰富，功能也十分强大，它为图像处理提供了方便快捷的工具。Photoshop 的工具分为如下几大类：选择工具、移动工具、修复工具、填充工具、路径工具、文字工具等。工具箱的下部是 3 组控制器：色彩控制器可以改变着色色彩；蒙版控制器提供了快速进入和退出蒙版的方式；图像控制窗口能够改变桌面图像窗口的显示状态。Photoshop CS5 工具箱如图 5.4 所示。按住键盘上的 Tab 键，可以将所有的工具和面板隐藏，同时按住 Shift 和 Tab 键，可以隐藏右边的活动面板。

图 5.4　Photoshop CS5 工具箱

Photoshop CS 中每个工具都会有一个相应的工具选项栏，这个工具选项栏一般出现在主菜单的下面，使用起来十分方便，可以设置工具的参数。

1. 选择工具

所谓选区，就是选择图片中的某个部分。当你选择了选区，那么用各种工具对图进行修饰时，只对选区中的图片起作用，没有选中的部分是不会被修改的。如果没有选择任何选区，那么 Photoshop 的工具是对整张图片起作用的。

1）规则选框工具

规则选框工具只能选择矩形和圆形等内容，此类选框工具用来产生规则的选择区域，包括矩形选框工具、椭圆选框工具、单行选框工具和单列选框工具。

当选择矩形选框工具时，在图片上，按住鼠标左键，拖动鼠标，就可以画出一个矩形的虚框。虚框内就是选择的区域。按住鼠标左键的同时，按住 Shift 键，可以画出正方形的虚框，这时候的选区就是正方形的。

选择工具选项栏上一般有 4 个设置，如图 5.5 所示，左边第一个虚框矩形为矩形选区，在选项"添加到选区"被选中的情况下，在右边拖动鼠标画矩形时，再按下 Shift 键，矩形虚框就变成正方形虚框，又选中了正方形选区。

图 5.5　矩形选框工具

选择工具选项栏中不同选项含义如下。

● 新选区：取消原来选区，而重新选择新的区域。

● 添加到选区：为已经选择过的区域增加新的选择范围。

● 从选区减去：从选区中减去所选区域。

● 与选区交叉：在原来选区和新的选区中选择重叠的部分。

● 羽化：用于设定选区边界的羽化（选区和选区周围像素之间的一条模糊的过渡边缘）程度。

如果对选区不满意，还可以用菜单"选择"|"变换选区"对选区进行调整。菜单"选择"|"反向"可以完成反向选择。要取消选区，按快捷键 Ctrl＋D 可取消图片上所有的选区。

2）套索工具

套索是一个封闭性的选区，起点和终点必须是闭合的。套索选取工具包括套索工具、多边形套索工具和磁性套索工具。

套索工具可以建立任意形状的选区。拖动鼠标可以画各种形状选择图像中任意形态的部分。不过这个任意形状的选区可不容易构建，原因是用户手中不听使唤的鼠标。

多边形套索工具用一系列直线连成一个选区。分别单击多边形不同顶点可以在图片上选择一个多边形的区域。按住 Shift 键，可以画出 45 度或水平的线。虽然用一系列直线可以逼近一条曲线，但永远不能代替曲线。

磁性套索工具是给套索工具增加一块磁铁。当接触到反差明显的边界时，磁性工具会自动沿着这条边界移动。使用磁性套索工具时系统会自动根据鼠标拖出的选区边缘的色彩对比度来调整选区的形状。对于选取区域外形比较复杂同时又与周围图像的彩色对比度反差比较大的图像，采用该工具创建选区是很方便的。它的使用方法是，单击图像边界一处，鼠标顺着边界附近移动，Photoshop 会自动将选区边界吸附到边界上，当鼠标回到起始点时，磁性套索工具的小图标的右下角会出现一个小圆圈，这时松开鼠标即可形成一个封闭的选区。

3）快速选择工具

快速选择工具类似于笔刷，并且能够调整圆形笔尖大小绘制选区。在图像中拖动鼠标即可绘制选区。这是一种基于色彩差别但却是用画笔智能查找主体边缘的新颖方法。

4）魔棒工具

魔棒工具是根据相邻像素的颜色相似程度来确定选区的选取工具，适合选取图像中颜色相近或有大色块单色区域的图像（以鼠标的落点颜色为基色）。

先选中魔棒工具，再分别单击各个颜色相似区域可确定选区。魔棒工具经常与反向选择相结合使用完成最后的选取操作。

当使用魔棒工具时，Photoshop 将确定相邻近的像素是否在同一颜色范围容许值之内，这个容许值可以在魔棒工具选项栏容差中定义，所有在容差值范围内的像素都会被选上。容差即调整选区颜色的敏感性，取值范围为 0～255，值越小与所指定的像素点颜色相似度越高，选择的颜色范围则越窄，值越大则反之。

类似地，使用菜单"选择"|"色彩范围"也可选择相似颜色的区域。

5）选区的操作

当使用选择工具选取图像的某区域后，还可以完成移动选区、调整选区（增加选区、减小选区、相交选区、取消选区、反选选区、隐藏选区）、羽化选区等操作。调整选区一般可以通过选择工具的工具选项栏、"选择"菜单、快捷键等来完成，主要有如下操作：

● 增加选区、减小选区、相交选区可采用工具选项栏操作，也可以用快捷键 Shift、Alt、Shift+Alt。

● 取消选区可按 Ctrl+D 快捷键。

● 隐藏/显示选区可按 Ctrl+H 快捷键。

● 选取当前图层的整个图片，可按 Ctrl+A 快捷键。

● 当前图层中，选取其他图层轮廓，可按 Ctrl+单击图层缩览图。

2. 移动工具

移动工具可以对选区、图层和参考线等内容进行移动，也可以将内容置入其他文档中。

如果图像不存在选区或鼠标在选区外，那么用移动工具可以移动整个图层（此图层不能被锁定）。如果想将一幅图像或这幅图像的某部分复制后粘贴到另一幅图像上，只需用移动工具把它拖放过去就可以了。用移动工具将图像中被选取的区域移动时，鼠标必须位于选区内，其图标表现为黑箭头的右下方带有一个小剪刀。

选择移动工具后，一般用鼠标拖动完成移动，对于很短距离的移动也可以使用键盘上的方向键。在使用除路径和切片之外的工具时，可以临时切换到移动工具，方法是按住键盘上的 Ctrl 键。移动对象时，按 Alt 键可以复制对象。

3. 取样工具

1) 吸管工具

可以利用吸管工具在图像中取色样以改变工具箱中的前景色或背景色。用此工具在图像上单击，工具箱中的前景色就显示所选取的颜色；如果在按住 Alt 键的同时，用此工具在图像上单击，工具箱中的背景色就显示为所选取的颜色。

2) 颜色取样器工具

颜色取样器工具可以获取多达 4 个色样，并可按不同的色彩模式将获取的每一个色样的色值在信息浮动窗口中显示出来，从而提供了进行颜色调节工作所需的色彩信息，能够更准确、更快捷地完成图像的色彩调节工作。

4. 修复工具

修复工具是非常实用的工具，对于照片的修复等很有用处。

1) 污点修复画笔工具

所谓污点修复，也就是把画面上的污点涂抹去。用污点修复画笔工具，再选择合适的画笔大小，在污点上拖动鼠标覆盖污点，松开鼠标这个污点就消失了。

2) 修复画笔工具

用修复画笔工具可以将破损的照片进行仔细修复。修复画笔工具可以有两种取样方式：一种是选择图案，利用该图案对画面进行修复；另一种是在图片上取样，首先要按下 Alt 键，利用鼠标单击定义好一个与破损处相近的基准点，然后放开 Alt 键，反复拖动涂抹破损处就可以修复。

修复画笔工具要把源（就是按 Alt 键所选择的区域）经过计算机的计算，融合到目标区域，修复画笔工具一般不会将源进行完全复制，源的亮度等可能会被改变。

3) 修补工具

修补工具可以用选区或者图像对某个区域进行修补。先拖动鼠标勾勒出一个需要修补的选区，会出现一个选区虚线框，移动鼠标时这个虚线框会跟着移动，移动到适当的位置（如与修补区相近的区域）单击即可。

类似地，可选择菜单"编辑"|"填充"，使用"内容识别"来智能地修补大面积区域。

5. 图章工具

1) 仿制图章工具

仿制图章工具的功能是从图像中取样，将样本应用到其他图像或同一个图像的其他部分。按住 Alt 键再单击区域完成取样，然后定位鼠标到想要覆盖的区域，再拖曳，可直接将你选择的区域保持不变地复制到目标区域。

仿制图章工具具体的使用方法为：单击工具箱中的仿制图章工具，按住键盘上的 Alt 键，将光标移动到打开图像中要复制的图案上单击鼠标（鼠标单击处的位置为复制图像的印制点），松开 Alt 键，然后将鼠标移动到需要复制图像的位置拖曳鼠标，即可将图像进行复制。重新取样后，在图像中拖曳鼠标，将复制新的图像。

使用仿制图章工具时，可以打开仿制源面板，最多可以设置 5 个仿制源，还可以为每个仿制源设置一些简单的变换，如旋转、缩放等。

2）图案图章工具

图案图章工具功能是用图案绘画，可以从图案库中选择图案或创建自己的图案。当创建自己的图案时，一般要先选取图像的一部分定义一个图案，然后才能使用图案印章工具将设定好的图案复制到鼠标的拖放处。

具体使用方法为：单击工具箱中的图案图章工具，用矩形选框工具选取需要复制的图案，然后选取菜单中的"编辑"|"定义图案"命令，将其定义为样本，最后在工具选项栏的"图案"选项中选择定义的图案，并将光标移动到画面中拖曳即可复制图像。

6. 填充工具

1）渐变工具

所谓渐变，就是不同颜色之间逐渐均匀的过渡。渐变填充工具可以在图像区域或图像选择区域填充一种渐变混合色。

此类工具的使用方法是按住鼠标拖动，形成一条直线，直线的长度和方向决定渐变填充的区域和方向。如果在拖动鼠标时按住 Shift 键，就可保证渐变的方向是水平、竖直或成45°角。

渐变工具包括 5 种基本渐变工具：线性渐变工具、径向渐变工具、角度渐变工具、对称渐变工具、菱形渐变工具。每一种渐变工具都有其相对应的选项，可以在选项中任意地定义、编辑渐变色，并且无论多少色都可以。

2）油漆桶工具

油漆桶工具是根据图像中像素颜色的近似程度来填充前景色或连续图案，可填充闭合区域、选中区域或整个图层。油漆桶工具是一个魔棒工具和填充命令相结合的复合工具。

油漆桶工具选项栏中左边第一个下拉框可选择填充的内容是前景色还是图案，第二个下拉框可选择想要填充的图案；右边的容差范围指的是选择的容差，值越大，油漆桶工具允许填充的范围就越大，它的使用非常简单，先在左边选好想要填充的颜色或者图案，然后再单击填充到你想填充的图形中。

类似地，使用菜单"编辑"|"填充"可选择颜色、图案对选定区域或者整个图层区域的填充。

7. 文字工具

Photoshop CS 文字工具组中主要包括横排文字工具、直排文字工具、横排文字蒙版工具和直排文字蒙版工具。横排文字就是从左到右排列文字，直排文字就是从上到下排列文字。

单击工具栏上的文字工具按钮，在字体工具的工具选项栏中设置文字的字体、文字的大小和字体的样式，然后在图像编辑区中完成文字的录入及美化。

选择蒙版文字工具，在画面上单击一下，整个画面变成了淡红色，也就是建立了一层蒙版。然后在上面输入文字，输入文字的时候可以调整文字的样式和大小（退出蒙版后，它是无法再进行修改的）。文字输入完成后，选择移动工具，退出蒙版，这时候看到文字的周围是虚框，也就是说建立了一个文字的选区。建立了文字选区以后，可以对文字选区进行填充。

在 Photoshop CS 中，可以将输入的文字转换成工作路径和形状再进行编辑，也可以将其进行栅格化处理，即将输入文字生成的文字层直接转换为普通图层。

8. 钢笔工具和路径工具

钢笔工具用来绘制各种图形和路径。选择钢笔工具，在画面上单击一下，就出现一个方块，这个方块称为锚点。再在另一个位置单击一下，就出现下一个锚点，两个锚点之间就形成了一条直线。不断绘制锚点，最后的终点必须和起点闭合。

在绘制路径时，按住鼠标不放，拖动可以绘制出曲线。按住 Alt 键，单击锚点就会去掉一半的控制点。

路径工具有两个：一个是路径选择工具，另一个是直接选择工具。路径绘制完成后，没有被选择的时候，锚点都不显示。用路径选择工具选中路径后，路径上的锚点都会显示出来。用直接选择工具选中某个锚点，可以拉动控制线，改变曲线的形状。

【例 5.1】　利用钢笔工具绘制六边形路径和以背景色填充的七边形形状图层，如图 5.6 所示。

具体步骤如下：

（1）选择钢笔工具，在钢笔工具的工具选项栏里，选中"路径"选项和"添加到路径区域"选项，分别单击各锚点，绘制一个闭合的六边形路径，各个顶点就是锚点，如图 5.6 所示左边图。

（2）选中"形状图层"，此时上一步骤绘制的六边形路径不见了；在画布的右边分别单击各锚点，绘制一个闭合的七边形形状，自动以前景色填充，并会新建一个形状图层，如图 5.6 所示右边图。

（3）选中路径面板中的"工作路径"可将六边形路径显示出来。

图 5.6　钢笔工具选项栏

【例 5.2】　使用钢笔工具，绘制曲线和直线组合路径，如图 5.7 所示。

具体步骤如下：

（1）选择钢笔工具，光标定位于画布靠左的任一位置，按下鼠标左键，松开鼠标，设为 A 点。

（2）光标定位 A 点右边的任一位置，按下鼠标左键，设为 B 点，按住鼠标不放，并从 B 点拖动到 b2 点，松开鼠标，可画出 AB 曲线。其中 b1、b2 点成为 B 点的控制点，b1B、Bb2 直线称为控制线。可利用直接选择工具拖动 b1、b2 控制点改变曲线的形状。

（3）选择钢笔工具，因为 b2 控制点的存在，只要单击 B 点右边的任一点，设为 C 点，就会画出 BC 曲线。

（4）单击 C 点右边的任一点，设为 D 点，此时画出 CD 直线。

（5）画 E 点（画法和 B 点一样）再按住鼠标不放，将 E 点往下拖动一定距离，画出 DE 曲线。

（6）按住 Alt 键同时单击 E 锚点就会去掉一半的控制点，再单击 F 点，这时画的 EF 才是直线，否则 F 点和 C 点一样。

图 5.7　曲线和直线组合路径

在绘制路径的过程中，如果对绘制的图形不满意，可以按 Ctrl+Z 快捷键删除上一步的操作。要记住的是，按 Ctrl+Z 快捷键只能删除一步操作，再按 Ctrl+Z 快捷键则又恢复这步操作。如果需要连续删除几步的操作，可按 Ctrl+Alt+Z 快捷键。

9. 形状工具

形状工具可以绘制矩形、圆角矩形、椭圆、多边形直线、自定形状等各种图形。在其工具选项栏上，和上面的钢笔工具一样，也有"形状图层""路径""填充像素"。"形状图层"选项用于绘制的是用前景色填充的路径。采用"路径"选项仅仅绘制路径，无颜色填充。"填充像素"选项绘制的是用前景色填充的图形，没有路径。在使用此工具时，同时使用 Shift 键，就可以绘制正方形、圆形和水平直线、垂直直线、45 度角直线。

Photoshop 在"自定形状工具"里预置了很多形状，可以在网上下载到各种形状文件（*.csh），通过预设管理器载入 Photoshop 中，方便我们用自定形状工具绘图。

网上下载的形状载入 Photoshop 具体操作步骤如下。

（1）选择自定形状工具，在其工具选项栏中，单击"形状"下拉框，弹出形状列表，单击右上角的三角形按钮，打开"重命名形状"等菜单，如图 5.8 所示，单击"预设管理器"命令。

（2）打开"预设管理器"对话框，单击"载入"按钮，打开"载入"对话框。选择形状文件，单击"载入"按钮，再单击"完成"按钮。

类似地，也可以从网上下载笔刷工具包（*.abr），通过预设管理器载入 Photoshop 中，方便用画笔工具绘图。

图 5.8　"预设管理器"菜单项

5.2.2　图层

图像都是基于图层来进行处理的。图层就是图像的层次，可以将一幅作品分解成多个元素，即每一个元素都由一个图层进行管理。

图层，也称层、图像层，是 Photoshop 中十分重要的概念，这一概念几乎贯穿了所有的图形图像软件，极大地方便了图形设计和图像的编辑。图层就如同含有文字、图像等内容的胶片，一张张按顺序叠放在一起，组合起来形成一张完整的图像。图层把很多层画叠加在一起，编辑和修改都可分别进行。

图层上有图像的部分可以是透明的或不透明的，而没有图像的部分一定是透明的。如果图层上没有任何图像，透过图层可以看到下面的可见图层。制作图片时，用户可以先在不同的图层上绘制不同的图形并编辑它们，最后将这些图层叠加在一起，就构成了想要的完整的图像。图层有以下特点：

- 图层之间的顺序可以任意调换；
- 下图层可以透过上图层的透明区域显现出来；

- 一个图层上进行的操作不会影响到其他图层；
- 看到的最终影像是图层叠加的总和。

1. 图层面板

先打开一个图像文件，然后执行"窗口"|"图层"命令，则窗口中出现图层面板。如果未事先打开图像文件，则该面板为空面板。图层内容的缩览图显示在图层名称的左边，它随编辑而被更新。

图层面板上的右上角有一个黑色小三角，单击该图标会弹出"图层"下拉菜单。其子菜单含有新建图层、复制图层、删除图层、链接图层等选项，如图 5.9 所示。

图 5.9　图层面板

在图层前面有个眼睛的标志，单击一下可以关闭图层，该图层就不显示了。再单击一下就打开图层，图层就显示了。双击图层的名称，可以对图层的名称进行修改。在图层面板的右下角还有一系列按钮。

2. 图层类型

Photoshop 中图层主要有背景图层、普通图层、文字图层、形状图层、填充图层和调整图层等类型。

背景图层的右边有个锁定的标志。一般来说，背景图层位于最下面，最多只有一个，对于该层，我们不能进行移动，也无法更改图层的透明度。如果需要对背景图层进行操作，我们需要先对它进行解锁。执行菜单"图层"|"新建"|"背景图层"或者双击图层面板中的背景图层，弹出"新建图层"对话框，输入图层的名称，就将背景图层转换为普通图层了。转换完成后，就可以对背景图层进行任意的操作。对于普通图层，执行菜单"图层"|"新建"|"背景图层"命令，可以将其变为背景图层。

文字图层输入文字时自动产生的，在文字图层可以修改输入文字的字体、字号、字体颜色等，但也有许多操作受限，如不能绘画、不能填充图案等，可以将文字图层栅格化为普通图层。

形状图层用于形状工具绘制形状时产生的，并自动添加了形状的矢量蒙版。

填充图层是用纯色、渐变或图案三种填充方式生成的图层蒙版。

调整图层用于调整位于其下方的所有可见图层的像素色彩，这样就可以不必对每个图层单独进行调整，它是一种特殊的色彩校正方法。调整图层对图像的调整是以一种虚拟和参数化的方式进行的。使用调整图层中的各个命令时，可以在屏幕上看到应用命令后的颜色改变，不过实际图层上的像素并没有任何改变。这样做的好处是，用户随时可以舍弃不满意的调整，而不用担心由于像素改变带来的无法挽回的后果。操作方法为：单击"图层" | "新建调整图层"菜单命令，调出其级联菜单，再单击级联菜单中的相应菜单可打开"新建图层"对话框，单击"确定"按钮，再进一步在调整面板中进行色阶、色彩平衡或亮度对比度等设置。

填充图层和调整图层一样，实际上是同一类图层，表示形式基本一样，可以对其下边所有图层的选区或整个图层（没有选区时）进行色彩等调整，不会对其下边图层图像造成永久性的改变，一旦隐藏或删除填充图层和调整图层后，其下边图层的图像会恢复原状。

3. 图层操作

1）新建图层

新建图层可以直接单击图层面板下面的"新建图层"按钮，也可单击图层面板右上角的小三角，弹出一个菜单，单击里面的"新建图层"。

利用选区，我们也可以快速建立新图层。用椭圆选择工具，在画面上选择一个区域。然后执行菜单"图层" | "新建" | "通过拷贝的图层"命令。

2）填充图层

执行菜单栏的"编辑" | "填充"命令，可以用颜色或者图案对图层进行填充。如果要用前景色对图层进行填充，快捷键为 Alt+Delete（或 Backspace）。如果要用背景色对图层进行填充，快捷键为 Ctrl+Delete（或 Backspace）。

3）选择、移动、对齐图层

选择图层，只要在图层面板中单击该图层，就选中该图层了，如果要多选，可以按住 Ctrl 键+单击进行连续的选择。还有一种选择方式就是直接在画面上进行选择，右击后在弹出的快捷菜单中选择即可，一般用于选中一个图层。

在图层面板中要移动图层，只要选中图层拖动即可完成图层顺序的调整。

选中多个图层后，再选择移动工具，可选择工具选项栏不同的对齐方式（顶对齐、垂直居中对齐、底对齐、左对齐、水平居中对齐、右对齐）。

4）复制和删除图层

复制图层，可以在图层面板上右击，在弹出的快捷菜单中选择"复制图层"，也可以将需要复制的图层直接拖入图层面板右下角的"新建图层"按钮中。

删除图层，可以在图层面板上右击，在弹出的快捷菜单中选择"删除图层"，也可以将需要删除的图层直接拖入图层面板右下角的"删除图层"按钮中。

5）合并、链接图层

在作图的时候，如果有很多个图层，有时候需要用到合并图层功能。要记住，图层合并后，不能再进行单独的修改，所以合并之前一定要确定合并的图层已经不需要做任何改

动。选中需要合并的图层,执行菜单栏的"图层"|"合并图层"(快捷键 Ctrl+E)。

在实际作图中,有时候需要对几个图层同时进行变换大小、移动等处理,这时候就需要用到图层链接功能,将几个图层选中,单击"链接"按钮,就链接了该图层。

6)锁定图层

对图层进行锁定,是为了在作图的过程中,不影响锁定的图层。锁定有 4 种模式:

● 锁定透明像素。只锁定画面中透明的部分,而有颜色像素的地方可以进行修改和移动。

● 锁定图像像素。锁定有颜色像素的地方,这时候不能对图片进行修改,但是可以移动。

● 锁定位置。锁定后可以对图像进行修改,但是不能移动位置。

● 锁定全部。锁定后不能进行修改,也不能移动。

4. 图层混合效果

1)图层混合模式

图层混合,是指图层与它下面的图层上的对应像素以不同的模式进行混合,常被用于制造各种特殊效果,也可以用于图像自身色彩的调整。图层混合模式有正常、溶解、变暗、正片叠底、颜色加深、线性加深、变亮、滤色、叠加、柔光、强光、亮光等。

在图层面板中,有一个设置图层混合模式的下拉列表,用鼠标单击下拉列表右侧的三角符号,将显示图层混合模式,它决定图层之间以何种方式混合。

2)图层样式

图层样式可以为图层的图形、图像和文字,加上各种各样的效果。Photoshop 已经为我们预置了很多样式。样式面板上的右上角有一个黑色小三角,单击该图标会弹出"样式"下拉菜单。其子菜单中含有 Web 样式、预设管理器、复位样式、载入样式等选项。如图 5.10 所示,新建文字图层"girl",单击样式面板上的 Web 样式"带投影的透明凝胶"即可完成样式应用,观察图层面板文字层的右边多了个"fx",可以看到该样式使用了投影、内阴影、外发光、内发光等效果。单击 fx 右边的三角形可以显示或者隐藏效果选项。

图 5.10　样式面板

单击图层面板下面的"*fx*"按钮，在弹出的快捷菜单中选择"混合选项"，弹出"图层样式"对话框，如图 5.11 所示，可自行制作图层样式。

图 5.11　"图层样式"对话框

3）不透明度

图层面板中有不透明度和填充不透明度两种。不透明度就是指图层中所有内容和效果的不透明程度。填充不透明度只降低图层中填充像素的不透明度，而不改变其图层样式的透明度。在调整不透明度后，图层的图层样式和其颜色跟着图层的不透明度而变化；而调整填充不透明度后，变化的仅仅是图层本身，图层样式不受影响。

5.2.3　路径

路径是由一条或几条相交或不相交的直线或曲线组合而成的。路径可以是封闭的、没有起点的；也可以是开放的、有两个不同的端点。路径分为开放路径和闭合路径。

路径绘制一般有以下两种方法：

● 使用钢笔或自由钢笔工具，从工具选项栏中选择"路径"，绘制没有规则的未知复杂路径。

● 使用矩形工具、圆角矩形工具、椭圆工具、多边形工具、直线工具、自定形状工具等，从工具选项栏中选择"路径"，绘制已知形状的路径。

路径绘制完成后都可以进行修改，要修改路径，必须先显示路径上的锚点。锚点是定义路径中每条线段开始和结束的点。路径没有被选中时，锚点都不显示。用路径选择工具选中路径后，路径上的锚点都会显示出来。

移动和编辑锚点，可以修改路径的形状。用添加锚点工具单击路径上没有锚点的线段可以添加锚点；用删除锚点工具单击某个锚点可以删除此锚点。用直接选择工具选中某个锚点后可以拖动控制点，改变曲线的形状。用转换点工具选中某个锚点，可以完成曲线和直线转角的转换。

路径可以绘制精确的选取框线，使用钢笔或自由钢笔等工具，通过调整线段的控制手柄，可以绘制任意的、精确的选取外框。在图像中使用钢笔工具开始描绘路径时，如果没有选取在已有路径上的工作路径，则会在路径浮动面板上建立一个暂时的新工作路径。由于是暂时的工作路径，在取消对路径的选择后再描绘路径时，新的工作路径会取代原来的。所以必须存储此工作路径以避免遗失其内容。

路径的特点是，它是矢量的，可以随意变换大小，而且它是单独存在的，不存在于任何图层，需要在哪个图层进行，就选择在哪个图层使用路径就行。

可以通过路径形式存储选取区域，路径与选区之间可以互相转换。以路径形式存储选取区域后，需要时再把它们转成选取区域就可以重新修改图像的某个部分。

1. 将选区转换成路径

在路径面板上单击"从选区生成工作路径"按钮，可把用任何选取工具所建立的选区转换成路径。右击选框，在弹出的快捷菜单中选择"建立工作路径"也可完成转换。

选区转换成路径后，可以使用钢笔工具、路径选择工具和直接选择工具精确调整路径；也可以完成路径文字、创建矢量蒙版等操作。

2. 将路径转换为选区

通过路径浮动面板底部的"将路径作为选区载入"按钮，可以将路径转换成选取区域。右击路径，在弹出的快捷菜单中选择"建立选区"也可完成转换。

【例 5.3】 利用横排文字工具和路径，完成"生日快乐"不同样式的设计，如图 5.12 所示。

具体步骤如下：

图 5.12 不同文字样式设计

（1）新建文字图层"生日快乐"，文字放置在画布中间，华文琥珀字体，大小 100，颜色随意。

（2）选择菜单"图层"|"文字"|"创建工作路径"命令，在路径面板中创建了临时工作路径，双击它，弹出"存储路径"对话框。输入"生日快乐（变）"，单击"确定"按钮，将工作路径保存起来。

（3）新建图层 1，隐藏文字图层，用直接选择工具单击路径中的"快"字，再进行拖动锚点、添加锚点、删除锚点等操作，完成字形修改，如图 5.13 所示。单击"生日快乐"文字以外区域。

图 5.13　图层样式

（4）在图层 1 中，单击路径面板右边的三角按钮，或者右击"生日快乐（变）"路径，在弹出的快捷菜单中选择"填充路径"，选择合适的图案填入。

（5）显示文字图层，移动文字部分到画布下方，选择菜单"图层"|"文字"|"创建工作路径"，在路径面板中创建了临时工作路径。移动文字部分到画布上方。

（6）新建图层 2，画笔工具选择预设"硬边圆"，大小 8px；路径面板选择临时工作路径，右击它，在弹出的快捷菜单中选择"描边路径"。

（7）弹出"描边路径"对话框，工具选择"画笔"，单击"确定"按钮完成空心字的绘制。

（8）如果对变形的字不满意，在路径面板中选择"生日快乐（变）"路径，可以重新进行编辑修改后填充图案处理。

【例 5.4】　利用椭圆选框工具和路径，完成环绕圆文字的制作，如图 5.14 所示。

图 5.14　环绕圆文字

具体步骤如下：

（1）选择椭圆选框工具，按住 Shift 键，在画布上画一个正圆。

（2）在路径面板上单击"从选区生成工作路径"按钮，将正圆选框变成路径。

（3）新建一图层，选择横排文字工具（华文琥珀，大小 40px），光标指向路径圆左边起点附近，当光标变成 时，单击后输入文字"办公软件高级应用与多媒体实用案例"。

（4）拖动鼠标全选文字，按 Alt 键+方向箭头键（→←）放大或缩小字间距，使文字正好环绕整个圆。

当然本例也可以直接用椭圆工具绘制一个正圆路径来完成，请读者自己完成。

5.2.4　图像的变换

1. 自由变换和变换

打开菜单栏"编辑"命令，会看到"自由变换"和"变换"这两个选项（对于背景图层是不起作用的）。

"变换"下面还有更多的选项，比如缩放、旋转、斜切、扭曲、透视、变形、翻转等。

选择菜单"变换"|"旋转"命令，可以对图像进行旋转。旋转的时候，可以直接在工具选项栏"角度"处输入角度，进行精确的旋转。也可以按住图像上变换框的 4 个角，进行旋转。同时按住 Shift 键进行旋转，它是按照 15 度旋转的。

选择菜单"变换"|"斜切"命令，可以对图像进行斜方向的变换。

选择菜单"变换"|"变形"命令，可以对图像进行变形。Photoshop 预置了很多变形，比如扇形、拱形、鱼形等。

在"编辑"菜单的"变换"命令之上，有一个"自由变换"命令，它可以在一个连续的操作中应用变换（旋转、缩放、斜切、扭曲和透视）也可以应用变形变换。这个命令的快捷键是 Ctrl+T，如果配合使用功能键 Ctrl（控制自由变化）、Shift（控制方向、角度和等比例放大缩小）、Alt（控制中心对称），则可以最大限度地发挥自由变换的灵活性。3 个功能键可以组合应用，如按下 Shift +Alt 键时，拖动对象 4 个角的控制点，对象变成以中心点为对称中心的等比例变化的形状。

2．映射

所谓映射，也就是复制对称的物体。使用这个功能，可以制作出对称物品、水中倒影之类的特殊效果。按 Ctrl+Alt+T 快捷键，物品上多了一个变换框。这个变换框看起来和按 Ctrl+T 快捷键得到的框相同，实际上，这时候已经复制了一个物品，因为和原来的物品重叠，所以还看不出来。

【例 5.5】 利用变换图像，完成对称图像的制作，如图 5.15 所示。

图 5.15　对称鱼

具体步骤如下：

（1）新建默认 Photoshop 大小白色背景的图像，新建一图层并复制透明背景图"鱼.png"过来。

（2）按 Ctrl+T 键，使鱼图片出现 8 个控制点；按住 Shift 键，拖动四角的 4 个控制点的其中一个来缩放鱼，将鱼调整到合适大小（鱼宽度应该小于图像大小的一半），移动鱼到左边的合适位置，按回车键确认。

（3）按 Ctrl+Alt+T 键，拖动鱼中心原点到右边中间控制点，如图 5.16 所示。

图 5.16　鱼中心原点拖动

（4）选择菜单"编辑"|"变换"|"水平翻转"命令，按回车键确认。

【例 5.6】　利用变换图像，完成自行车水中倒影的制作，如图 5.17 所示。

图 5.17　自行车水中倒影

具体步骤如下：

（1）新建默认 Photoshop 大小白色背景的图像，新建图层 1，利用画笔工具在画布上画一辆大小合适的自行车。

（2）按 Ctrl+Alt+T 键，再拖动自行车中心原点到下边中间的控制点。

（3）选择菜单"编辑"|"变换"|"垂直翻转"命令，按回车键确认，新生成图层 1 副本。

（4）为了让倒影看起来更加真实，选择菜单"滤镜"|"扭曲"|"波纹"命令，图层 1 副本不透明度设为 50%。

（5）按 Ctrl+T 键，使倒影图片出现 8 个控制点，将其大小调整到合适。

3. 变换复制

所谓变换复制，就是对图形进行复制的同时实施一定的变换。按 Ctrl+Alt+T 键复制物品，再修改原点位置和变换角度，这时候建立的复制副本就呈现了一定的角度，然后按 Ctrl+Alt+Shift+T 键，进行多次变换复制完成制作。

【例 5.7】　先制作花瓣，再利用变换复制图像，完成花的制作，如图 5.18 所示。

图 5.18　制作花

具体步骤如下：

（1）新建默认 Photoshop 大小白色背景的图像，选择椭圆工具，在工具选项栏里选中"路径"选项，在画布上画一椭圆，如图 5.19(a)所示。

（2）选择路径工具"直接选择工具"，单击椭圆后，效果如图 5.19(b)所示。

（3）选择钢笔工具"转换点工具"，单击上顶点锚点和下低点锚点后，将顶点变成尖角，如图 5.19(c)所示。

（4）右击路径，在弹出的快捷菜单中选择"建立选区"，在弹出的对话框中单击"确定"按钮，此时如图 5.19(d)所示。

（5）新建图层 1，选择菜单"编辑"|"描边"命令，在弹出的"描边"对话框中，设置"宽度"为 3，单击"确认"按钮。再按 Ctrl+D 键取消选框，此时如图 5.19(e)所示。

（6）按 Ctrl+Alt+T 键后，然后在按住 Alt 键的同时拖动中心原点到下边中间的控制点，工具选项栏中调整旋转角度为 30，按回车键确认，此时有了两片花瓣。

（7）按 Ctrl+Alt+Shift+T 键进行变换复制，一共执行 10 次，这样我们就得到了一朵非常漂亮的花。

(a)   (b)   (c)   (d)   (e)

图 5.19　制作花瓣

5.2.5　蒙版

所谓的蒙版，实际上是利用黑白灰之间不同的色阶，来对所蒙版的图层实现不同程度的遮挡。蒙版中用黑色填充的地方，图像被彻底遮挡了。白色填充的地方则显示如初。用灰色填充的地方，则被隐隐约约遮挡住了。在这里，黑白灰不同于一般的颜色，它仅仅代表对图像的遮挡程度。

蒙版是一种通常为透明的模板，覆盖在图像上保护某一特定的区域，从而允许其他部分被修改。蒙版与选择区域相似，不同的是当图像加上了蒙版后，蒙版蒙住的图像区域将受到保护，所做的各种操作只影响没被蒙上的区域。蒙版由一个灰度图来表示，黑色表示图像中没被选择的部分，白色表示被选择了的部分，而不同层次的灰度表示蒙住的程度，可以在灰度图里使用各种工具为图像制出选区。用蒙版则只是将图片盖起来，去掉了蒙版，图片还是原来的图片，不会有任何损伤。

有了蒙版，操作的对象不再是图层上的真实像素，而是像素上的一个蒙版。这样操作就具有了更加灵活的自由度，不再因为可能破坏图像而缩手缩脚。

1. 快速蒙版模式

快速蒙版模式主要用于创建、编辑和修补图片选区，并没有在原图上加上蒙版。

Photoshop 的蒙版控制器包括标准蒙版模式和快速蒙版模式。这两种模式提供了两种制作选区的不同方式。在标准蒙版模式下，利用工具箱中的选取工具制作选区，这也是通常使用的工作模式。而在快速蒙版模式下，可利用绘图工具制作复杂的选区。

在快速蒙版模式下，可使用画笔来绘出选区，此时前景色一般只使用黑色或者白色。当前景色为黑色时被涂抹的区域以红色显示，表示非选中区域；当前景色为白色时被涂抹的区域以白色显示，表示选中区域。

【例 5.8】 利用快速蒙版模式绘出选区，完成鱼的选取。

具体步骤如下：

（1）在标准蒙版模式下，打开鱼图片，选择魔棒工具，在工具选项栏中选择"添加到选区"，单击左上角的白色空白区域，再单击右下角不连续的白色空白区域，选中所有白色区域，如图 5.20（a）所示。

（2）选择菜单"选择"|"反向"命令，再单击工具箱最后一个按钮"以快速蒙版模式编辑"，进入快速蒙版模式，如图 5.20（b）所示，此时原来的白色区域变成了红色显示，左下角文字以白色显示。

（3）为了只选中鱼，可以选择画笔工具，前景色选择黑色，涂抹左下角的白色文字部分，使其变成红色显示。

（4）单击工具箱最后一个按钮"以标准模式编辑"，回到标准蒙版模式，发现只有鱼被选框选中。

（a）　　　　　　　　　　　　　　（b）

图 5.20　选取鱼

2. 图层蒙版

图层蒙版可以添加在除背景图层以外的各个图层，覆盖在图层上，可以在不破坏图层的情况下控制图上不同区域像素的显隐程度。添加图层蒙版后，在图层面板中，图层和图层蒙版显示在同一层中，左边是图层缩览图，右边是图层蒙版缩览图。

对于图层蒙版，可以用绘画工具（画笔工具、橡皮擦工具、历史记录画笔、渐变工具等）进行涂抹操作。前景色为黑色时，就是隐藏涂抹的部分，前景色为白色时，就是显示涂抹的部分。涂抹前，一定要保证选中的是图层蒙版，否则可能对原图片造成破坏。

添加图层蒙版一般有以下两种方法：

● 打开或新建一图片，选择显示区域；打开其他要在显示区域显示的图片，复制部分或全部；返回显示区域图片，选择菜单"编辑"|"选择性粘贴"|"贴入"命令（快捷键为Alt+Shift+Ctrl+V）。

● 打开一图片，在图层面板中，双击背景图层，出现"新建图层"对话框。单击"确定"按钮，使之变成普通图层（如果要添加图层蒙版的图片不是背景图层则不需操作）。用选框工具选中图片部分区域（不选也可以），单击图层面板中的"添加图层蒙版"按钮。添加图层蒙版后，可使用画笔工具对图层蒙版进行完善。

【例5.9】 利用横排文字蒙版和图层蒙版制作"宁波大学"字样图，如图5.21所示。

图5.21 字图

具体步骤如下：

（1）新建默认 Photoshop 大小白色背景的图像"字图"，再选择横排文字蒙版工具，在工具选项栏里设置字体为华文琥珀，字体大小为100。

（2）单击画布靠左的任意位置，画布会变成红色背景，输入"宁波大学"字样，再单击"提交所有编辑" ✓ 确认，出现"宁波大学"字样的虚框。

（3）打开宁波大学图片，按 Ctrl+A 键全选，按 Ctrl+C 键复制。返回字图图片，选择菜单"编辑"|"选择性粘贴"|"贴入"命令。

（4）选择移动工具移动图片到合适位置，观察图层面板，在图层1中，左边为图片图层缩览图，右边为图层蒙版缩览图，此时，图片图层处于选中状态，移动工具移动的是图片。

（5）单击图层蒙版缩览图后，利用移动工具可移动"宁波大学"字样。

（6）单击图层面板中图层 1 的两图中间的空白区域后，出现链接符号▓，光标指向它会显示"指示图层蒙版链接到图层"，表示已链接，此时利用移动工具进行移动操作的话，两图会一起移动。

（7）单击链接符号▓可以取消链接。

【例5.10】 制作五环图。

具体步骤如下：

（1）新建默认 Photoshop 大小白色背景的图像，新建"黑色环"图层，再选择椭圆选框工具，然后按 Shift 键，画正圆选框，填充黑色。

（2）执行菜单"选择"|"变换选区"，再按 Shift+Alt 键，并拖动四角缩小选区到合适大小，按回车键确认。

（3）按 Delete 键删除内圆，按 Ctrl+D 键删除选区。在图层面板中，右击"黑色环"图层名字部分，在出现的快捷菜单中选择"复制图层"，弹出"复制图层"对话框，将其命名为红色环。同样复制出蓝色环、黄色环、绿色环。

（4）利用移动工具，移动并对齐各环（上左：蓝；上中：黑；上右：红；下左：黄；下右：绿），使用 Web 样式设置各环，如图 5.22 所示。

图 5.22   五环设计 1

（5）选择黄色环，添加图层蒙版，按 Ctrl 键并单击蓝色环层的缩览图，此时还在黄色环图层上，选中的部分是与蓝色环同一位置的区域。将前景色设置为黑色，再选择画笔工具，涂抹黄色环与蓝色环上方的交叉位置，使黄色消失。按 Ctrl 键并单击黑色环层的缩览图，涂抹黄色环与黑色环下方的交叉位置，使黄色消失，按 Ctrl+D 键删除选区。

（6）选择绿色环，添加图层蒙版，按 Ctrl 键并单击红色环层的缩览图。将前景色设置为黑色，再选择画笔工具，涂抹绿色环与红色环下方的交叉位置，使绿色消失。按 Ctrl 键并单击黑色环层的缩览图，涂抹绿色环与黑色环上方的交叉位置，使绿色消失，按 Ctrl+D 键删除选区。

（7）完成后各环扣在一起，效果如图 5.23 所示。

图 5.23   五环设计 2

在图层蒙版缩览图上右击，会弹出如下快捷菜单：

● 停用图层蒙版。相当于暂时隐藏图层蒙版的效果，图片又恢复到原始状态。再选择一次就是启用图层蒙版。

● 删除图层蒙版。即把蒙版删除掉。

● 应用图层蒙版。把蒙版的效果用在图片上。这时候图层后面就看不到跟随的蒙版标志了。一旦应用了蒙版，就无法再对蒙版进行编辑。

3. 矢量蒙版

矢量蒙版可以添加在除背景层以外的各个图层，覆盖在图层上，创建的蒙版是矢量图形。可以使用矢量工具（选择工具、钢笔工具、文本工具、形状工具等）对蒙版图形进行编辑修改，从而改变覆盖区域。也可以对矢量蒙版进行任意缩放而不必担心产生锯齿。添加矢量蒙版后，在图层面板中，图层和矢量蒙版显示在同一层中，左边是图层缩览图，右边是矢量蒙版缩览图。

添加矢量蒙版一般有以下两种方法：

● 图片上用钢笔工具等绘制路径后，再选择菜单"图层"|"矢量蒙版"|"当前路径"命令，将路径转换为矢量蒙版。

● 选择矩形工具、椭圆工具和自定形状工具等工具，在工具选项栏中选择"形状图层"，在画布上拖动画出不同形状，图层面板中会自动添加一个形状图层，并且会自动添加矢量蒙版。

【例 5.11】 已有猴子（见图 5.24（a））、篮子（见图 5.24（b）），要求制作组合图，如图 5.24(c)所示。

(a)　　　　　　　　　(b)　　　　　　　　　(c)

图 5.24　图组合

具体步骤如下：

（1）打开篮子图片，使用魔棒工具等将篮子选中后再复制。打开猴子图片，将篮子图片粘贴过来，然后调整到合适大小和位置。

（2）在篮子图层中，选中钢笔工具，在其工具选项栏中选中"从路径区域减去"选项。多次单击篮子右边与猴子左手交叉的部分区域，再多次单击篮子与猴子肚子交叉的部分区域，如图 5.25(a)所示。

（3）执行菜单"图层"|"矢量蒙版"|"当前路径"，创建矢量蒙版。在图层面板中单击矢量蒙版缩览图，显示出蒙版路径，如图 5.25(b)所示，此时发现蒙版区域不理想。

（4）利用直接选择工具拖动锚点，也可采用添加锚点和删除锚点等工具调整路径区域，如图 5.25(c)所示。

（5）再次单击矢量蒙版缩览图，可不显示路径，直接显示图片组合效果。

（a）　　　　　　　　　（b）　　　　　　　　　（c）

图 5.25　矢量蒙版形状修改

右击在矢量蒙版上的缩览图，可弹出以下 3 个子菜单：

● 停用/启用矢量蒙版。相当于暂时隐藏矢量蒙版效果，图片恢复到原始状态。选择"启用矢量蒙版"可再次启用蒙版。

● 删除矢量蒙版。即把蒙版删除掉。

● 栅格化矢量蒙版。将矢量蒙版转化为图层蒙版。

4. 剪贴蒙版

剪贴蒙版由两个或两个以上图层组成，蒙版底层一般为基层（不能为背景层）相当于显示的窗口，可以用任意颜色填充，基层上方可以有多个内容层，内容只能在基层有颜色的区域显示。

对于剪贴蒙版基层，可以用任意颜色的画笔工具进行涂抹操作，涂抹后的区域都会显示出内容层同位置的内容。涂抹前，一定要保证选中的是基层，否则可能对内容层造成破坏。

添加剪贴蒙版的一般方法为：背景图层上方插入一基层，在基层上绘制或者插入任意形状、图画等，在基层上方插入至少一个内容层，右击内容层的图层名，在弹出的快捷菜单中选择"创建剪贴蒙版"。

【例 5.12】　利用剪贴蒙版制作马图，如图 5.26 所示。

具体步骤如下：

（1）新建一图片文件，选择自定形状工具"马"（这是笔者自己导入的自定形状），在工具选项栏里选择"形状图层"，在画布上拖动鼠标画出一匹马来。发现图层面板中自动创建了形状 1 图层。

（2）打开另外准备填充马身的图片，复制过来并放在图层 1。按 Ctrl+T 键变换图片到合适大小。右击"图层 1"，在弹出的快捷菜单中选择"创建剪贴蒙版"，图层 1 的图层缩览图前出现了一个向下的箭头，表示已创建。

（3）图层 1 的图片内容显示在形状 1 图层中。形状 1 是基层，图层 1 是内容层。

图 5.26　马图

5.2.6　通道

所谓通道就是在 Photoshop 环境下，将图像的颜色分离成基本的颜色，每一个基本的颜色就是一条基本的通道。因此，当打开一幅以颜色模式建立的图像时，通道工作面板将为其色彩模式和组成它的原色分别建立通道。

通道主要是用来存储图像色彩的，多个通道的叠加就可以组成一幅色彩丰富的全彩图像。由于对通道的操作具有独立性，用户可以分别针对每个通道进行色彩、图像的加工。可以将选择的区域存储为一个独立的通道，需要重复使用该选区时就不用重新去选择了，直接将通道中保存的选区载入即可。此外，通道还可以用来保存蒙版，它可以将图像的一部分保护起来，使用户的描绘、着色操作仅仅局限在蒙版之外的区域，可以说，通道是 Photoshop 最强大的特点之一。

打开 RGB 图像文件时，通道工作面板会出现主色彩通道 RGB 和 3 个颜色通道（红、绿、蓝）。单击颜色通道左边的"眼睛"图标将使图像中的该颜色隐藏，单击颜色通道的标注部分，则可以见到能通过该颜色滤光镜的图像。将其中的一种颜色通道删除，RGB 色彩通道也会随之消失，而此时图像将由删除颜色和相邻颜色的混和色组成。而对于 CMYK 模式的图像，则删除颜色通道的操作会使一种油墨颜色消失，同时 CMYK 颜色通道也会消失。这种由两个颜色通道组成的色彩模式称为多通道模式。

图层蒙版、快速蒙版其实是通道的典型应用。为某一图层增加图层蒙版后，会在相应图层的后面增加一个标志，但这个标志并不是图层蒙版本身，真正的图层蒙版其实是一个通道，是通道中的一幅灰度图，因此，只有打开通道面板，才能看到图层蒙版的庐山真面目。如果在通道面板中删除这一通道后，图层中原来的蒙版标识符也即随之消失。

【例 5.13】　利用通道制作 RGB 三原色圆。

具体步骤如下：

（1）新建一背景色为黑色的图片文件。打开通道面板，选中并显示红色通道，其他通道隐藏。

（2）选取画笔，前景色改成白色，在工具选项栏设置大小为 200px 的硬边圆，在画布的左上部单击一下，可以看到一个红的圆圈。

（3）选中并显示绿通道和红通道，其他通道隐藏，在画布的右上部单击一下，使绿色和红色圆左右相交。

（4）选中并显示蓝通道，再显示所有通道，在画布的下中部单击一下，使蓝色、绿色、红色圆相交，如图 5.27 所示。可以看到，红色与绿色相交部分为黄色，红色与蓝色相交部分为紫色，三圆相交部分为白色。

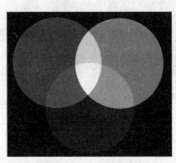

图 5.27　三原色图

（5）在通道面板中，选择 RGB，按 Ctrl 键再单击红通道缩览图，可以选中红色部分；按 Ctrl+Shift 键再单击绿通道缩览图和蓝通道缩览图，选中 3 个圆。在通道面板中单击"将选区存取为通道"按钮，或者选择菜单"选择"|"存储选区"，然后填入合适的选区名称比如 "三原色选区"，以供日后使用。按 Ctrl+D 键取消选区。

（6）在通道面板中，选择 RGB，按下 Ctrl 键再单击"三原色选区"通道缩览图，按 Ctrl+C 键可将其复制到新建图片文件中。

【例 5.14】　利用通道完成移花接木（将蒲公英移到仙人掌上）。

分析：使用工具箱中的选择工具很难将如图 5.28 所示的蒲公英选择出来，利用颜色通道提供的通道能够达到选择目的。

具体步骤如下：

（1）打开"蒲公英"图片，观察通道面板中的各颜色通道，找出最能将对象与背景区分开的颜色通道，此时发现蓝通道区分效果最好。

图 5.28　蒲公英原图

（2）右击蓝通道，复制蓝通道为蓝副本通道。隐藏其他通道，只显示蓝副本通道。

（3）选择菜单"图像"｜"调整"｜"色阶"，打开"色阶"对话框。单击"在图像中取样以设置黑场"选项，再单击蒲公英背景的合适位置，使得蒲公英能保留纤细的绒毛，同时使背景色尽可能变成黑色，如图5.29所示，单击"确定"按钮。

图 5.29 色阶调整通道

（4）使用画笔工具，前景色设为黑色，将背景色没有变黑的区域涂成黑色。用魔棒工具选择背景黑色部分。反向选择后，将前景色设置成白色，按 Alt+Delete 键用白色填充选中的区域，取消选区。此时蒲公英通道已经创建完成，在通道中，白色代表选中，黑色代表没选中。

（5）选中蓝副本通道，单击面板下方的"将通道作为选区载入"按钮，再单击 RGB 通道，隐藏蓝副本通道，显示其他通道，按 Ctrl+C 键复制。

（6）打开"仙人掌"图片，使用快速选择工具选择花部分，如图5.30所示，执行菜单"选择"｜"修改"｜"拓展"命令，打开"拓展选区"对话框。"拓展量"设为5像素，单击"确定"按钮扩展选区。

（7）执行"编辑"｜"填充"命令，打开"填充"对话框。"内容"使用"内容识别"，单击"确定"按钮，可发现仙人掌花朵已经被其他内容所填充。

（8）按 Ctrl+V 键复制选择好的蒲公英花朵过来，再按 Ctrl+T 键自由变换，右击蒲公英，在弹出的快捷菜单中选择"扭曲"命令，调整好大小、形状及位置，如图5.31所示。

图 5.30 仙人掌原来的花

图 5.31 移花接木效果

5.2.7　Photoshop 快捷键

Photoshop 中常用的快捷键如表 5.1 所示。

表 5.1　Photoshop 中常用的快捷键

操　　作	快　捷　键
默认前景色和背景色	D
切换前景色和背景色	X
切换标准模式和快速蒙版模式	Q
标准屏幕模式、带有菜单栏的全屏模式、全屏模式切换	F
还原/重做前一步操作	Ctrl+Z
一步一步向前还原	Ctrl+Alt+Z
一步一步向后重做	Ctrl+Shift+Z
剪切选取的图像或路径	Ctrl+X 或 F2
复制选取的图像或路径	Ctrl+C
合并复制	Ctrl+Shift+C
将剪贴板的内容粘贴到当前图形中	Ctrl+V 或 F4
将剪贴板的内容粘贴到选框中	Ctrl+Shift+V
自由变换	Ctrl+T
应用自由变换(在自由变换模式下)	Enter
从中心或对称点开始变换(在自由变换模式下)	Alt
限制(在自由变换模式下)	Shift
扭曲(在自由变换模式下)	Ctrl
取消变形(在自由变换模式下)	Esc
自由变换复制的像素数据	Ctrl+Shift+T
再次变换复制的像素数据并建立一个副本	Ctrl+Shift+Alt+T
删除选框中的图案或选取的路径	Del
用背景色填充所选区域或整个图层	Ctrl+BackSpace 或 Ctrl+Del
用前景色填充所选区域或整个图层	Alt+BackSpace 或 Alt+Del
弹出"填充"对话框	Shift+BackSpace
从历史记录中填充	Alt+Ctrl+Backspace
以默认选项建立一个新的图层	Ctrl+Alt+Shift+N
通过复制建立一个图层（无对话框）	Ctrl+J
从对话框中建立一个通过拷贝的图层	Ctrl+Alt+J
通过剪切建立一个图层（无对话框）	Ctrl+Shift+J
从对话框中建立一个通过剪切的图层	Ctrl+Shift+Alt+J
合并可见图层	Ctrl+Shift+E
盖印或盖印连接图层	Ctrl+Alt+E
盖印可见图层	Ctrl+Alt+Shift+E
全部选取	Ctrl+A
取消选择	Ctrl+D
重新选择	Ctrl+Shift+D

续表

操　作	快　捷　键
羽化选择	Ctrl+Alt+D
反向选择	Ctrl+Shift+I
载入选区	Ctrl+点按图层、路径、通道面板中的缩览图
放大视图	Ctrl++或者 Ctrl+Alt++
缩小视图	Ctrl+Alt+-
满画布显示	Ctrl+0
实际像素显示	Ctrl+Alt+0
向上卷动一屏	PageUp
向下卷动一屏	PageDown
向左卷动一屏	Ctrl+PageUp
向右卷动一屏	Ctrl+PageDown
将视图移到左上角	Home
将视图移到右下角	End
显示/隐藏选择区域	Ctrl+H
显示/隐藏路径	Ctrl+Shift+H
显示/隐藏标尺	Ctrl+R
锁定参考线	Ctrl+Alt+;
显示/隐藏所有命令面板	Tab
显示或隐藏工具箱以外的所有调板	Shift+Tab

5.3　案例一　快乐小天使

要求：通过"快乐小天使"的制作，熟悉和掌握移动工具、修补工具、钢笔工具、图层蒙版、剪贴蒙版、矢量蒙版、图层样式、路径文字输入等的应用，熟练掌握 Photoshop CS5 工具箱中各种工具的使用技巧，最终效果如图 5.32 所示。

图 5.32　"快乐小天使"效果图

具体操作步骤参考如下。

1. 修补工具处理背景图片

（1）选择菜单"开始"|"所有程序"|"Adobe"|"Adobe Photoshop CS5"命令，或者单击桌面快捷菜单等方式，打开 Photoshop 应用程序。

（2）选择菜单"文件"|"打开"命令，出现"打开"对话框，如图 5.33 所示。选择"快乐小天使"文件夹下所有的图片文件"背景.jpg、girl1.jpg、girl2.jpg、girl3.jpg、girl4.jpg"，单击"打开"按钮，这样这几幅图片都被打开到窗口了。

图 5.33　"打开"对话框

（3）单击已打开的图片 背景.jpg，使得当前窗口为背景图片窗口。单击工具箱中的"缩放工具"按钮，标题栏下方出现该工具的"选项"属性，如图 5.34 所示，单击"适合屏幕"按钮。

图 5.34　"缩放工具"的"选项"属性

（4）此时 Photoshop 界面如图 5.35 所示。观察到图片下方有该图片下载网站的一些信息，接下来将这些信息去除。

（5）单击工具箱中的"修补工具"按钮 修补工具，拖动鼠标环绕着要删除的信息"昵图网……"画一个圆圈，释放鼠标，出现要修补的区域，如图 5.36 所示。

图 5.35　Photoshop 界面

图 5.36　修补的区域

（6）拖动选中的修补选区到图右边（右边的内容为目标信息），如图 5.37 所示。释放鼠标，左边部分区域被替换成了右边内容。

图 5.37　一个修补区域完成

（7）使用同样的方法，修补图中其他不需要的信息。执行菜单"选择"|"取消选择"命令（或者按 Ctrl+D 键）取消选区。此时背景图片处理完毕，如图 5.38 所示。使用"文件"|"存储为"菜单，将图片文件保存为"快乐小天使.jpg"。

图 5.38　修补全部完成

2. 图层蒙版

（1）单击窗口中的"girl1.jpg"图片文件，按 Ctrl+A 键全选图片，再单击工具箱中的"移动工具"按钮 ，拖动"girl1.jpg"图片到"快乐小天使"图片中。观察"图层"面板，面板中多了"图层 1"图层。

（2）执行菜单"编辑"|"自由变换"命令（或者按 Ctrl+T 键），使图片出现 8 个控点，按住 Shift 键（能保持图片纵横比）适当缩小图片。

（3）将鼠标移向四角，当光标变成 时，拖动鼠标适当旋转图片。单击菜单"选项"窗口中的"进行变换"按钮 ，完成变换操作。

（4）单击工具箱中的"椭圆选框工具"按钮 ，拖动选择小女孩图片，如图 5.39 所示，虚线椭圆部分就是选中部分。可以通过"选择"|"变换选区"来重新调整已选定的内容。

图 5.39　椭圆选框选取

（5）单击"图层"面板中的"添加图层蒙版"按钮 。此时"图层"面板和图片效果如图 5.40 所示。椭圆以外的部分已经被隐藏了。

图层蒙版中的黑色表示本图层的透明部分，本图层黑色区域被蒙版蒙住没有显示出来；白色表示图层的不透明部分，本图层白色区域照原样显示。

图 5.40　"图层"面板和图片效果

3. 剪贴蒙版

（1）单击"图层"面板中的"创建新图层"按钮 🖺。

（2）单击工具箱中的"自定形状工具"按钮 🖋自定形状工具，在该工具选项栏中，单击"形状图层"按钮 🖳，"形状"选择"红心形卡" ♥，如图 5.41 所示。在背景图中拖动鼠标，画出一个心形，此时多了"形状 1"图层。

图 5.41　"自定形状工具"选项属性

（3）单击窗口中打开着的"girl2.jpg"图片文件，按 Ctrl+A 键全选图片，再按 Ctrl+C 键复制图片。单击"快乐小天使"图片，按 Ctrl+V 键将"girl2.jpg"图片复制过来。观察"图层"面板，多了"图层 2"图层。

（4）按 Ctrl+T 键，适当缩小图片，使图片与心形基本吻合；右击图片，在弹出的快捷菜单中选择"水平翻转"命令，按 Enter 键确定翻转图片。

（5）右击"图层 2"，在弹出的快捷菜单中选择"创建剪贴蒙版"。选中"图层 2"，单击工具箱中的"移动工具"按钮 ➤ 适当移动心形中的图片。如果要移动图片和心形形状，就需要按 Ctrl 键的同时一起选中"图层 2"和"形状 1"图层，才可以移动。此时图片和图层面板如图 5.42 所示。

（6）选择"文件"|"存储为"菜单，将图片文件保存为"快乐小天使.PSD"。

图 5.42　图片和图层面板

4. 矢量蒙版

（1）复制窗口中的"girl3.jpg"图片到"快乐小天使"图片的左下角，生成"图层 3"图层。按 Ctrl+T 键，适当缩小图片。

（2）使用缩放工具 🔍 放大图片显示，再单击"抓手工具"按钮 ✋ 或者使用"窗口"|"导航器"，使 girl3.jpg 图片在屏幕上显示尽量达到最大。

（3）单击工具箱中的"钢笔工具"按钮 ✒钢笔工具，在该工具选项栏中，选中"路径"选项 🖳，再选中"添加到路径区域" 选项 🖳；绕着 girl3.jpg 图片周围多次单击鼠标，直到完成封闭图形，如图 5.43 所示，这样就完成了女孩图路径的创建。

（4）选择菜单"图层"|"矢量蒙版"|"当前路径"命令，创建图层 3 的矢量蒙版。选择"路径"面板，再单击"将路径作为选区载入"按钮，按 Ctrl+D 键取消选区。

（5）使用缩放工具 缩小图片显示，此时图层、路径和图片效果如图 5.44 所示。

图 5.43　钢笔工具创建路径

图 5.44　图层、路径和图片效果

5. 图层样式

（1）在"图层"面板中，单击选中"背景"图层，再单击工具箱中的"椭圆选框工具"按钮，按 Shift 键在背景中下方位置绘制一个正圆。

（2）全选并复制窗口中的"girl4.jpg"图片，选择菜单"编辑"|"选择性粘贴"|"贴入"，在背景图层的上方生成"图层 4"图层。按 Ctrl+T 键，利用自由变换缩小图片，效果

如图 5.45 所示。思考一下：这种使用选择性粘贴的方法实质上是使用了上述哪种蒙版？

图 5.45　选择性粘贴效果

（3）选择"图层 4"图层，再单击图层面板中的"添加图层样式"按钮 fx，在弹出的快捷菜单中选择"描边"命令，弹出"图层样式"对话框。描边"大小"选择"3"像素，"位置"设为"外部"，"混合模式"设为"正常"，"不透明度"设为100%，"颜色"选择白色（RGB:255,255,255），同时选中"内发光"选项，如图 5.46 所示。

图 5.46　"图层样式"对话框

（4）选择"形状 1"图层，单击图层面板中的"添加图层样式"按钮 fx，在弹出的快捷菜单中选择"描边"，打开"图层样式"对话框。描边"颜色"选择红色（RGB:255,0,0），同时选中"内发光"选项。

（5）选择"图层 1"图层，单击图层面板中的"添加图层样式"按钮 fx，在弹出的快捷菜单中选择"投影"命令，弹出"图层样式"对话框。"混合模式"设为"正片叠底"，"不透明度"设为 75%，投影"角度"设为 180，"距离"设为 30 像素；选中"描边"选项进行设置，描边颜色选择黄色（RGB:255,255,0），同时选中"内发光"选项，如图 5.47 所示。

图 5.47　"图层样式"对话框——投影

6. 路径文字输入

（1）光标移向背景图的右上角，单击工具箱中的"钢笔工具"按钮，如图 5.48（a）所示，鼠标先单击①点，再单击②点并不要松开鼠标，拖动鼠标，沿箭头方向拖动到③点，松开鼠标；如图 5.48（b）所示，再单击④点，按 Esc 键结束钢笔路径绘制。

（a）

（b）

图 5.48　钢笔路径绘制

（2）单击工具箱中的"横排文字工具"按钮 T 横排文字工具，如图 5.49（a）所示，光标指向路径左上角起点附近，当光标变成 时，单击鼠标；如图 5.49（b）所示，输入文字"快乐小天使"，文字会沿着钢笔路径输入，选中文字设置字体为隶书，大小为 68 点，字体颜色为（RGB:255,100,100）。

（a） （b）

图 5.49 文字沿着钢笔路径输入

（3）选择"路径"面板，单击"将路径作为选区载入"按钮 ，按 Ctrl+D 键取消选区。

（4）新建一图层，在图片可视处输入学号和姓名，以后所有案例均要求显示学号和姓名。保存"快乐小天使.psd"文件。

5.4 案例二 显示器广告

要求：通过显示器广告的制作，熟悉和掌握魔棒工具、钢笔工具、渐变工具、油漆桶工具、矢量蒙版、不透明度调整、文字蒙版等的应用，进一步熟练 Photoshop CS5 工具箱中各种工具的使用技巧。最终效果如图 5.50 所示。

图 5.50 "显示器广告"效果图

具体操作步骤参考如下。

1. 魔棒工具与自由变换

（1）启动 Photoshop CS5 应用程序，打开素材"显示器广告"文件夹中的"大海.jpg" "海豚.jpg""显示器.jpg"图片文件。

（2）切换到"显示器.jpg"图片，单击"魔棒工具"按钮 魔棒工具，单击显示器外纯白色区域，此时纯白色区域将全部被选中。

（3）选择菜单"选择"|"反向"命令，这样就选中了显示器部分，按 Ctrl+C 键复制选中内容。

（4）切换到"大海.jpg"图片，按 Ctrl+V 键将显示器复制过来，生成了"图层 1"图层。按 Ctrl+T 键，图片出现控点可自由变换，在按住 Shift 键的同时，拖动显示器四角的控点，适当放大显示器。

（5）将"海豚.jpg"图片也复制到"大海.jpg"，生成"图层 2"图层。将图层 2 "不透明度"设置为 70%，调整位置和大小如图 5.51 所示。调整不透明度是为了能够看清楚下面显示器图层，方便之后选取。注意要将海豚图覆盖显示器图片的显示屏部分，并保留海豚头略超出显示器，这是为了突出显示器画面的逼真效果，让人感觉海豚要从显示器中跃出来。

图 5.51　海豚图覆盖显示屏

2. 钢笔工具与矢量蒙版

（1）单击工具箱中的"钢笔工具"，在工具选项栏中选择"路径"和"添加到路径区域"。从显示器图的显示屏右下角位置开始，沿顺时针方向选择路径，基本上沿着显示屏选择即可，但要注意的是露在显示屏外的海豚身体部分也要选取在内，钢笔路径如图 5.52 所示，返回到起点，闭合路径。

图 5.52　钢笔工具选取区域

（2）选择菜单"图层"|"矢量蒙版"|"当前路径"命令，创建了图层 2 的矢量蒙版。选择"路径"面板，单击"将路径作为选区载入"按钮 ◎ ，按 Ctrl+D 键取消选区。

（3）将图层 2"图层面板"中的"不透明度"恢复为 100%，此时显示器与海豚图基本操作完毕，如图 5.53 所示。

图 5.53　显示器与海豚图

3. 文字蒙版与渐变工具

（1）单击工具箱中的"直排文字蒙版工具" ，在工具选项栏中设置"字体"为"华文琥珀"，"大小"为 22 点，再单击图片左边区域，此时图片变成红色半透明显示状态（也就是快速蒙版状态），输入"任屏冲击"文字，单击工具选项栏中的"提交所有当前编辑"按钮 。这时文字为虚线选中状态，图片恢复正常。

（2）单击"图层"面板中的"创建新图层"按钮 ，创建"图层 3"图层。

（3）单击工具箱中的"渐变工具" ，再单击工具选项栏中第一个下拉框（单击可打开"渐变"拾色器），选择"色谱"，沿着"任屏冲击"文字从上到下拖动鼠标，这样就给文字填充了渐变彩色，此时图层和文字如图 5.54 所示。按 Ctrl+D 键取消选择。

图 5.54　渐变工具填充文字

（4）新建"图层 4"，单击工具箱中的"横排文字蒙版工具" ，在工具选项栏中设置"字体"为"华文琥珀"，"大小"为 22 点。在图层上方输入"虚拟视界"文字，再单击工具选项栏中的"提交所有当前编辑"按钮 。这时文字变为虚线选中状态。

（5）单击工具箱中的"油漆桶工具" ，在工具选项栏中将"设置填充区域的源"设置为"图案"，"图案样式"设置为"扎染"，再单击"虚拟视界"文字，这样就给文字填充了图案。按 Ctrl+D 键取消选择。

（6）参照效果图，用移动工具分别移动图层 3 和图层 4 上的文字到合适位置，将图片另存为"显示器广告.psd"。

5.5　案例三　特效边框

要求：通过特效边框的制作，熟悉快速蒙版、滤镜、路径选区转化等的应用，进一步熟练 Photoshop CS5 工具箱中各种工具的使用技巧。最终效果如图 5.55 所示，边框为黄色。

图 5.55 "特效边框"效果

具体操作步骤参考如下。

1. 快速蒙版

（1）用 Photoshop CS5 打开素材"女孩.jpg"，如图 5.56 所示。

图 5.56 女孩原图

（2）双击"图层"面板中的背景图层，弹出"新建图层"对话框，如图 5.57 所示，单击"确定"按钮。通过双击该图层，将背景图层转换为普通图层"图层 0"。

图 5.57 "新建图层"对话框

（3）选择"图像"|"画布大小"，弹出"画布大小"对话框。选中"相对"复选框，"宽度"和"高度"都设置为 1 厘米，如图 5.58 所示，单击"确定"按钮。此时在图像周围拓宽了 1 厘米的透明边缘。

图 5.58 "画布大小"对话框

（4）单击选择工具箱中矩形工具 ，单击其工具选项栏中的"路径"按钮 ，沿图像（不含拓展部分）边缘拖动鼠标画出一个矩形区域。单击"路径"面板中的"将路径作为选区载入"按钮 ，创建矩形选区，如图 5.59 所示。

图 5.59 创建矩形选区

（5）单击工具箱底部的"以快速蒙版模式编辑"按钮 ，将所选区域转换为蒙版状态，此时图片周围拓展部分显示为红色半透明。

2. 滤镜

（1）选择"滤镜"|"像素化"|"彩色半调"命令，弹出"彩色半调"对话框。设置"最大半径"为 20 像素，其他默认，如图 5.60 所示，单击"确定"按钮。

图 5.60　"彩色半调"对话框

（2）执行"滤镜"|"像素化"|"碎片"命令，对当前蒙版进行碎片处理。

（3）执行"滤镜"|"锐化"|"锐化"命令，对当前蒙版进行锐化处理。再执行"滤镜"|"锐化"命令 2 次。

（4）单击工具箱中的"以标准模式编辑"按钮，将蒙版转换为选区，此时红色半显消失。执行"选择"|"反向"命令，反向选择选区。按 Delete 键删除选区内的图像，注意这里只是将边缘部分图像删除。

（5）利用颜色面板将背景色设置为黄色（255，255，0），按 Ctrl +Backspace 键，将选区内的颜色填充为黄色；或者将前景色设置为黄色（255，255，0），按 Alt+Delete 键，将选区内的颜色填充为黄色。

（6）按 Ctrl+D 键取消选区，即可得到最终的边框特效效果。将文件保存为"特效边框.psd"文档。

5.6　案例四　雨景效果

要求：通过雨景效果的制作，熟悉图层混合模式、滤镜、图像调整等的应用，进一步熟练 Photoshop CS5 工具箱中各种工具的使用技巧。最终效果如图 5.61 所示。

图 5.61　"雨景效果"效果图

具体操作步骤参考如下。

1. 图像调整

（1）打开素材中"小镇风景"图像，如图 5.62 所示。

图 5.62　小镇风景原图

（2）在图层面板中，右击背景图层，在弹出的快捷菜单中选择"复制图层"，弹出"复制图层"对话框，如图 5.63 所示，单击"确定"按钮。

图 5.63　"复制图层"对话框

（3）选择"滤镜"|"像素化"|"点状化"命令，弹出"点状化"对话框。设置"单元格大小"为 3，如图 5.64 所示，单击"确定"按钮。

图 5.64　"点状化"对话框

（4）选择"图像"|"调整"|"阈值"命令，弹出"阈值"对话框。设置"阈值色阶"为 227，如图 5.65 所示，单击"确定"按钮。

图 5.65　"阈值"对话框

2. 图像混合模式

（1）选择图层面板中的"设置图层的混合模式"（位于图层面板左上角的第一个，一开始显示"正常"）为"滤色"。

（2）选择"滤镜"|"模糊"|"动感模糊"命令，弹出"动感模糊"对话框。设置"角度"为 80 度，"距离"为 28 像素，单击"确定"按钮。

（3）选择"滤镜"|"锐化"|"USM 锐化"命令，弹出"USM 锐化"对话框。设置"数量"为 500%，"半径"为 0.5 像素，单击"确定"按钮。

（4）将文件保存为"雨景效果.psd"文档。

5.7　案例五　动态水波效果

要求：通过"动态水波效果"的制作，熟悉和掌握仿制图章工具、修复画笔工具、裁剪工具、魔棒工具、模糊工具、液化、羽化、动态图制作，进一步掌握变形、形状和图层混合模式等应用，理解 Photoshop CS5 动画的使用。最终效果如图 5.66 所示。

图 5.66　"动态水波效果"效果图

具体操作步骤参考如下。

1. 鱼缸图片处理

（1）打开素材"鱼缸"图片文件，单击工具箱中的"裁剪工具"按钮 裁剪工具，在"鱼缸.jpg"图片中拖动选择中间部分，松开鼠标后，也可以拖动控点重新调整裁剪区域（见图5.67）。单击工具选项栏中的"提交当前裁剪操作"按钮 ✔，完成裁剪操作。保存"鱼缸"图片文件。

图 5.67　裁剪区域

（2）打开如图 5.68 所示图片"鱼 1.jpg""鱼 2.jpg""鱼 3.jpg""鱼 4.jpg"。

鱼1.jpg　　　　鱼2.jpg　　　　鱼3.jpg　　　　鱼4.jpg

图 5.68　鱼原始图

（3）单击打开的图片"鱼 1.jpg"，采用魔棒工具选中黑色区域，然后反向选择，即可选中鱼。将"鱼 1.jpg"选中的鱼使用移动工具拖动到"鱼缸"图片中，生成"图层 1"图层。将该图层中的鱼进行自由变换、变形、水平翻转等操作，使鱼 1 与鱼缸图片中的鱼大小相当，放在鱼缸右中部合适位置。

（4）单击工具箱中的"模糊工具" 模糊工具，拖动鼠标在鱼 1 四周涂抹，将鱼 1 边缘模糊化。

（5）单击打开的图片"鱼 2.jpg"，采用魔棒工具选中白色区域，然后反向选择，即可选中鱼。将"鱼 2.jpg"选中的鱼使用移动工具拖动到"鱼缸"图片中，生成"图层 2"图层，将该图层中的鱼进行自由变换操作，使鱼 2 与鱼缸图片中的鱼大小相当，放在鱼缸左下部合适位置。

（6）单击工具箱中的移动工具，按 Alt 键，同时拖动鱼 2 到其右边一点，即完成复制鱼 2 操作，同时生成"图层 2 副本"图层。

2. 修复画笔工具

（1）单击打开的图片"鱼 3.jpg"，选择魔棒工具，在工具选项栏中选中"添加到选区"项，再单击选中各白色区域。

（2）选择工具箱中的快速选择工具，在工具选项栏中选中"添加到选区"项，拖动鼠标选中左下角文字部分。

（3）反向选择，即可选中鱼 3。将选中的鱼使用移动工具拖动到鱼缸图片中，生成"图层 3"图层，将该图层中的鱼进行自由变换、旋转等操作，并放在鱼缸左中部合适位置。

（4）单击工具箱中的"修复画笔工具" 修复画笔工具，按 Alt 键，单击鱼 3 中间部分一点（如图 5.69（a）所示，鱼身的图标就是单击位置，也是复制源部分），到图左下角合适位置开始拖动鼠标涂抹即可完成部分图片的复制，如图 5.69（b）所示。

（a）　　　　　　　　　　（b）

图 5.69　画笔修复工具运用

3. 仿制图章工具

（1）单击打开的图片"鱼 4.jpg"图片，采用磁性套索工具来选择：单击工具箱中的"磁性套索工具"按钮 磁性套索工具，再单击鱼身边沿一点，光标慢慢沿着边沿移动，如果偏离了鱼身可以采用单击鼠标来定点，想要删除一个点可以按 Delete 键，当形成闭合路径时，则磁性套索选择结束。如图 5.70 所示，图 5.70（a）所示为套索过程，图 5.70（b）所示为套索结束后自动闭合选择区域。

（a）　　　　　　　　　　（b）

图 5.70　套索过程和套索结束

（2）将"鱼 4.jpg"选中的鱼使用移动工具拖动到鱼缸图片中，生成"图层 4"图层，将该图层中的鱼进行自由变换、旋转等操作，并放在合适位置。将图层 4 混合模式设置成"点光"。

（3）单击工具箱中的"仿制图章工具" ，按 Alt 键，再单击鱼中间部分一点。新建"图层 5"图层，到图右下角合适位置开始拖动鼠标涂抹即可完成图片的部分复制。

（4）适当放大图层 5 中的鱼，将图层 5 混合模式设置成"排除"，产生让鱼儿到水泡后面的效果。

4．保存图片

（1）使用"文件"|"存储"命令，保存图片为"鱼缸.psd"。此时各个图层都是可以修改的。图层和图片效果如图 5.71 所示。

图 5.71 图层和图片效果

（2）使用"文件"|"存储为"命令，保存图片为"动态水波效果.jpg"，文件格式改为 JPG。此图片格式不再保留图层信息，所有图层合并到背景图层。

（3）使用"文件"|"关闭全部"命令，关闭打开的所有图片文件。

5．同心圆环制作

（1）新建一个 20 厘米×18 厘米（宽度 20 厘米、高度 18 厘米）、分辨率为 72 像素/英寸的"同心圆环"文档。

（2）选择"视图"|"新建参考线"命令，弹出"新建参考线"对话框。"垂直"方向"位置"设为 10 厘米，如图 5.72 所示，单击"确定"按钮。另新建水平方向参考线为 9 厘米，形成一个交点，并作为同心圆圆心的位置。

图 5.72 "新建参考线"对话框

（3）单击工具箱中的"默认前景色和背景色"按钮 ，自动将前景色设置为黑色，背景色设置为白色。

（4）使用"编辑"|"填充"命令，弹出"填充"对话框。填充内容使用前景色，单击"确定"按钮后文档背景色被设置为黑色；上述设置操作也可以使用 Alt+Delete 快捷键将文档背景色设置为黑色。

（5）单击工具箱中的"切换前景色和背景色"按钮 ，此时前景色为白色，背景色为黑色。

（6）单击工具箱中的"椭圆工具"按钮，在工具选项栏中选中"形状图层"，按 Shift 键，在文档中拖动，绘制覆盖文档的白色正圆。按 Ctrl+T 组合键，使白色圆处于变换状态，按 Shift 键同时拖动圆四角边缘的控点，使白色圆等比例放大或缩小；移动圆，使圆心正好处在参考线交点，如图 5.73 所示，此时生成了"形状1"图层，按回车键确认变换。

图 5.73　画圆

（7）单击工具箱中的"默认前景色和背景色"按钮■，再新建图层 1。单击"椭圆工具"按钮，按 Shift 键，在文档中拖动，绘制比上一步所绘制的圆小一点的同心黑色圆，按 Ctrl+T 组合键调整黑色圆大小及位置。此时生成了"形状2"图层。

（8）同时选中"形状1"和"形状2"图层，右击，在弹出的快捷菜单中选择"复制图层"，生成"形状1副本"和"形状2副本"图层。单击"形状2副本"图层前面的■按钮，暂时隐藏该图层。

（9）单击"形状1副本"图层，利用缩放工具缩小图片，按 Ctrl+T 键使其处于变换状态；按 Shift（保证正圆）+Alt（保证中心点不变）键同时拖动圆四角边缘的控点，使白色圆等比例地缩小变换圆，如图 5.74 所示。

图 5.74　画同心圆 3

（10）单击"形状 2 副本"图层前面的按钮，显示该图层，单击该图层。按 Ctrl+T 键后，再按 Shift+Alt 键的同时拖动四周控点变换圆，使其比刚才白圆再小一点。

（11）复制"形状 1 副本"图层，生成了"形状 1 副本 2"图层，将此图层移动到最上面，单击该图层，按 Ctrl+T 键后，再按 Shift+Alt 键的同时拖动四周控点变换圆，使其比外面黑圆再小一点。

（12）选中除背景图层以外的所有图层，右击，在弹出的快捷菜单中选择"合并图层"，合并在"形状 1 副本 2"图层。用魔棒工具选中所有黑色部位，按 Delete 键删除。按 Ctrl 键并单击该图层前面的缩览图图标选中该图层，如图 5.75 所示，按 Ctrl+C 键复制，隐藏背景图层，图片中应该已经没有黑色，只有两个白色圆环和一个小圆。保存图片文件为"同心圆环.psd"。

图 5.75　同心圆环

6. 液化处理

（1）使用"文件"|"打开"命令，打开"动态水波效果.jpg"图片文件。按 Ctrl+V 键将"同心圆环"选中的图层复制过来，生成"图层 1"图层。

（2）单击"图层 1"图层，按 Ctrl+T 键调整图层 1 大小和背景图完全一致，不保持圆环纵横比。按 Ctrl 键并单击该图层前面的缩览图图标，选中该图层。

（3）选择"选择"|"修改"|"羽化"命令，弹出"羽化选区"对话框。设置"羽化半径"为 6 像素，如图 5.76 所示。

图 5.76　"羽化选区"对话框

（4）单击背景图层后，再选择"图层"|"新建"|"通过拷贝的图层"命令（或者按 Ctrl+J 键），这样就完成了图层的复制，图层名为"图层 2"（重复做时，图层 2 会变成图层 3、图层 4、图层 5）。

（5）在新复制的图层中，选择"滤镜"|"液化"命令，弹出"液化"对话框。选择该对话框左边工具箱中的"膨化工具"，设置合适的画笔大小，然后在圆环图像中涂抹，这样涂抹的部分就会膨胀，涂的时候要顺着圆圈涂，用力要均匀，一般涂一遍即可。大的圆环需要大一点的笔画，如图 5.77 所示，图中画笔大小还可以稍小些，最好不要超出圆环图像部分，否则可能小鱼膨胀成大鱼了，涂好后单击"确定"按钮。

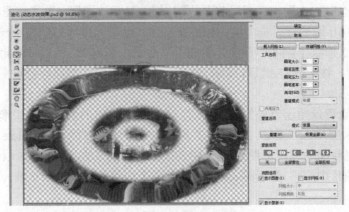

图 5.77 "液化"对话框及膨化处理

（6）先选中"图层 1"图层，再按 Ctrl 键并单击圆环图层"图层 1"前面的缩览图 ⊡。
按 Ctrl+T 键，然后在上面的选项栏中把宽和高等比例放大 20%，即设置 W:120%、H:120%，
如图 5.78 所示，按回车键确认放大（重复做时，此步骤不需要任何变化）。

图 5.78 圆环图层效果

（7）重复第（3）步到第（6）步（按照上面的方法进行液化处理，然后把圆环再放大
20%），重复做 4 次，图 5.79 所示为制作好的所有图层。

图 5.79 制作好的所有图层

7. 动态水波效果处理

（1）隐藏除背景图层外的所有图层。单击背景图层，选择"窗口"|"动画"命令，弹出"动画"面板，修改动画（帧）持续时间为 0.5 秒。

（2）只显示"图层 2"和背景图层，单击动画面板中的"复制所选帧"按钮 🖳，产生第 2 帧。

（3）只显示"图层 3"和背景图层，单击"复制所选帧"按钮 🖳，产生第 3 帧。

（4）只显示"图层 4"和背景图层，单击"复制所选帧"按钮 🖳，产生第 4 帧。

（5）只显示"图层 5"和背景图层，单击"复制所选帧"按钮 🖳，产生第 5 帧。

（6）如图 5.80 所示，单击动画面板中的"播放动画"按钮 ▶，可预览动画效果。

图 5.80　动画制作

（7）选择"文件"|"存储为 Web 和设备所用格式"命令，弹出的对话框如图 5.81 所示。这里采用默认设置，单击"存储"按钮。弹出"将优化结果存储为"对话框，取名"动态水波效果.gif"并保存。

图 5.81　"存储为 Web 和设备所用格式（100%）"对话框存储动态效果

（8）选择"文件"|"存储"命令，保存成"动态水波效果.psd"文档。

5.8　案例六　渐隐的图像效果

要求：通过"渐隐的图像效果"的制作，熟悉和掌握图层、图层混合模式、图层蒙版等的应用。最终效果如图 5.82 所示。

图 5.82　　"渐隐的图像效果"效果图

具体操作步骤参考如下。

（1）打开"图像.jpg"和"背景.jpg"两幅图。复制"图像.jpg"到"背景.jpg"中，自动生成"图层 1"，复制"图层 1"到"图层 2""图层 3"中，此时图层面板中，从上到下图层分别为"图层 3""图层 2""图层 1""背景"。

（2）移动图层中的图像使其水平排列（从左到右分别为："图层 3""图层 2""图层 1"），如图 5.83 所示。

图 5.83　复制图层

（3）选择图层 2，选择"图层" | "图层蒙版" | "显示全部"命令，添加图层蒙版，选中图层 2 的图层蒙版缩览图，设置前景色为黑色，再使用画笔工具涂抹图层 2 和图层 1 的重叠区域，隐藏图层 2 的部分图像，使得图层 1 中的人像部分可以显示出来。

（4）选择图层 3，选择"图层" | "图层蒙版" | "显示全部"命令，添加图层蒙版，选中图层 3 的图层蒙版缩览图，设置前景色为黑色，再使用画笔在图层 2 的图像中涂抹图层 3 和图层 2 的重叠区域，隐藏图层 3 的部分图像，使得图层 2 中的人像部分可以显示出来，

如图 5.84 所示。

图 5.84 添加图层蒙版后的效果

（5）选择图层 2，按 Ctrl+ T 快捷键变换图像，缩小图像到原来的 95%，并移动图像使它们的脚部对齐，并设置其图层不透明度为 60%。

（6）选择图层 3，按 Ctrl+ T 快捷键变换图像，缩小图像到原来的 90%，并移动图像使它们的脚部对齐，并设置其图层不透明度为 40%。

（7）合并图层 1、2、3 层，并设置图层混合模式为"正片叠底"，保存文件为"渐隐的图像效果.psd"。

5.9　案例七　光盘盘贴

要求：通过"光盘盘贴"的制作，熟悉和掌握形状图层、剪贴蒙版等的应用。最终效果如图 5.85 所示。

图 5.85　"光盘盘贴制作"效果图

具体操作步骤参考如下。

（1）新建 12 厘米×12 厘米、分辨率为 72 像素/英寸的图片文件"光盘盘贴"，背景色为白色。

（2）显示网格：为准确画圆形选区，可显示网格线，选择 "编辑"|"首选项"|"参考线、网格和切片"命令，设置"网格线间隔"为 2 厘米，如图 5.86 所示。选择 "视图"|"显示"|"网格"命令，显示网格。

图 5.86 "首选项"对话框设置网格线等

（3）将背景色设置为黑色，前景色设置为白色。选择椭圆工具，在其工具选项栏中选中"形状图层"和"创建新的形状图层" ■选项。

（4）按 Shift 键（画正圆），光标从中心点开始向外拖动鼠标，再按住 Alt 键（以中心点为中心画圆），继续拖动鼠标画出直径 12 厘米（6 个网格）的正圆。

（5）在工具选项选栏中"从形状区域减去" ■，采用同样的方法，绘制直径为 4 厘米（2 个网格）的正圆，如图 5.87 所示。

图 5.87 同心圆制作

（6）在"路径"面板中选中"将路径作为选区载入"项，将路径转换为选区。选择 "视图"|"显示"|"√网格"命令，隐藏网格。

（7）打开素材图片文件"贴图.jpg"，再将其复制到"光盘盘贴"中，变换图片，将其缩小到合适大小。选择"图层"|"创建剪贴蒙版"，将图片贴入光盘中。将文件存储为"光盘盘贴.psd"文档。

5.10　案例八　旋转文字

要求：通过"旋转文字"的制作，熟悉和掌握文字工具、图层样式、投影、渐变叠加、图层、旋转以及动画等的应用。最终效果如图 5.88 所示。

图 5.88　旋转文字效果图

具体操作步骤参考如下。

（1）新建一张 500 像素×500 像素、分辨率为 72 像素/英寸的图片，创建水平、垂直参考线（均设置为 8.82 厘米）用于定位中心点。

（2）使用"横排文字工具" $\mathbf{T}$，格式设置为华文琥珀，36 点，浑厚，输入文字"每天有个好心情"，将文字左边放在正中心位置。

（3）单击文字图层，再单击图层面板中的"添加图层样式"按钮 fx，在弹出的"图层样式"对话框中，设置"投影"和"渐变叠加"，如图 5.89 所示，在渐变叠加中，"渐变"栏选"色谱"，其他默认。

图 5.89　投影和渐变叠加设置

（4）先按 Ctrl+J 键复制文字图层后再按 Ctrl+T 键（也可以直接按 Ctrl+Alt+T 组合键完成复制和变换操作），文字出现 8 个控点和一个中心注册点 ，拖动中心注册点到最左边 ，在工具选项栏中角度 ⊿ 设为-30（使文字逆时针旋转 30 度），按回车键确认变换后的效果如图 5.90 所示。

图 5.90　变换后效果

（5）按"再次变换"快捷键 Ctrl+Alt+Shift+T 共 10 次。每按一次，新产生一个和原来文字一样的图层，并且在原来基础之上每次逆时针旋转 30 度，如图 5.91 所示。

图 5.91　平面设计完成

（6）隐藏除了背景图层以外的图层。选择"窗口"|"动画"命令，第一帧只显示背景图层，设置每帧 0.2 秒，单击动画面板中的"复制所选帧"按钮 复制一帧，加上上面一层"每天有个好心情"文字图层。以此类推，每次复制一帧后，加上一层显示。动画面板设置如图 5.92 所示，单击"播放动画"按钮▶预览动画效果。

图 5.92 动画面板设置

（7）选择菜单"文件"|"存储为 Web 和设备所用格式"命令，将动画图片保存为"旋转文字.gif"。将文件保存成"旋转文字.psd"。

5.11 案例九 汽车海报

要求：通过"汽车海报"的制作，熟悉和掌握变形直排文字、图层样式、图层混合模式、渐变工具、图层蒙版、自由变换、图层合并等综合应用，了解调整图层，最终效果如图 5.93 所示。

图 5.93 "汽车海报"效果图

具体操作步骤参考如下。

1. 海报主体制作

（1）选择菜单"文件"|"打开"，出现"打开"对话框，如图 5.94 所示。选择"制作海报"文件夹下所有的图片文件"蓝天白云.jpg、田野.jpg、jeep1.png、jeep2.jpg、jeep3.jpg、报架.png"，单击"打开"按钮。这样这几幅图片都被打开到 Photoshop 窗口中了。

（2）在"jeep2.png"中，按 Ctrl+A 组合键全选图像；按 Ctrl+T 组合键自由变换图像，设置自由变换选项栏中的"W:"和"H:"均为 8%，使其缩小到原来的 8% 大小，进行变换；按 Ctrl+C 组合键复制选区内图像。在"jeep1.png"中，按 Ctrl+V 组合键，将缩小后的"jeep2.png"复制过来，再移动到车头上方附近，分别修改图层名称为"jeep1"和"jeep2"。

（3）在"jeep2"图层中，单击图层面板下方的"添加图层样式"按钮，在弹出的快捷菜单中选择"描边"，弹出"图层样式"对话框。设置"大小"为 1 像素，"颜色"为白色，单击"确定"按钮。

图 5.94　"打开"对话框"汽车海报"所用原材料

（4）在"jeep3.png"中，按 Ctrl+A 组合键全选图像；按 Ctrl+T 组合键自由变换图像，设置自由变换选项栏中"W:"和"H:"均为 12%，使其缩小到原来的 12%大小；按 Ctrl+C 组合键复制选区内的图像。在"jeep1.png"中，按 Ctrl+V 组合键，将缩小后的"jeep3.png"复制过来，并移动到左上角附近，修改图层名称为"jeep3"，设置图层的混合模式为"柔光"。

（5）选择直排文字工具，在选项栏中设置字体大小为 36 点，字体设为华文琥珀，字体颜色为黄色，输入"路就在脚下"文字；单击"创建文字变形"按钮 ，弹出"变形文字"对话框。"样式"选择"旗帜"，单击"确定"按钮，如图 5.95 所示。

图 5.95　海报主体效果

（6）在图层面板中，按 Ctrl 键+单击全选所有图层，右击，在弹出的快捷菜单中选择"合并图层"。合并图层后，各个图层内容不再单独调整。

（7）使用菜单"文件"|"存储为"，保存为"海报主体.png"图像。关闭 jeep1.png、jeep 2.jpg、jeep 3.jpg 图像，不用保存。

2. 背景效果制作

（1）全选"蓝天白云.jpg"图像，并将其复制到"田野.jpg"图像中；"蓝天白云.jpg"图像成了"图层 1"，单击图层面板中的"添加图层蒙版"按钮，添加一个蒙版。

（2）设置前景色为黑色，背景色为白色。选取"渐变工具"，单击选项栏中的"点按可编辑渐变"按钮，弹出"渐变编辑器"对话框。"名称"选择"前景色到背景色渐变"，单击"确定"按钮，在选项栏中选中"线性渐变"项。

（3）单击图层 1 中蒙版部分"图层蒙版缩览图"，从画布底部拖动鼠标到顶部，可以将两个图片组合在一起。复制"报架.png"图像到"田野.jpg"图像中，在图像靠右下放置，如图 5.96 所示。

图 5.96　背景效果

3. 最终效果合成

（1）打开"海报主体.png"图像，并将其复制到"田野.jpg"图像中，存储为"汽车海报.psd"文档。

（2）按 Ctrl+T 组合键自由变换图像，海报主体图像出现 9 个控点，右击它，在弹出的快捷菜单中选择"斜切"（或者"扭曲"），拖动各控点调整，直至"海报主体"图像和"报架"白板部分正好贴合，按回车键确认变换。

（3）在图层面板中单击"创建新的填充或调整图层" <!-- icon --> 按钮，在弹出的快捷菜单中选择"色相和饱和度"，设置"饱和度"为 30，由此建了一个调整图层。如图 5.97 所示，"色相/饱和度 1"图层就是调整图层，可以设置饱和度、色度、明度等，对下面图层均会起作用；也可以删除该调整图层，删除后对其他图层没有任何内容修改。

调整图层是记录调整命令参数的图层，这些参数可以随时编辑。调整图层不依附于任何现有的图层，总是自成一个图层，但不能单独存在，会影响到下面的所有图层。

图 5.97　汽车海报设计状态

（4）保存"汽车海报.psd"文档。

5.12　案例十　雄鹰展翅

要求：通过"雄鹰展翅"的制作，熟悉操作变形、智能对象、内容识别、动画、选区变换等综合应用，最终效果如图 5.98 所示。

图 5.98　"雄鹰展翅"效果

具体操作步骤参考如下。

1. 分离背景与雄鹰

（1）打开"雄鹰.jpg"图像，使用快速选择工具，在选项栏中选中"添加到选区"，多次拖动鼠标选择雄鹰以外的区域，选区后，再反向选区，选中雄鹰。

（2）按 Ctrl+C 组合键，再按 Ctrl+V 组合键，建立了仅有雄鹰的"图层 1"。

（3）按住 Ctrl 键，再单击图层 1 中的缩览图图标，选中雄鹰区域。

（4）单击切换到背景图层，选择菜单"选择"|"修改"|"扩展"，弹出"扩展"对话框。设置"扩展量"为 3 像素，单击"确定"按钮。

（5）选择菜单"编辑"|"填充"，弹出"填充"对话框。"内容使用"选择"内容识别"，"模式"设为"正常"，"不透明度"设为 100%，单击"确定"按钮。

（6）隐藏图层 1，按 Ctrl+D 键取消选择，可看到背景图层雄鹰已经消失。显示图层 1，此时图层面板如图 5.99 所示，背景图层的缩览图中没有雄鹰。

图 5.99　背景与雄鹰分离

2. 操纵变形

（1）在图层 1 中，使用菜单"图层"|"智能对象"|"转换为智能对象"。这一步是为了避免之后操作变形次数过多造成画质损失。此时图层 1 中的缩览图图标变成了，光标指向它，显示"智能对象缩览图"。

（2）复制图层 1，并命名为图层 2。在图层 2 中，选择菜单"编辑"|"操控变形"，雄鹰出现网格，单击雄鹰各个需要变形移动部分及其他不需要变形区域增加图钉（图钉有两个作用，一个是固定，另一个是移动变形），如图 5.100(a)所示，图钉呈淡黄色圆点。

（3）用鼠标拖动翅膀上的图钉，使雄鹰变形为图 5.100(b)所示，图层 1 雄鹰没有网格与图钉，图层 2 在前面有图钉和网格，按回车键确认变形。

（4）复制图层 2，并命名为图层 3。在图层 3 中，选择菜单"编辑"|"操控变形"，适当单击增加图钉，用鼠标拖动翅膀上的图钉，使雄鹰变形为图 5.100(c)所示，图层 1、图层 2 中的雄鹰没有网格与图钉，图层 3 中的雄鹰有图钉和网格，按回车键确认变形。

(a)　　　　　　　　　　(b)　　　　　　　　　　(c)

图 5.100　移动图钉点变形过程

（5）此时图层面板和画布效果如图 5.101 所示。图层 1、图层 2、图层 3 均为智能对象，自动建立了智能滤镜和操控变形。双击操控变形可以重新操作图钉，编辑变形。

图 5.101　图层面板和画布效果

3．动画制作

（1）隐藏图层 2、图层 3，只显示图层 1 和背景图层。选择"窗口"|"动画"命令，弹出"动画（帧）"面板，修改动画（帧）持续时间为 0.1 秒。

（2）单击动画面板中的"复制所选帧"，产生第 2 帧，只显示图层 2 和背景图层。

（3）单击动画面板中的"复制所选帧"，产生第 3 帧，只显示图层 3 和背景图层。

（4）如图 5.102 所示，设置左下角播放次数为"永远"，单击动画面板中的"播放动画"按钮，可预览动画效果。如果要删除某帧的话，单击动画面板中的"删除所选帧"按钮，不能使用 Delete 删除键，否则可能图层被删除了。

图 5.102　动画面板设置

（5）将文件存储为"雄鹰展翅.psd"文档。选择"文件"|"存储为 Web 和设备所用格式"命令，弹出"存储为 Web 和设备所用格式"对话框。单击"存储"按钮，弹出"将优化结果存储为"对话框，取名为"雄鹰展翅.gif"并保存。

◇◆◇　习题　◇◆◇

一、判断题（对的在右边的括号中打"√"，错的打"×"）

1．饱和度取决于彩色光中白光的含量，掺入白光越多，饱和度越高。（　　　）

2．图像分辨率的单位是 dpi。（　　　）

3．在 Photoshop 中，如果在不创建选区的情况下填充渐变色，渐变工具将作用于整个图像。（　　　）

4．在 Photoshop 路径中，选择区域是无法转换成路径的。（　　　）

5. JPEG 是一种有损压缩的静态图像压缩标准。（　　　）

6. 位图图像与分辨率无关，可以将它任意放大，其清晰度保持不变。（　　　）

7. 黑白图片的像素深度为 1。（　　　）

8. 色调指的是色彩的明暗深浅程度。（　　　）

9. 在 Photoshop 中，路径中的锚点是可以移动的。（　　　）

10. 位图图像文件的大小与图像大小无关，只与图像的复杂程度有关。（　　　）

二、选择题

1. 计算机显示器所用的三原色指的是_____。

A. HSB　　　　　　　B. CMY　　　　　　　C. CMYK　　　　　　　D. RGB

2. Photoshop 中能够保留图层信息的文件存储格式是_____。

A. JPG　　　　　　　B. BMP　　　　　　　C. GIF　　　　　　　D. PSD

3. 使用 Photoshop CS 图像处理时，实现图像自由变换的快捷键是_____。

A. Ctrl+Z　　　　　　B. Ctrl+D　　　　　　C. Ctrl+T　　　　　　D. Ctrl+J

4. Photoshop CS 图像处理时，连续的色彩相似区域的选取常使用的工具是_____。

A. 钢笔　　　　　　　B. 魔棒　　　　　　　C. 套索　　　　　　　D. 画笔

5. Photoshop 中用来绘制路径的工具是_____。

A. 画笔　　　　　　　B. 喷枪　　　　　　　C. 钢笔　　　　　　　D. 套索

6. 在 Photoshop 中，关于背景图层描述正确的是_____。

A. 背景图层可以设置矢量蒙版

B. 在图层面板上背景图层是不能上下移动的，只能在最下面一层

C. 背景图层可以设置图层蒙版　　　　　D. 背景图层不能转成普通图层

7. 在 Photoshop 的图层蒙版中____区域部分为正常显示，____区域部分为被隐蔽。

A. 白色　黑色　　　　B. 灰色　白色　　　　C. 透明色　黑色　　　　D. 黑色　白色

8. 某一幅图像其尺寸为 800 像素×600 像素，采用 8 位图像深度，则图像文件体积约为_____。

A. 1.37MB　　　　　　B. 0.46MB　　　　　　C. 3.68MB　　　　　　D. 4.8MB

9. 图像数字化不包含____。

A. 采样　　　　　　　B. 量化　　　　　　　C. 压缩　　　　　　　D. 编码

10. 单击图层面板上某图层左边的眼睛图标 ，使其变成 后，结果是_____。

A. 该图层被删除　　B. 该图层被隐藏　　C. 该图层被锁定　　　D. 该图层被混合

11. 在 Photoshop CS 中，下列关于图层的描述中错误的是_____。

A. 一幅图像可以由很多图层组成

B. 图层透明的部分是有像素的

C. 背景图层可以转化为普通的图像图层

D. 图层主要有背景图层、普通图层、文字图层、形状图层等

12. 下列不属于色彩三要素的是_____。

A. 色调　　　　　　　B. 亮度　　　　　　　C. 对比度　　　　　　　D. 饱和度

13. Photoshop 中用变换命令对图片进行缩放时，按住_____键可以保证等比例缩放。

A. Alt　　　　　　　B. Ctrl　　　　　　　C. Shift　　　　　　　D. Ctrl+Shift

14. 如何使用仿制图章工具在图像中取样_____。

A. 在取样的位置单击鼠标并拖拉

B. 按住 Shift 键的同时单击取样位置来选择多个取样像素

C. 按住 Alt 键的同时单击取样位置

D. 按住 Ctrl 键的同时单击取样位置

15. 下面哪种工具选项可以将 Pattern（图案）填充到选区内_____。

A. 画笔工具   B. 图案图章工具   C. 橡皮图章工具   D. 喷枪工具

三、实践练习

1. 分别使用图层蒙版和剪贴蒙版制作图片填充艺术字，如图 5.103 所示。

图 5.103   实践练习 1

2. 使用图层蒙版实现如图 5.104 所示的 2008 牵手字效果。

图 5.104   2008 牵手字效果

3. 制作火焰字，如图 5.105 所示。

图 5.105   火焰字

提示：输入文字后，首先需要栅格化文字，文字图层要与背景图层合并；图像旋转时先逆时针旋转 90 度后，再使用"滤镜"|"风格化"|"风"（风方向从右，执行多遍）；然后再顺时针旋转 90 度；最后使用"滤镜"|"扭曲"|"波纹处理效果"。

4. 试着使用图层蒙版或者矢量蒙版来完成背景、弹簧与狗图片合成。原材料与效果图如图 5.106 所示。

（a）弹簧

（b）狗

（c）背景

（c）"弹簧与狗"效果图

图 5.106　实践练习 4

5. 试着使用图层蒙版来完成建筑物与云图片合成云建筑。原材料与效果图如图 5.107 所示。

（a）建筑物

（b）云

（c）云建筑合成效果

图 5.107　实践练习 5

第 6 章 动画设计与制作
——Flash

6.1 动画基础知识

动画由于在多媒体中具有表现手法直观、形象、灵活等诸多特点，所以在多媒体作品中应用十分广泛，同时也深受用户的喜爱。在多媒体作品中，适当使用动画元素，可以增强效果，起到画龙点睛的作用。

6.1.1 动画基本概念

动画是把人和物的表情、动作、变化等分段画成许多静止的画面，每个画面之间都会有一些微小的改变，再以一定的速度连续播放，给视觉造成连续变化的图画。

计算机动画（Computer Animation）是利用人眼视觉暂留的生理特性，采用计算机的图形和图像数字处理技术，借助动画软件直接生成或对一系列人工图形进行一种动态处理后生成的可以实时播放的画面序列。

运动是动画的要素，计算机动画是采用连续显示静态图形或图像的方法产生景物运动的效果的。当画面的刷新频率在每秒 24～50 帧的时候，就能使人感觉到运动的效果。在实际计算机动画制作过程中，为了减少存储空间占用和运算数据量，画面的刷新频率常设置为每秒 15～30 帧。

计算机动画的另一个显著特点是画面的相关性，只有在任意相邻两帧画面的内容差别很小时（或者说是画面局部的微小改变），才能产生连续的视觉效果。

6.1.2 动画的原理

由于人类的眼睛在分辨视觉信号时，会产生视觉暂留的情形，也就是当一幅画面或者一个物体的景象消失后，在眼睛视网膜上所留的映像还能保留大约 1/24 秒的时间。如果每秒更替 24 幅或更多幅画面，那么，前一个画面在人脑中消失之前，下一个画面就已经进入人脑，从而形成连续的影像。只要将若干幅稍有变化的静止图像顺序地快速播放，而且每两幅图像出现的时间小于人眼视觉惰性时间（每秒钟传送 24 幅图像），人眼就会产生连续动作的感觉（动态图像），即实现动画和视频效果。

电视、电影和动画就是利用了人类眼睛的视觉暂留效应，只要快速地将一连串图形显示出来，然后在每一张图形中做一些小小的改变（如位置或造型），就可以带来动画的效果。

6.1.3　动画的分类

动画的分类方法较多，从制作技术和手段上分，动画可分为以手工绘制为主的传统动画和以计算机绘制为主的计算机动画。传统的动画用手工方式在赛璐珞片上绘制各幅图像，再通过连续拍摄而得到。赛璐珞是一种透明胶片，可以覆盖在背景上。计算机动画的原理与传统动画基本相同，只是在传统动画的基础上把计算机技术用于动画的处理和应用，从而达到传统动画所达不到的效果。

按照画面景物的透视效果和真实感程度，计算机动画分为二维动画（2D）和三维动画（3D）。二维动画又叫"平面动画"，平面上的画面、纸张、照片或计算机屏幕显示，无论画面的立体感多强，终究是在二维空间上模拟真实的三维空间效果。计算机二维动画的制作包括输入和编辑关键帧，计算和生成中间帧，定义和显示运动路径，给画面上色，产生特技效果，实现画面与声音同步，控制运动系列的记录等。三维动画又叫"空间动画"，画中的景物有正面、侧面和反面，调整三维空间的观点，能够看见不同的内容。计算机三维动画的数据在计算机内部生成，而不是简单的外部输入。制作三维动画首先要创建物体模型，然后让这些物体在空间中动起来，如移动、旋转、变形、变色，再通过打灯光等技术生成栩栩如生的画面。

按照计算机处理动画的方式不同，计算机动画分为造型动画（Cast-based Animation）、帧动画（Frame Animation）和算法动画（Palette Animation）三种。

按照动画的表现效果分，计算机动画又可分为路径动画（Path Animation）、调色板动画（Algorithmic Animation）、变形动画（Animation）。

另外，不同的计算机动画制作软件，根据本身所具有的动画制作和表现功能，又将计算机动画分为更加具体的种类，如渐变动画、遮罩动画、逐帧动画、关键帧动画等。

6.1.4　动画制作流程

计算机二维动画是对手工传统动画的一个改进，就是将事先由手工制作的原动画逐帧输入计算机，然后由计算机帮助完成绘线和上色等工作，并且由计算机控制完成记录工作。其主要制作过程如图 6.1 所示。

图 6.1　动画制作过程

绘制图形：根据动画制作的需要手工绘制一些必要的图形元素。

导入外部图形图像：直接从外部文件中导入已有的图形和图像。

制作关键帧：根据动画制作的需要制作一些必要的关键帧。

动画类型特殊处理：根据动画制作的需要采用不同的制作方法，以产生特殊的动画效果。

动画合成或输出：进行合成及最终作品的输出，可以将动画转换成所需的类型再输出，以便在多媒体作品中引用。

6.1.5 动画文件格式

动画文件有多种格式，不同的动画软件生成不同的文件格式。下面介绍几种常用的动画文件格式。

1. FLA 格式

FLA 格式是 Flash 动画文件源程序格式，程序描述图层、库、时间轴、舞台和场景等对象，可以对描述对象进行多种编辑和加工。

2. SWF 格式

SWF 格式是 Flash 动画文件打包后的格式，是 Flash 成品动画的格式，是一种支持矢量图和点阵图的动画文件格式。该格式的动画可以在网络上演播，不能进行修改和加工，数据量小，动画流畅。该格式是 Micromedia 公司的产品 Flash 的矢量动画格式，它采用曲线方程描述其内容，不是由点阵组成的内容，因此这种格式的动画在缩放时不会失真，非常适合描述由几何图形组成的动画，如教学演示等。由于这种格式的动画可以与 HTML 文件充分结合，并能添加 MP3 音乐，因此被广泛地应用于网页上，成为一种"准"流式媒体文件。

3. GIF 格式

GIF 格式是一种图像文件格式，几乎所有相关软件都支持。由于采用了无损数据压缩方法中压缩率较高的 LZW 算法，文件尺寸较小，因此被广泛采用。此格式是用于网页的帧动画文件格式，包括单画面图像和多画面图像（256 色，分辨率 96dpi），GIF 动画格式可以同时存储若干幅静止图像并进而形成连续的动画。目前，Internet 上大量采用的彩色动画文件多为 GIF 格式文件。

4. FLIC（FLI/FLC）格式

FLIC（FLI/FLC）格式是 Autodesk 公司在其出品的 Autodesk Animator/Animator Pro/3D Studio 等 2D/3D 动画制作软件中采用的彩色动画文件格式，FLI 是最初的基于 320 像素×200 像素的动画文件格式，FLC 是 FLI 的扩展格式，采用了更高效的数据压缩技术，其分辨率也不再局限于 320 像素×200 像素。每帧 256 色，画面分辨率为 320×200～1600×1280，代码效率高、通用性好，广泛用在多媒体产品中。

5. 其他格式

AVI 格式是音频视频交错格式，是将语音和影像同步组合在一起的文件格式，其受视频标准制约，画面分辨率不高。在其他格式中，MPG 格式即动态图像专家组，MOV 格式即 QuickTime 影片格式。

6.1.6　动画制作软件

计算机动画的关键技术体现在计算机动画制作软件及硬件上。计算机动画软件目前有很多，不同的动画效果取决于不同的计算机动画软、硬件的功能。虽然制作的复杂程度不同，但动画的基本原理是一致的。制作动画的计算机软件包括二维动画制作软件和三维动画制作软件两大类，且每种软件又按自己的格式存放建立的动画文件。制作二维动画的软件有 Flash、GIF Animator、Animator Pro、Animation Studio 等；制作三维动画的软件有 3D Studio Max、Cool 3D、Maya 等。

6.2　Flash CS5.5 相关知识

Flash 是目前应用最广泛的一种二维矢量动画制作软件，凭借其文件小、动画清晰、可交互和运行流畅等特点，主要用于制作网页、广告、动画、游戏、电子杂志和多媒体课件等。

Flash 的前身是 Future Splash，它是为了完善 Macromedia 的产品 Director 而开发的一款用于网络发布的插件。1996 年原开发公司被 Macromedia 公司收购，其核心产品也被正式更名为 Flash，并相继推出了 Flash 1.0、Flash 2.0、Flash 3.0、Flash 4.0、Flash 5.0、Flash MX、Flash MX 2004 和 Flash 8。2005 年 Macromedia 被 Adobe 公司收购，并相继推出了 Flash CS3、Flash CS4、Flash CS5、Adobe Flash CS5.5 和 Adobe Flash CC。Flash 在 2016 年已经正式更名为 Adobe Animate CC，缩写为 An，目前最新版本为 Adobe Animate CC 2018。

受大多数院校机房硬件条件的限制，本书以 Adobe Flash CS5.5 为例进行讲解。

6.2.1　Flash 界面

1．菜单和舞台

Flash 的工作界面如图 6.2 所示，由菜单栏、舞台、时间轴面板、工具箱、属性面板和浮动面板等组成。菜单栏位于窗口的顶部，主要包括文件、编辑、视图、插入、修改、文本、命令、控制、调试、窗口和帮助共 11 个菜单。

图 6.2　Flash 的工作界面

舞台是动画创作的主要工作区域。在 Flash 中，舞台只有一个，但场景可以有许多个，在播放过程中可以更换不同的场景。在舞台上可以对动画的内容进行绘制和编辑，这些内容包括矢量图形、位图图形、文本、按钮和视频等。动画在播放时只显示舞台中的内容，对于舞台外灰色区域的内容是不显示的。

2. 面板

面板组是 Flash 中各种面板的集合。面板上提供了大量的操作选项，可以对当前选定的对象进行设置。要打开某个面板，只需选择"窗口"菜单中对应的面板名称命令即可。

1）时间轴面板

时间轴面板是 Flash 界面中十分重要的部分。时间轴的功能是管理和控制一定时间内图层的关系以及帧内的文档内容。与电影胶片类似，每一帧相当于每一格胶片，当包含连续静态图像的帧在时间线上快速播放时，就看到了动画。时间轴面板决定了各个场景的切换以及演员出场、表演的时间顺序。

2）属性面板

属性面板用于显示和更改当前选定文档、文本、帧或工具等的属性，是 Flash 中变换最为丰富的面板，它是一种动态面板，随着用户在舞台中选取对象的不同或者工具箱面板中选用工具的不同，自动地发生变换以显示不同对象或工具的属性。

3）库面板

库面板包含了所有导入的外部文件以及用户制作的元件，用来管理制作动画时所用的素材。在库面板中可以方便地查找、组织和调用资源。

4）颜色面板

使用颜色面板可以创建和编辑纯色与渐变填充，调制出大量的颜色，以设置笔触、填充色和透明度等。如果已经在舞台中选定了对象，那么在颜色面板中所做的颜色更改就会被应用到该对象。

5）其他面板

● 对齐面板：对舞台中的对象进行自动对齐、分布间隔等操作。

● 变形面板：精确地对舞台中所选对象进行旋转、变形和缩放等操作。

● 动作面板：用来编写程序。

● 历史记录面板：显示从打开当前文档起执行的所有步骤的列表，将历史记录面板中的滑块向上拖动，可以回到以前的操作步骤。

3. 工具箱

Flash 工具箱中包含一套完整的绘画工具，利用这些工具可以绘制、涂色和设置工具选项等，如图 6.3 所示。要打开或关闭工具箱，可以选择"窗口"|"工具"命令。

图 6.3 Flash 工具箱

1）选择工具

选择工具通常用来选取、移动或编辑对象，是使用频率最高的工具。当选中其他工具时（钢笔工具除外），按住 Ctrl 键可暂时切换到选择工具。

选择工具选中时，单击舞台上的对象即可选中单个对象；双击舞台上的对象即可在选中单个对象的同时选中对象连接在一起的轮廓线；按 Shift 键再单击对象可选择多个对象；拖动鼠标画出一个矩形框，可选中框内的对象。

用选择工具选取对象后，拖动鼠标可将对象移动到舞台其他位置；按住 Alt 键的同时，拖动鼠标，即可完成选中对象的复制。

选择工具还可以对图形对象快速编辑。把光标移动到对象边缘处，当光标变成箭头右下方带有圆弧或者直角（当移到矩形四角或者按下 Ctrl 键）时，拖动鼠标即可对图形进行调整编辑。

部分选取工具主要用于对路径及其锚点进行选择、移动和删除，以及对路径方向进行调整。部分选取工具只有鼠标单击方法，用于选取矢量线来改变选中对象的路径转折点。

2）任意变形工具

对象的变形主要有缩放、旋转、倾斜、扭曲等，可以利用任意变形工具来实现，使用该工具时，只要用鼠标选择要变形的对象，当对象上出现 8 个方向的控制点时，拖动某个控制点即可实现对象的缩放或旋转。

除了任意变形工具之外，变形面板可精确控制对象的变形效果；执行菜单"修改"|"变形"命令可以完成任意变形、扭曲、封套、缩放、旋转与倾斜、缩放和旋转、逆时针旋转90 度、顺时针旋转 90 度、垂直翻转和水平翻转。

3）矩形工具组

矩形工具用于绘制矩形和正方形。在绘制过程中，按住 Shift 键，可以绘制一个正方形；按住 Alt 键，可以绘制一个以单击点为中心的矩形或正方形。

基本矩形工具和矩形工具最大的区别在于对圆角的设置，运用基本矩形工具绘制的矩形，会在四周边框出现控制点，可以直接使用选择工具调整矩形四周边框的控制点，也可以在属性面板的矩形选项中设置圆角。

椭圆工具可以快速绘制各种比例的圆形以及由圆形组合演变的复合图形。在绘制过程中，按住 Shift 键，可以绘制一个正圆；按住 Alt 键，可以绘制一个以单击点为中心的圆形。

多角星形工具用于绘制多边形或星形，通过属性面板的工具设置选项来选择画多边形及星形。

矩形工具组中工具绘制的图形均由两部分组成，分别是图形轮廓的笔触线条和内部的填充颜色。其属性面板也由两部分组成，分别是填充和笔触以及相应的图形选项。

在 Flash 中，图形的绘制模式主要分两种，分别为合并绘制模式和对象绘制模式。选择绘图工具（如矩形工具、椭圆工具、线条工具、铅笔工具、钢笔工具等）后，工具箱下方会出现"对象绘制"按钮 。该按钮默认为非选中状态，当绘制的多个图形重叠时会自动合并。单击选中该按钮，进入对象绘制模式，每个绘制的图形转换为独立的图形对象，重叠时不会相互影响。

4）钢笔工具组

钢笔工具通常可以绘制直线、曲线以及任意形状的封闭图像。单击第一个锚点，再单击另一位置，即可绘制直线。采用单击并拖动鼠标的方法可以绘制曲线。

添加锚点工具、删除锚点工具主要用来增加或减少路径上的锚点。选择部分选取工具后，单击图形某区域来完成添加或删除锚点操作。转换锚点工具可以实现平滑点和角点之间的相互转换。

5）其他工具

● 套索工具：用于选择一个不规则的图形区域，还可以处理位图。

● 文本工具：用于在舞台上添加和编辑文本。

● 线条工具：使用此工具可以绘制各种形式的线条。

● 铅笔工具：用于绘制直线和折线等。

● 刷子工具：用于在工作区中用笔刷进行各种线条的描绘。刷子工具使用的是笔触色。

● Deco 工具：用于生成各种对称图形、网格图形以及藤蔓式填充效果。

● 骨骼工具：给动画角色添加骨骼，制作各种动作的动画。

● 颜料桶工具：不仅可以改变图形填充颜色，还可以对封闭区域进行颜色填充。

● 滴管工具：用于将图形的填充颜色或线条属性复制到其他的图形线条上，还可以采集位图作为填充内容。

● 橡皮擦工具：用于擦除舞台上的内容。

● 手形工具：当舞台上的内容较多时，可以用来平移舞台以及各个部分的内容。

● 缩放工具：用于缩放舞台中的图形。

● 笔触颜色：用于设置线条的颜色。

● 填充颜色：用于设置图形的填充区域颜色。

6.2.2 帧

在时间轴中，使用帧来组织和控制文档的内容。在时间轴中放置帧的顺序将决定帧内对象最终的显示顺序。不同内容的帧串联就组成了动画。

帧是构成 Flash 动画的基本元素，时间轴上的一小格代表一帧，表示动画内容中的一幅画面。用如图 6.4 所示的时间轴来解释 Flash 的基本术语图层和帧，以便以后制作。

图 6.4　时间轴

1. 帧类型

1）普通帧

普通帧即帧，用于计量播放时间或过渡时间，普通帧的内容不能手动设置，它是播放过程中由前后关键帧以及过渡类型自动填充的，手动插入或删除普通帧会改变前后两个关键帧之间的过渡时间。普通帧主要是过渡和延续关键帧内容的显示。在时间轴中，普通帧一般用空心方格表示，每个方格占用一个帧的动作和时间。

2）关键帧

关键帧是用来定义动画变化的帧。在动画播放的过程中，关键帧会呈现出主要的动作或内容上的变化。关键帧中的对象与前后帧中的对象的属性是不同的。在时间轴中关键帧显示为黑色实心圆。

3）空白关键帧

空白关键帧中没有任何对象存在，如果在空白关键帧中添加对象，它会自动转化为关键帧，同样，如果将某个关键帧中的全部对象删除，则此关键帧会变为空白关键帧。在时间轴中空白关键帧是用空心圆表示的。

4）属性关键帧

属性关键帧是 Flash CS4 中新引入的概念，是指在补间范围内的某一帧，当编辑补间对象的某一属性时，该帧将出现一个黑色实心的菱形，记录下目标对象的属性值变化，如位置、大小、旋转、透明度等。

2. 帧频率

帧频率简称帧频，表示动画播放的速度，以每秒播放的帧数来度量。帧频太慢会使动画看起来不连贯，帧频太快会使动画的细节变得模糊。在默认情况下，Flash 动画的帧频为每秒 24 帧。选择"修改"|"文档"命令，打开"文档属性"对话框。在对话框的"帧频"文本框中设置帧的频率。或者双击时间轴面板下的"帧频率"标签，可直接输入频率值。

3. 帧操作

1）选择帧

在时间轴上单击可以选中某个帧；要选择连续的多个帧，单击选择第一个帧，再结合 Shift 键单击最后一个帧；要选择不连续的帧，单击选择第一个帧，再结合 Ctrl 键依次单击帧。

2）移动或复制帧

选中要操作的帧，右击，在弹出的快捷菜单中选择"剪切帧"或"复制帧"，然后在目标位置使用"粘贴帧"完成操作。

3）插入帧

通过在动画中插入不同类型的帧，可实现延长关键帧播放时间、添加新动画内容以及分隔两个补间动画等操作。快捷键插入帧：按 F5 键插入普通帧；按 F6 键插入关键帧；按 F7 键插入空白关键帧。当然，也可以用快捷菜单插入相应的帧。

4）清除帧、删除帧、翻转帧

清除帧用于将选中的帧的内容清除，但继续保留该帧所在的位置，在对普通帧或关键帧清除后，可将其转化成空白关键帧。

删除帧用于将选中的帧从时间轴中完全清除。帧被删除后其后面的帧会自动前移并填补被删除帧所占的位置。

翻转帧可以将选中的帧的播放顺序进行颠倒。

6.2.3 图层

如果说帧是时间上的概念，不同内容的帧串联组成了运动的动画，那么图层就是空间上的概念，图层中放置了组成 Flash 动画的所有对象。

1. 图层定义

可以把图层看成是堆叠在一起的多张透明纸。在工作区中，当图层上没有任何内容时，就可以透过上面的图层看到下面图层的图像。用户可以通过图层组合出各种复杂的动画。

每个图层都有自己的时间轴，且包含了一系列的帧，在各个图层中所使用的帧都是相互独立的。图层与图层之间也是相互独立的，也就是对各图层单独进行编辑不会影响其他图层上的内容。多个图层按一定的顺序叠放在一起则会产生综合的效果。图层位于"时间轴"面板的左侧，Flash 中的各图层显示及主要的图层类别如图 6.5 所示。

图 6.5　各图层显示及主要的图层类别

通过在时间轴上单击图层名称可以激活相应的图层。在激活的图层上编辑对象和创建动画，不会影响其他图层上的对象。默认情况下，新建图层是按照创建的顺序来命名的，用户可以根据需要对图层进行移动、重命名、删除和隐藏等操作。

2. 引导层

引导层是 Flash 引导层动画中绘制路径的图层。引导层中的图案可以为绘制的图形或对象定位，主要用来设置对象的运动轨迹。引导层不从影片中输出，所以它不会增加文件的大小，而且它可以多次使用。

创建引导层的方法有两种：一种是直接选择一个图层，再执行"添加传统运动引导层"命令；另一种是先执行"引导层"命令，使其自身变成引导层，再将其他图层拖曳到引导层中，使其归属于引导层。

任何图层都可以使用引导层，当一个图层为引导层后，图层名称左侧的辅助线图标表明该层是引导层。

3. 遮罩层

遮罩层是一种特殊的图层。创建遮罩层后，遮罩层下面图层的内容就像透过一个窗口显示出来一样。在遮罩层中绘制对象时，这些对象具有透明效果，可以把图形位置的背景显露出来。在 Flash 中，使用遮罩层可以制作出一些特殊的动画效果，如聚光灯效果和过渡效果等。

遮罩层可以将与其相连接的图形中的图像遮盖起来。用户可以将多个层组合放在一个遮罩层下，以创建出多样的效果。遮罩层必须至少有两个图层，上面的图层称为"遮罩层"，下面的图层称为"被遮罩层"，这两个图层中只有相重叠的地方才会被显示。也就是说，在遮罩层中有对象的地方就是"透明"的，可以看到被遮罩层中的对象，而没有对象的地方就是不透明的，被遮罩层中相应位置的对象是看不见的。

6.2.4　元件

1. 元件、实例和库

元件是 Flash 作品中的一个基本单位，是一种可以在 Flash 中重复使用的特殊的对象，使用元件可以提高动画制作的效率，减小文件的体积。元件一旦创建，就可以反复使用，而原始数据只需要保存一次。

将元件拖放到舞台后就被称为实例。实例是元件在场景中的应用，它是位于舞台上或者嵌套在另一个元件内的元件副本。用户可以对实例进行任意修改，而不会影响到元件的任何属性；但对元件自身修改，实例也会随之发生改变。实例的外观和动作无须和元件一样，每个实例都可以有不同的大小和颜色，并可以提供不同的交互。

库是用来存放和管理元件、位图、声音等素材的。库面板的列表显示库中所有项目的名称，利用库可以方便地查看、组织和编辑这些内容。

在制作动画时，首先把一个对象定义为"元件"，所有元件都会存储在库中，然后在场景中加入它的"实例"。这样无论一个对象出现几次，在文件中都只需存储一个拷贝，从而在很大程度上减小了文件的大小。

2. 元件分类

Flash 元件分为 3 类：图形元件、影片剪辑元件和按钮元件。

1）图形元件

图形元件是依赖主时间轴播放的动画剪辑，不可以加入动作代码。把图形元件放到主场景，不会播放。一般用于制作静态图像。图形元件在库面板中以一个几何图形构成的图标表示。

2）影片剪辑元件

影片剪辑元件是可以独立于主时间轴播放的动画剪辑，可以加入动作代码，还可以存放影片（动画），当影片剪辑有动画时，把影片剪辑元件放到主场景时，会循环地不停地播放。凡是用按钮元件和图形元件可以实现的效果，影片剪辑元件都可以完成，影片剪辑中还能融入多种不同类型的素材，如位图、声音、程序等。影片剪辑元件在库面板中以一个齿轮图标表示。

3）按钮元件

按钮元件有"弹起""指针经过""按下""点击" 4 帧的特殊影片剪辑，可以加入动作代码。用来创建影片中的相应鼠标事件的交互按钮，实际上是一个只有 4 帧的影片剪辑，但它的时间轴不能播放，只是根据鼠标指针的动作做出简单的响应，并转到相应的帧。按钮元件在库面板中以一个手指向下按的图标表示。

6.2.5　对象

1. 对象的分类

Flash 中的动画都是由对象组成的，对象可以分为 4 类：形状、组、元件和文本。

（1）形状。通过绘图工具绘制产生的圆、矩形、星形等形状；形状对象被选中时以网点覆盖。形状对象不是整体的，形状的各部分及其大小都可以改变。其显著特征是单击选中图形时，会显示许多点。

（2）组。是指绘制的图形或打散的对象，通过"编组"命令组合为一块的整体对象。组对象不会存储在库中，复制后文档内存会增大。其显著特征是四周有绿色边框，无注册点和变形点。

（3）元件。通过执行菜单"插入"|"新建元件"或"转换为元件"命令创建。元件存储在库中，图形和素材都可以转换为元件，在场景中引用，其实质也是组。其显著特征是四周有蓝色边框，中间有注册点和变形点。

（4）文本。通过工具箱文本工具产生。

对象实质上也可分为两类，形状为一类，其余 3 种为同一类，并且相互可以转换。通过"修改"|"组合"命令（或者 Ctrl+G 快捷键）将形状对象转换为组对象，通过"修改"|"分离"命令（或者 Ctrl+B 快捷键）可将组对象打散转换为形状对象。

在制作 Flash 动画时，形状对象采用形状补间；其余对象采用其他动画补间。

2. 对象的组合

对象的组合是指将选中的两个或多个对象（可以是形状、位图、元件和其他组）组合在一起，进行移动、旋转及缩放等操作时，它们会一同变化。

选择要组合的对象后，通过"修改"|"组合"命令（或者 Ctrl+G 快捷键）即可将选中的对象进行组合。

组和对象内部的子对象是可以编辑的，选中组合后的对象，执行"编辑"|"编辑所选项目"命令；或使用选择工具后双击该组，即可进入组合对象编辑状态，此时可对子对象进行编辑操作。编辑完成后，双击舞台空白区域即可退出编辑状态。

若要取消对象的组合，选中该组合对象后，执行"修改"|"取消组合"命令进行取消。

3. 对象的分离

对象的分离主要用于将组合的对象以及位图、文字等对象分解成独立的可编辑元素。通过"修改"|"分离"命令（或者 Ctrl+B 快捷键）即可对所选对象进行分离。

对于不同类型的图形对象分离操作的效果不太一样：对于组合，该操作相当于取消组合；对于形状图形，不需要也不能再进行分离；对于绘制对象、位图等，可以将图形转换为形状；对于元件，取其中的第 1 帧而舍弃其他帧；对于多个文字的文本对象，可分离成单个文字的文本对象；对于单个文字的文本对象，分离可以转换为形状图形。需要注意的是，并不是所有的分离操作都是可逆的。

分离操作和"取消组合"命令是两个不同的概念。虽然有时可以实现同样的效果，但"取消组合"命令只能将组合后的对象重新拆分为组合前的各个部分，而分离操作则将对象分离，生成与原对象不同的对象。

6.2.6 逐帧动画

逐帧动画，也称帧并帧动画，一般来说指的是整个动画的每一帧都是由动画开发者创作而非计算机自动补间而产生的。因为每个帧都不一样，所以不但给制作增加了负担，而且最终输出的文件量也很大，但它的优势也很明显，其动画表现非常细腻，尤其对于一些非线性的动画，只能通过逐帧动画来实现。

在 Flash 中创建逐帧动画有如下方法：

（1）将各静态图片（JPG、PNG 等格式）连续导入到 Flash 不同帧中。

（2）用鼠标等在场景中一帧帧地画出帧内容。

（3）将文字作为帧中的内容，实现打字、文字跳跃等特效。

（4）导入 GIF 序列图像、SWF 动画文件产生的动画序列。

【例 6.1】 创建一个"吃苹果"动画。

操作步骤如下。

（1）新建 Flash 文档，选取椭圆工具，设置颜色，画正圆。选取部分选取工具，单击正圆后，调整顶尾部分。选取椭圆工具画椭圆，使用任意变形工具变形旋转。

（2）按 F6 键插入关键帧，使用橡皮擦擦去部分，再按 F6 键，又擦去部分，如此重复多次。

（3）按 Ctrl+回车键测试影片效果，保存文档。

【例 6.2】 已有小鸟飞翔的 7 个静态图片，创建"小鸟飞翔"动画。

操作步骤如下。

（1）新建 Flash 文档，选择菜单"文件"|"导入"|"导入到舞台"，选取小鸟飞翔的 7 个图片（如图 6.6 所示）导入。

1.png   2.png   3.png   4.png   5.png   6.png   7.png

图 6.6 小鸟飞翔

（2）全部选中，右击，在弹出的快捷菜单中选择"分散到图层"。

（3）单击 2.png 图层中的第 1 帧，光标指向它，当光标图标右下角出现矩形时，拖动到第 2 帧；同样地，分别将 3.png 图层的第 1 帧移动到第 3 帧，将 4.png 图层的第 1 帧移动到第 4 帧……将 7.png 图层的第 1 帧移动到第 7 帧。

（4）按 Ctrl+回车键测试影片效果，保存文档。

6.2.7 形状补间动画

在 Flash 的时间轴面板中，在一个关键帧内绘制一个形状，然后在另一个关键帧内更改该形状或绘制另一个形状，Flash 设定的程序可根据两者之间帧的值自动创建两者之间的帧，这些自动生成的帧，叫做补间帧，基于这种机制生成的动画被称为形状补间动画。

右击两个关键帧之间的任意位置，在弹出的快捷菜单中选择"创建补间形状"，可完成形状补间动画创建。形状补间动画建好后，时间轴面板的背景色变为淡绿色，在起始帧和结束帧之间有一个长长的箭头。

形状补间动画使用的对象大多数为鼠标绘制的矢量形状，如果使用图形元件、文字，则必须执行"修改"|"分离"（或按 Ctrl+B 快捷键）命令，将其转换为矢量图形，再创建形状补间动画。

【例 6.3】 已有一花图片，创建一个"花变形"动画，使一幅画慢慢变成一个字效果。

操作步骤如下。

（1）新建 Flash 文档，选择菜单"文件"|"导入"|"导入到舞台"，导入花图片，改变其属性宽为 550，高为 400，居中显示。按 Ctrl+B 快捷键将其分离。

（2）第 30 帧插入空白关键帧（按快捷键 F7），输入"花"字（大小为 350，字体为华文琥珀，颜色尽量与花图片中的花类似），按 Ctrl+B 快捷键将其分离。

（3）右击 1～30 部分帧，在弹出的快捷菜单中选择"创建补间形状"。单击第 1、20、30 帧的效果如图 6.7 所示，测试影片效果，保存文档。

图 6.7 "花变形"第 1、20、30 帧的效果

6.2.8 传统补间动画

在 Flash 的时间轴面板中，一个关键帧上放置一个元件，然后在另一个关键帧上改变该元件的大小、位置、颜色、透明度、旋转或放置另一个元件，Flash 会根据首尾两个关键帧自动创建中间的补间帧，这种补间动画被称为传统补间动画。

右击两个关键帧之间的任意位置，在弹出的快捷菜单中选择"创建传统补间"，可完成传统补间动画的创建。传统补间动画建好后，时间轴面板的背景色变为淡紫色，在起始帧和结束帧之间有一个长长的箭头。创建传统补间动画只是最简单的点对点平移，速度没有变化，一切其他效果都需要通过后续的其他方式去调整。

与形状补间动画不同的是，传统补间动画的对象必须是元件或成组对象（包括影片剪辑、按钮、图形元件、文字、位图、组合等），不能是形状，只有把矢量组合或转化成元件后才可以制作传统补间动画。

【例 6.4】 有"城市背景"和"汽车"图片，请分别使用汽车移动和背景移动的方法，创建"开车"动画。

操作步骤如下。

（1）新建 Flash 文档，选择菜单"文件"|"导入"|"导入到舞台"，图层 1 第 1 帧导入"城市背景"图片，图层 1 命名为"城市背景"，调整"城市背景"图片宽不变，高为 400，并使其右边与舞台右边对齐。

（2）新建"汽车"图层，第 1 帧导入"汽车"图片，将图片放置在舞台的右边，如图 6.8 所示。

图 6.8　汽车开始位置

（3）单击"汽车"图层第 30 帧，按 F6 键插入关键帧；移动汽车到舞台的左边。

（4）右击"汽车"图层第 1～30 帧任意位置，在弹出的快捷菜单中选择"创建传统补间"。

（5）单击"城市背景"图层第 30 帧，按 F5 键插入帧。单击第 15 帧的效果如图 6.9 所示，测试影片效果，保存文档。

图 6.9　"开车"第 15 帧效果

〔思考〕如何用另外一种方法实现：将汽车放置在舞台的中间位置不动，通过城市背景移动来实现开车的效果，请读者自己试验完成。此时，如果要做出轮胎转动的效果，则需要先制作轮胎转动的影片剪辑元件，再将两转动的轮胎加入汽车。

6.2.9　补间动画

补间动画是 Flash CS5 新引入的补间方式，具有强大的功能。补间动画在整个补间范围内由一个对象目标组成。补间动画可以实现对象速度变化、路径偏移等复杂操作。

在 Flash 的时间轴面板中，在一个关键帧上放置一个元件，不需要再在时间轴的其他地方插入关键帧，直接右击该关键帧，在弹出的快捷菜单中选择"创建补间动画"，此时会发现该图层时间轴变成蓝色，之后，在时间轴上需要加关键帧的地方单击后再直接拖动舞台上的元件，就自动形成了补间动画，补间动画的路径直接显示在舞台上，可以使用选择工具变更路径。

与其他动画不同的是，补间动画的对象必须是元件。该方法利用属性关键帧实现动作补间效果，其终止帧使用的是属性关键帧而不是关键帧，实现的是对该对象实例大小、位置、颜色、旋转、透明度等属性值的改变。

只有补间动画才能使用动画编辑器面板进行更详细的动画设置。执行"窗口"|"动画编辑器"命令，可以打开动画编辑器面板，设置各属性关键帧的值，添加或删除属性关键帧，设置滤镜、色彩效果、缓动等效果。

【例 6.5】 只提供一幅静态蝴蝶图片，创建一个"蝴蝶飞"动画。

操作步骤如下。

（1）新建 Flash 文档，选择菜单"文件"|"导入"|"导入到舞台"，导入蝴蝶图片，改变其属性宽为 550，高为 400，居中显示。

（2）右击第 1 帧，在弹出的快捷菜单中选择"创建补间动画"，出现"将所选的内容转换为元件以进行补间"，单击"确定"按钮。

（3）第 12、24 帧分别按 F6 键插入关键帧。单击第 12 帧，使用任意变形工具，将蝴蝶等高缩小。

（4）单击第 1、12、20 帧的效果如图 6.10 所示，测试影片效果，保存文档。

图 6.10　"蝴蝶飞"第 1、12、20 帧效果

本例如果用形状补间动画来实现，导入图片后需要分离图片，第 12、24 帧插入两关键帧后，第 12 帧关键变形时按住 Alt 键，这样可以保证中心点位置不变，然后帧 1～12、12～24 都要插入形状补间动画。

例 6.4 中的"开车"动画也可以用补间动画来完成，请读者试着去完成。

6.2.10　引导动画

引导动画是沿着一定的轨迹进行运动的一种动画，它由引导层和被引导层组成。引导层是用来指示元件运动路径（路径是用钢笔、铅笔等工具绘制出的引导线）的，被引导层中的对象是跟着引导层中的引导线走的，对象可以是影片剪辑元件、图形元件、文字等，但不能是矢量图形。

引导动画实际上是在传统补间动画的基础上添加一个引导图层，该图层有一条可以引导运动路径的引导线，使另一个图层中的对象依据此引导线进行运动的动画。在制作引导动画时，运动元件的中心必须要与引导线重合，不然就不能产生效果。

一个引导层中可以有多条路径，被引导层也可以有多个，即一个引导线图层下面可以附带多个引导图层。

【例 6.6】 创建一个"蝴蝶环绕飞"动画，要求蝴蝶翅膀会挥舞，蝴蝶环绕一个花环飞行。

操作步骤如下。

（1）新建 Flash 文档，选择菜单"文件"|"导入"|"导入到舞台"，导入花环图片，改变其属性宽为 550，高为 400，居中显示，改图层名为"花环"。

（2）选择菜单"插入"|"新建元件"，弹出"创建新元件"对话框。"名称"处输入"蝴蝶飞"，"类型"处选择"影片剪辑"，单击"确定"按钮。

（3）进入"蝴蝶飞"元件编辑界面，导入蝴蝶图片，右击图层 1 第 1 帧，在弹出的快捷菜单中选择"创建补间动画"，光标指向第 24 帧，当光标出现双向箭头时，拖动鼠标到第 10 帧。第 5、10 帧插入关键帧，第 5 帧等高变窄变形，如图 6.11 所示。

图 6.11　"蝴蝶飞"元件编辑界面

（4）单击左上角的"场景 1"，切换回舞台。新建"蝴蝶"图层，选择第 1 帧，拖动库面板中的"蝴蝶飞"元件到舞台中间，使用任意变形工具将其变小、旋转。

（5）右击"蝴蝶"图层，在弹出的快捷菜单中选择"添加传统运动引导层"，"蝴蝶"图层上方出现"引导层:蝴蝶"图层。

（6）单击"引导层:蝴蝶"图层第 1 帧，选择"椭圆工具"，设置笔触大小为 3，笔触颜色为黑色，填充颜色为无，在舞台上画一椭圆，使用任意变形工具调整椭圆，使其与花环基本吻合，用橡皮擦工具在左下角任一位置擦除一部分，使椭圆有个小缺口，如图 6.12 所示。

图 6.12　引导层建立

（7）"蝴蝶"图层第30帧插入关键帧，其他图层第30帧插入帧。

（8）单击"蝴蝶"图层第1帧，移动蝴蝶到左下角缺口位置，使蝴蝶中心点与椭圆缺口上端贴合。使用任意变形工具旋转蝴蝶，调整蝴蝶飞行方向，如图6.13所示。

图6.13　蝴蝶中心点和引导线一端贴合

（9）单击"蝴蝶"图层第30帧，移动蝴蝶到左下角的缺口位置，使蝴蝶中心点与椭圆缺口下端贴合。

（10）右击"蝴蝶"图层第1～30帧任意帧，在弹出的快捷菜单中选择"创建传统补间"，在属性面板中选中"调整到路径"选项。测试影片，效果如图6.14所示。

图6.14　"蝴蝶环绕飞"动画效果

6.2.11　遮罩动画

遮罩动画是通过遮罩层来有选择地显示位于其下方的被遮罩层内容的。在Flash的图层中有一个遮罩图层类型，为了得到特殊的显示效果，可以在遮罩层上创建一个任意形状的"视窗"，遮罩层下方的对象可以通过该"视窗"显示出来，而"视窗"之外的对象将不会显示。

【例6.7】　创建一个望远镜动画（采用传统补间）效果，遮罩层为望远镜镜头，被遮罩层为风景图。

操作步骤如下。

（1）新建 Flash 文档"望远镜.fla"，将图层 1 重命名为"风景图"，将光标定位到时间轴的第 1 帧，执行菜单"文件"|"导入"|"导入到舞台"，选择图片文件"风景图.jpg"，将其导入到舞台上。

（2）将光标定位到时间轴的第 30 帧，按 F5 键插入普通帧。锁定"风景图"图层。

（3）在时间轴面板中单击"新建图层"按钮，将新图层命名为"望远镜镜头"，将光标定位到时间轴的第 1 帧，选择椭圆工具，设置笔触颜色为无，填充颜色任意，按住 Shift 键在舞台左边位置绘制一个正圆，如图 6.15 所示。

（4）将光标定位到"望远镜镜头"图层的第 30 帧，按 F6 键插入关键帧。按键盘右移方向键将正圆移动到右边，如图 6.16 所示。

图 6.15　正圆在左边

图 6.16　正圆移动到右边

（5）右击"望远镜镜头"图层第 1～30 帧的任意帧，在弹出的快捷菜单中选择"创建传统补间"。

（6）右击"望远镜镜头"图层，在弹出的快捷菜单中选择"遮罩层"，如图 6.17 所示。

（7）按 Ctrl+Enter 组合键测试影片的播放效果，如图 6.18 所示。

图 6.17　望远镜遮罩效果

图 6.18　望远镜测试效果

【**例 6.8**】 创建一个探照灯动画（采用补间动画）效果，遮罩层为探照灯光，被遮罩层为风景图。操作步骤如下。

（1）新建 Flash 文档"探照灯.fla"，将图层 1 重命名为"背景"，将光标定位到时间轴的第 1 帧，执行菜单"文件" | "导入" | "导入到舞台"，选择图片文件"探照对象.jpg"，将其导入到舞台上。在第 50 帧插入普通帧。

（2）右击"背景"图层，在弹出的快捷菜单中选择"复制图层"。新图层命名为"探照对象"。隐藏"探照对象"图层。

（3）选择"背景"图层的第 1 帧，右击舞台上的图片，在弹出的快捷菜单中选择"转换为元件"，弹出"转换为元件"对话框。"名称"设为"背景"，"类型"设为"图形"，单击"确定"按钮。在元件实例的属性面板中设置色彩效果的亮度为-80%。

（4）在最上层新建一图层"探照灯光"，选择椭圆工具，设置笔触颜色为无，填充颜色任意，按住 Shift 键在舞台的左边位置绘制一个正圆。

（5）右击"探照灯光"图层时间轴的第 1 帧，在弹出的快捷菜单中选择"创建补间动画"，出现"将所选的内容转换为元件以进行补间"，单击"确定"按钮。

（6）右击"探照灯光"图层时间轴的第 50 帧，在出现的快捷菜单中选择"插入关键帧" | "位置"，插入属性关键帧。单击"探照灯光"图层的第 50 帧，在舞台上拖动正圆到右侧，舞台上出现虚线位移路径，用选择工具拖动路径使其向下弯曲，如图 6.19 所示。

（7）显示"探照对象"图层。右击"探照灯光"图层，在出现的快捷菜单中选择"遮罩层"，定位时间轴面板的播放头到第 25 帧，显示的效果如图 6.20 所示。

图 6.19　补间动画路径调整　　　　　　　　图 6.20　第 25 帧效果

6.2.12　Flash 快捷键

Flash 中常用的快捷键如表 6.1 所示。

表 6.1　Flash 中常用的快捷键

快 捷 键	功 能	快 捷 键	功 能
F5	插入普通帧	Ctrl+Shift+V	原位置粘贴
F6	插入关键帧	Ctrl+Shift+A	原位置复制粘贴

续表

快 捷 键	功 能	快 捷 键	功 能
F7	插入空白关键帧	F11	打开"库"面板
Ctrl+F8	创建新元件	Ctrl+F3	打开"属性"面板
F8	将图形转换为元件	Ctrl+'	显示网格
Ctrl+B	将元件打散为图形	Ctrl++	放大视图
F12	以网络形式打开预览	Ctrl+-	缩小视图
Ctrl+Enter	测试影片		

6.3　案例一　旋转的风车

要求：通过"旋转的风车"的制作，熟悉和掌握钢笔工具、颜料桶工具、变形工具、滤镜、补间动画和元件等的应用，掌握 Flash 文档的一般制作过程。最终效果如图 6.21 所示。

图 6.21　旋转的风车效果

具体操作步骤参考如下。

1. 新建 Flash 文档

（1）选择菜单"开始"|"所有程序"|"Adobe"|"Adobe Flash Professional CS 5.5"，打开 Flash 程序。

（2）执行菜单"文件"|"新建"，打开"新建文档"对话框，如图 6.22 所示。"类型"选择"Action Script 3.0"，文档默认的"宽"为 550 像素，"高"为 400 像素，"帧频"为 24，"背景颜色"为白色，单击"确定"按钮。这样就创建了一个 Flash 新文档，进入 Flash 主界面。

2. 新建"风车叶子"元件

（1）执行菜单"插入"|"新建元件"，弹出"创建新元件"对话框，如图 6.23 所示。"名称"文本框中输入"风车叶子"，"类型"选择"图形"，单击"确定"按钮。

（2）进入元件创建编辑界面，中间有一个"+"号。选择工具箱中的"钢笔工具" ，单击"+"号，再按顺时针方向单击其他点，建立如图 6.24（a）所示的梯形，按 Esc 键结束钢笔绘制。

图 6.22   "新建文档"对话框

图 6.23   "创建新元件"对话框

（3）重新选择钢笔工具，单击对角线两个点画上连线，如图 6.24（b）所示，选择工具箱中的"选择工具" ，光标移向对角线时，光标显示 ，此时向右上角拖动鼠标，对角线变成了曲线，如图 6.24（c）所示。

（a）   （b）   （c）   （d）   （e）

图 6.24   新建"风车叶子"元件

（4）使用选择工具拖动选中整个图形，执行菜单"修改"|"分离"（可以使用快捷键 Ctrl+B），将图形分离。如果分离命令为灰色，则表示已经分离。

（5）使用工具箱中的"颜料桶工具" （右边部分填充色选择颜色#00CC00，左边部分填充色选择颜色#FFFF00）进行填充，如图 6.24（d）所示。

（6）使用选择工具单击一根连线，按 Delete 键将其删除，采用同样的操作将其他线都删除，如图 6.24（e）所示。

（7）单击"场景 1"返回，结束"风车叶子"元件编辑，执行菜单"窗口"|"库"，打开库（如果菜单中显示 ✓ 库(L)，表示已经打开），在库面板中单击名称为"风车叶子"的元件，在上方会预览显示其内容，如图 6.25 所示。

图 6.25　"风车叶子"元件在库面板中的显示

3. 制作"风车"元件

（1）拖动库面板中的"风车叶子"元件到舞台，如图 6.26（a）所示，这样就在舞台上创建了一个实例。选择工具箱中的"任意变形工具" ，如图 6.26（b）所示，图形显示 8 个控点；移动中间的注册点（空心圆点）到"+"点，如图 6.26（c）所示。

（a）　　　　　　　　　　（b）　　　　　　　　　　（c）

图 6.26　拖动"风车叶子"元件

（2）执行菜单"窗口"|"变形"，打开"变形"面板，如图 6.27 所示，在"旋转"处输入"90"，再单击"重置选区和变形" 按钮 3 次。

图 6.27　变形旋转

（3）此时复制并旋转生成了 4 个风车叶子，如图 6.28（a）所示。拖动选中所有叶子，如图 6.28（b）所示。

| （a） | （b） | （c） |

图 6.28　复制旋转

（4）执行菜单"修改"|"转换为元件"，弹出"转换为元件"对话框，如图 6.29 所示。"名称"处输入"风车"，"类型"选择"影片剪辑"，如图 6.29 所示，单击"确定"按钮。此时风车如图 6.28（c）所示。

图 6.29　"转换为元件"对话框

4. 滤镜效果

（1）单击舞台中的"风车"实例，再单击属性面板左下角的"添加滤镜"按钮，在出现的菜单中选择"投影"，设置滤镜属性投影效果，如图 6.30 所示，"模糊 X"设为 8 像素，"模糊 Y"设为 8 像素，"强度"设为 50%，其他默认。

（2）设置模糊效果（"模糊 X"设为 2 像素，"模糊 Y"设为 2 像素）。

图 6.30　设置滤镜属性

5. 动画处理

（1）单击时间轴左下角的"新建图层"按钮 ，分别新建"中心"层、"杆"层。将原来的图层 1 改名为"风车"。单击"中心"层的第 1 帧，选择工具箱中的"椭圆工具" ，笔触为无 ，填充色为黄色，在风车中心位置画上一个圆。单击"杆"层的第 1 帧，选择工具箱"矩形工具" ，笔触为无，填充色为#00CC00，从风车中心往下画一个矩形。移动层，使层的顺序（从上到下：中心、风车、杆）如图 6.31 所示。

图 6.31　建立各层

（2）右击"风车"图层的第 1 帧，在弹出的快捷菜单中选择"创建补间动画"。单击"风车"图层的第 1~24 任意帧，在属性面板中，设置"补间动画"属性，"方向"设为"顺时针"，"旋转"设为 1 次，如图 6.32 所示。

图 6.32　设置"补间动画"属性

（3）右击"中心"层的第 24 帧，在弹出的快捷菜单中选择"插入关键帧"。单击"杆"层的第 24 帧，按 F6 键插入关键帧。此时的时间轴如图 6.33 所示。

图 6.33   时间轴

（4）新建一图层，将其移至最上层，在舞台上加上读者自己的姓名和学号，以后每个案例需要进行同样操作。

（5）执行菜单"文件"|"保存"，将文件保存为"旋转的风车.fla"。按 Ctrl+Enter 键测试影片，测试后自动生成"旋转的风车.swf"。执行菜单"文件"|"导出"|"导出影片"，在弹出的对话框中"保存类型"选择"GIF 动画"，其他默认，导出文件为"旋转的风车.gif"。

6.4   案例二   动态书写文字

要求：通过"动态书写文字"的制作，熟悉和掌握文本工具、选择工具、库文件导入、分离和逐帧动画等的应用，进一步掌握变形、时间轴、图层和元件等应用。最终效果如图 6.34 所示。

图 6.34   动态书写文字效果图

具体操作步骤参考如下。

1. 输入文字

（1）新建一个 Flash 文档，大小设置为 500 像素×300 像素，帧频设置为 6，背景颜色设置为淡黄色（#FFFFCC）。双击时间轴面板中的"图层 1"，将其名称改为"文字"。

（2）选择工具箱中的"文本工具" **T**，在属性窗口中设置：字符系列为"华文行楷"，字符大小为 200 点，文本颜色任意。单击舞台，然后输入"宁大"。

（3）用选择工具选中输入的文字，选择菜单"窗口"|"对齐"或者单击"对齐"面板图标 ，打开对齐面板。选中"与舞台对齐"选项，单击"垂直居中分布"按钮 和"水平居中分布"按钮 ，使文字居于舞台中间，如图 6.35 所示。

图 6.35　输入文字

（4）单击"文字"图层，选中文字，执行菜单"修改"|"分离"（快捷键 Ctrl+B）两次（第一次分离是将宁大两个字分开，第二次分离是将文本打散转换为图形），分离后文字应有小网格点，这样才能对其进行擦除操作，如果擦除后立刻恢复原状，则表示没有分离完成。

2. 插入关键帧，进行文字擦除处理

（1）单击"文字"图层的第 1 帧，执行菜单"插入"|"时间轴"|"关键帧"（快捷键 F6），使用工具箱中的"橡皮擦工具"，将文字按照笔画相反的顺序，倒退着将文字擦除。如图 6.36 所示，"大"字已经被擦除一部分，"文字"图层已经插入了第 2 帧。

图 6.36　文字擦除开始

（2）按快捷键 F6 插入第 3 帧，然后再擦除一部分文字，倒退着将文字擦除。擦除时注意重复的笔画应该先保留（先保留"大"字一横完整，到下一笔画再擦除），如图 6.37 所示。如此反复，每擦一次按 F6 键一次，每次擦去多少决定写字的快慢，为了使动画效果流畅自然，可根据文本笔画数及复杂程度平均分配帧数。本书中一共使用了约 28 个关键帧（不同人操作可能不同），把所有的文字擦完。

图 6.37　文字擦除过程

（3）在"文字"图层中，拖动鼠标从第 1 帧一直到最后一帧，选中所有关键帧。执行菜单"修改"|"时间轴"|"翻转帧"，或者右击，在弹出的快捷菜单中选择"翻转帧"，将"文字"图层顺序完全颠倒过来。翻转后，第 2 帧就只剩最后一点的一部分了，如图 6.38 所示。此时测试影片已经有文字动态效果了。单击图层上的"锁定"按钮 将"文字"图层锁定，以免误操作。

图 6.38　"翻转帧"后效果

3. 添加毛笔

（1）新添加图层，并将图层名称改为"毛笔"。执行菜单"文件"|"导入"|"打开外部库"，打开素材"毛笔元件.fla"，此时会弹出"库-毛笔元件.fla"外部库窗口，该窗口中已有"毛笔"元件，如图 6.39 所示。

图 6.39　"库-毛笔元件.fla"外部库窗口

（2）单击"毛笔"图层的第 2 帧，按 F7 键插入空白关键帧，拖动毛笔元件到舞台中，此时毛笔元件已经被复制到了自己的库中，将外部库窗口关闭。单击"任意变形工具"，缩放和旋转毛笔，使毛笔变形到合适的大小和形状。按快捷键 F6 插入关键帧，拖动"毛笔"图形到文字起始位置，如图 6.40 所示。

图 6.40　拖动毛笔到当前文字起始位置

（3）如此"毛笔"图层的第 4 帧，插入关键帧，拖动"毛笔"图形到当前已写笔画的最后位置，如图 6.41 所示。

图 6.41　拖动毛笔到当前已写笔画的最后位置

（4）如此反复，单击"毛笔"图层第 5、7、8、9 等帧，插入关键帧，用选择工具移动毛笔，使毛笔始终随着笔画最后的位置移动，如图 6.42 所示。

图 6.42　毛笔始终随着笔画最后的位置移动

（5）按 Ctrl+Enter 键测试影片，保存影片为"动态书写文字.fla"。

6.5 案例三 图片遮罩效果

要求：通过"图片遮罩效果"的制作，熟悉和掌握多角星形工具、椭圆工具、遮罩处理和补间形状动画等的应用，进一步掌握文本工具、变形、时间轴、图层等应用。最终效果如图 6.43 所示。

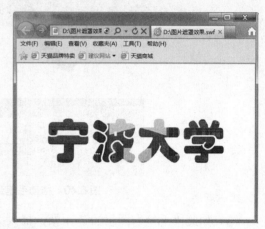

图 6.43 图片遮罩效果

具体操作步骤参考如下。

1. 插入形状和文字

（1）新建一个 Flash 文档，大小设置为 550 像素×400 像素，帧频设置为 24。执行菜单"文件"|"导入"|"导入到舞台"，选择图片"宁波大学.jpg"导入到舞台，通过属性窗口更改图片的大小，使其与舞台大小一致。执行菜单"窗口"|"对齐"，单击"左对齐"按钮 ▤ 和"顶部分布"按钮 ▤，将图片正好覆盖舞台。

（2）在时间轴面板中选择"图层 1"的第 60 帧，右击，在弹出的快捷菜单中选择"插入关键帧"。

（3）新建"图层 2"，单击其第 1 帧，选择工具箱中的"多角星形工具" ⬠，单击"属性"窗口的"选项"按钮，弹出"工具设置"对话框，如图 6.44 所示。将"样式"改为"星形"，单击"确定"按钮。

图 6.44 "工具设置"对话框

（4）拖动鼠标在舞台上画出一个五角星，如图 6.45（a）所示。在时间轴面板中选择"图层 2"的第 20 帧，右击，在弹出的快捷菜单中选择"插入空白关键帧"，选择工具箱中的"椭圆工具"，在舞台上画一个圆，如图 6.45（b）所示。

（a）　　　　　　　　　　　　　　　　　　（b）

图 6.45　画五角星和圆

（5）在时间轴面板中选择"图层 2"的第 40 帧，右击，在弹出的快捷菜单中选择"插入空白关键帧"，选择工具箱中的"文本工具" T。在属性窗口中进行设置：字符系列为"华文琥珀"，字符大小为 120 点。单击舞台中央，输入"宁波大学"文本，如图 6.46 所示。

图 6.46　输入文本

2．遮罩处理和创建补间形状

（1）如果"图层 2"的第 60 帧没有插入任何帧，则选择它，右击，在弹出的快捷菜单中选择"插入帧"。

（2）右击"图层 2"图层，在弹出的快捷菜单中选择"遮罩层"。

（3）右击"图层 2"中的第 1 帧，在弹出的快捷菜单中选择"创建补间形状"。此时，时间轴如图 6.47 所示。

图 6.47　时间轴

（4）分别单击"图层 2"的第 1、10、20、40 帧，可以观察到如图 6.48 所示的结果。从第 1 帧到第 20 帧是形状逐渐变化的过程，其他没有变化，可以看出有形状遮罩效果和文字遮罩效果等。

图 6.48　各形状遮罩效果

（5）按 Ctrl+Enter 键测试影片，从五角星遮罩效果到圆形遮罩效果是一个形状渐变的过程。保存影片为"图片遮罩效果.fla"。

6.6　案例四　放大镜

要求：已有两张内容一样、大小不同的图片文件，制作"放大镜"阅读效果，熟悉和掌握椭圆工具、遮罩处理、补间动画、帧复制等应用，进一步掌握时间轴、图层等应用。最终效果如图 6.49 所示。

图 6.49　放大镜效果图

具体操作步骤参考如下。

1. 导入图片和初画放大镜

（1）新建 Flash 文档"放大镜.fla"，执行菜单"文件"|"导入"|"导入到舞台"，选择图片文件"古文书法图.jpg"和"放大图.jpg"，将它们一起导入到舞台上。右击图片，在弹

出的快捷菜单中选择"分散到图层",两图片分别在两个图层,如图 6.50 所示。

图 6.50　导入图片并分散到图层

　　(2)修改图层 1 的名称为"放大镜镜片",另外两个图层名去掉".jpg"。移动"放大图"图层到"古文书法图"上方。隐藏"放大图"图层,使用对齐面板将"古文书法图"图层对象垂直、水平对齐(相对于舞台对齐)。

　　(3)右击"放大镜镜片"图层,在弹出的快捷菜单中选择"锁定其他图层",将光标定位到时间轴的第 1 帧,选择椭圆工具,设置笔触颜色为黑色,笔触大小为 3,填充颜色为红色,按住 Shift 键在图片文字上方绘制一个正圆。单击选择工具,再双击选中正圆全部(包括笔触和圆),在属性面板中设置"宽度"和"高度"均为 150。

　　(4)用移动工具将正圆移动到舞台右上方的合适位置(顶部与舞台靠齐,最后两列字在正圆的中间位置),选择线条工具在圆的一侧绘制线条作为放大镜手柄,上部分笔触为 3,下部分笔触为 7,笔触颜色为黑色,如图 6.51 所示。

图 6.51　初画放大镜

2. 处理放大镜和制作传统补间动画

（1）右击"古文书法图"图层时间轴的第20帧，按F5键插入普通帧，分别右击"放大图"和"放大镜镜片"图层时间轴的第20帧，按F6键插入关键帧。单击选择"放大镜镜片"图层时间轴的第20帧，用键盘方向键↓移动放大镜到舞台下方，如图6.52所示。

（2）右击"放大镜镜片"图层，在弹出的快捷菜单中选择"复制图层"，修改新图层名为"镜框"。

（3）锁定并隐藏"放大镜镜片"图层以外的其他图层，可使用选择工具、删除键将第1帧与第20帧镜框及把手（所有黑色线条）清除。

（4）锁定并隐藏"镜框"图层以外的其他图层，可使用选择工具、删除键将第1帧与第20帧镜片（所有红色填充）清除。

（5）分别选择前3个图层，右击，在弹出的快捷菜单中选择"创建传统补间"命令。

3. 制作遮罩动画和调整放大图位置

（1）显示所有图层，右击"放大镜镜片"图层，在弹出的快捷菜单中选择"遮罩层"，第1帧显示效果如图6.53所示，此时遮罩显示的内容和放大镜所在位置不一致，接下来需要调整"放大图"图层中的图片位置。

图 6.52　移动放大镜　　　　　　　图 6.53　遮罩初始效果

（2）隐藏"放大镜镜片"图层和"放大图"图层，播放头放在第1帧上，注意观察放大镜圆中心所在的位置，如图6.54所示，调整放大图位置并以此为基准。显示并解锁"放大图"图层。用键盘方向键移动放大图，使放大镜的中心点与刚才的基准点一致，如图6.55所示。

图 6.54　第 1 帧原图与放大镜位置

图 6.55　第 1 帧放大图位置

（3）采用同样的方法，调整"放大图"图层第 20 帧图片对象的位置。播放头放在第 20 帧上，注意观察放大镜中心所在的位置，如图 6.56 所示。显示并解锁"放大图"图层。用键盘方向键移动放大图，使放大镜的中心点与刚才的基准点一致，如图 6.57 所示。

图 6.56　第 20 帧原图与放大镜位置

图 6.57　第 20 帧放大图位置

（4）此时时间轴面板如图 6.58 所示，按 Ctrl+Enter 键可以观测影片播放效果。到目前为止，右边两列放大效果设置完毕。

图 6.58　右边两列设置完成的时间轴

4．处理 1、2 和 3、4 列放大效果

（1）在"镜框"图层中，右击第 1 帧，在弹出的快捷菜单中选择"复制帧"；分别右击第 21、41 帧，在弹出的快捷菜单中选择"粘贴帧"。右击第 20 帧，在弹出的快捷菜单中选择"复制帧"；分别右击第 40、60 帧，在弹出的快捷菜单中选择"粘贴帧"。

（2）采用同样的方法处理"放大镜镜片"图层和"放大图"图层。"古文书法图"图层第 60 帧插入普通帧。

（3）隐藏"放大图"图层，显示并解锁"放大镜镜片"图层和"镜框"图层，按 Shift 键同时选中两图层的第 21 帧，按键盘方向键←，同时移动放大镜镜片和镜框，使镜片中心点大概在第 3、4 列中间位置，如图 6.59 所示。采用同样的方法处理两图层的第 40 帧，如图 6.60 所示。

图 6.59 第 21 帧放大镜位置　　　　　　　　图 6.60 第 40 帧放大镜位置

（4）隐藏"放大镜镜片"图层和"放大图"图层，播放头放在第 21 帧上，注意观察放大镜中心所在的位置，如图 6.61 所示，调整放大图位置并以此为基准。显示并解锁"放大图"图层。用键盘方向键水平移动放大图，使放大镜的中心点与刚才的基准点一致，如图 6.62 所示。采用同样的方法处理第 40 帧。

图 6.61 第 21 帧原图与放大镜位置　　　　　　图 6.62 第 21 帧放大图位置

（5）参照上面两步处理第 1、2 列文字放大镜效果。测试并保存文档为"放大镜.fla"。

6.7　案例五　红星闪闪

要求：通过"红星闪闪"的制作，熟悉和掌握矩形工具、样本面板、变形面板、对齐面板和创建传统补间动画等的应用，进一步掌握遮罩层、多角星形工具、颜料桶工具、变形、时间轴、图层等应用。最终效果如图 6.63 所示。

图 6.63　红星闪闪效果图

具体操作步骤参考如下。

1. 制作五角红星

（1）新建一个 Flash 文档，大小设置为 500 像素×500 像素，帧频设置为 12，背景颜色设置为白色。

（2）单击"多角星形工具"，设置笔触颜色为任意，填充颜色为无，在舞台中画一个五角星。用选择工具全选五角星，设置其属性，"宽"和"高"均为 200 像素，如图 6.64（a）所示。利用对齐面板将五角星水平垂直居中于舞台。

（3）利用"线条工具"绘制多条线条，将五角星内部用线连接起来，如图 6.64（b）所示。

（4）利用"颜料桶工具"给五角星填充，填充色选择样本面板左下角中默认颜色的第三个颜色（红色渐变），如图 6.64（c）所示。

| （a） | （b） | （c） | （d） |

图 6.64　五角星制作

（5）利用"选择工具"删除五角星中的所有线条，如图 6.64（d）所示。锁定并隐藏"图层 1"图层。

2. 制作闪光

（1）新建"图层 2"图层，单击工具箱中的"矩形工具"，设置填充色为样本面板左下角默认颜色的第 7 个颜色（彩色渐变），笔触颜色为无。在舞台靠左中位置画一个很细的矩形，选中矩形后，单击"任意变形工具"，此时如图 6.65（a）所示，将中间的注册点（空心圆点）拖动到右下角一点，如图 6.65（b）所示。

（a）　　　　　　　　　　　　　　　（b）

图 6.65　制作细长矩形闪光条

（2）打开变形面板，设置旋转角度为 15 度，单击"重置选区和变形"按钮多次，使细长矩形闪光条沿圆形排列，如图 6.66（a）所示。

（3）选中所有矩形，利用对齐面板将其水平垂直居中于舞台（如果居中后发现细长矩形乱置，则在居中前将其转换为元件）。

（a）　　　　　　　　　　　　　　　（b）

图 6.66　制作闪光

（4）新建"图层 3"图层，右击"图层 2"的第 1 帧，在弹出的快捷菜单中选择"复制帧"，右击"图层 3"的第 1 帧，在弹出的快捷菜单中选择"粘贴帧"，执行菜单"修改"|"变形"|"水平翻转"，此时效果如图 6.66（b）所示。

（5）单击选择"图层 2"中的第 40 帧，按 F6 键插入一个关键帧；右击"图层 2"中的第 1 帧，在弹出的快捷菜单中选择"创建传统补间"，在属性窗口中设置"逆时针×1"旋转。单击选择"图层 3"中的第 40 帧，按 F6 键插入一个关键帧；右击"图层 3"中的第 1 帧，在弹出的快捷菜单中选择"创建传统补间"，在属性窗口中设置"顺时针×1"旋转。

（6）右击"图层 1"中的第 40 帧，在弹出的快捷菜单中选择"插入帧"。将"图层 1"移动到最上面层，并取消隐藏，显示"图层 1"图层。右击"图层 3"，在弹出的快捷菜单中选择"遮罩层"，此时时间轴如图 6.67 所示。

（7）保存影片文件为"红星闪闪.fla"，测试影片效果。

图 6.67　时间轴

6.8 案例六 月球绕地球转

要求：已有"太空 1.jpg""太空 2.jpg""地球地图.jpg""月球.jpg"图片，利用遮罩层动画、引导层动画、补间动画、Alpha 通道等技术制作月球绕地球转的动画。效果如图 6.68 所示，太空背景有渐变效果，地球自转，月球绕着地球转。

图 6.68 月球绕地球转效果

操作步骤如下。

1. 制作太空渐变背景

（1）新建 Flash 文档"月球绕地球转.fla"，将图层 1 重命名为"太空渐变背景"，将光标定位到时间轴的第 1 帧，执行菜单"文件"|"导入"|"导入到舞台"，选择图片文件"太空 1.jpg"，此时出现"此文件看起来是图像序列的组成部分。是否导入序列中的所有图像"提示框，单击"否"按钮，将其导入到舞台上。

（2）右击时间轴的第 1 帧，在弹出的快捷菜单中选择"创建补间动画"，此时弹出"将所选的内容转换为元件以进行补间"提示框，单击"确定"按钮。

（3）右击时间轴的第 24 帧，按 F6 键插入关键帧。单击舞台中的太空 1 图片，在属性面板中设置位置"X"和"Y"均为 0，色彩效果样式"Alpha"值为 50%。

（4）右击时间轴的第 25 帧，在弹出的快捷菜单中选择"插入空白关键帧"，参考上面的步骤，在第 25 帧导入太空 2 图片，第 25 帧创建补间动画，光标指向第 25 帧后，待出现双向箭头时，拖动延长到第 50 帧。右击时间轴上的第 50 帧，按 F6 键插入关键帧。单击太空 2 图片，在属性面板中设置位置"X"和"Y"均为 0，色彩效果样式"Alpha"值为 50%。锁定"太空渐变背景"图层。

2. 创建引导层等图层

（1）新建图层，并命名为"月球"，第 1 帧导入"月球.jpg"图片，利用变形面板将其缩小到原来的 15%，移动月球到舞台的左下角。在第 50 帧插入关键帧。

（2）右击"月球"图层，在弹出的快捷菜单中选择"添加传统运动引导层"，此时上方创建了一个"引导层:月球"图层。

（3）新建两个图层："地球地图"图层和"遮罩层"图层，此时时间轴和图片第 1 帧的效果如图 6.69 所示。

图 6.69 插入月球、新建图层后的效果

3. 实现月球运动

（1）单击"遮罩"图层的第 1 帧，在工具箱中选择"椭圆工具"，笔触设为无，填充颜色设为红色，结合 Shift 键，在舞台上画一个正圆，在属性面板中设置"宽"和"高"为150，使用对齐面板"水平中齐"和"垂直中齐"将正圆位于舞台正中央。

（2）单击"引导层:月球"图层的第 1 帧，在工具箱中选择"椭圆工具"，笔触颜色设为红色，笔触大小设为 3，填充颜色设为无，在舞台上画一个比"遮罩"图层正圆大的椭圆，再选择"任意变形工具"调整其大小和位置，如图 6.70 所示。

（3）选择橡皮擦工具在椭圆左下角月球附近擦除一段，使椭圆留出一个缺口，如图 6.71所示。

图 6.70 椭圆引导线

图 6.71 有缺口的椭圆引导线

（4）单击"月球"图层的第 1 帧，用选择工具拖动月球到椭圆缺口的下端，使中心点与椭圆引导线正好贴合，如图 6.72 所示。单击"月球"图层的第 50 帧，拖动月球到椭圆缺口的上端，使中心点与椭圆引导线正好贴合，如图 6.73 所示。

图 6.72　月球与引导线下端对准

图 6.73　月球与引导线上端对准

（5）右击"月球"图层第 1 帧，在弹出的快捷菜单中选择"创建传统补间"，此时测试影片，月球已经可以绕着中间正圆运动了。锁定"月球"图层和"引导层:月球"图层。

4. 地球自转效果

（1）单击"地球地图"图层的第 1 帧，导入"地球地图.jpg"图片，在属性面板中，调整"高度"为150，宽度不变。移动地球地图覆盖"遮罩"图层正圆，使其右端与"遮罩"图层正圆右端靠齐，如图 6.74 所示。

（2）右击"地球地图"图层的第 1 帧，在弹出的快捷菜单中选择"创建补间动画"，弹出"将所选的内容转换为元件以进行补间"提示框，单击"确定"按钮。右击"地球地图"图层的第 50 帧，在弹出的快捷菜单中选择"插入关键帧"|"位置"，插入属性关键帧。使用键盘方向键→移动地图直至左端与正圆对齐，如图 6.75 所示。

图 6.74　第 1 帧地图与正圆右侧对准

图 6.75　第 50 帧地图与正圆左侧对准

（3）右击"遮罩层"图层，在弹出的快捷菜单中选择"遮罩层"，隐藏引导层，定位时间轴面板的播放头到第 25 帧，显示的舞台效果和时间轴如图 6.76 所示。测试影片，保存文档。

图 6.76　第 25 帧的显示效果

6.9　案例七　兔子跑步

要求：通过"兔子跑步"的制作，熟悉和掌握动画编辑器、垂直翻转旋转等变形、添加传统运动引导层和创建引导动画等的应用，进一步掌握元件、钢笔工具、选择工具、时间轴、图层、补间动画、传统补间动画等应用。最终效果如图 6.77 所示。

图 6.77　兔子跑步效果图

具体操作步骤参考如下。

1. 制作"兔子奔跑"元件

（1）新建一个 Flash 文档，大小设置为 550 像素×400 像素，帧频设置为 24。执行菜

单"文件"|"导入"|"导入到舞台",打开"导入"对话框,如图6.78所示。选择"兔子奔跑"的所有素材文件,包括"跑道.jpg""兔子1.png"～"兔子8.png"。

（2）单击"打开"按钮后,9个图片文件都以左上角对齐方式重叠地列于舞台中,并且全部已经被选中,光标移到舞台外单击,取消所有选择。拖动"跑道"图片到旁边,使"跑道"图片和其他图片分开一段距离。

图6.78　兔子图片

（3）拖动鼠标一起选中所有兔子图片（不要移动兔子图片）,右击,在弹出的快捷菜单中选择"转换为元件",弹出"转换为元件"对话框。设置"名称"为"兔子奔跑","类型"为"影片剪辑",单击"确定"按钮。删除舞台中选中的所有兔子图片。

（4）拖动"跑道"图片回到舞台左上角对齐,在属性面板中设置图片大小为550像素×400像素,使图片恰好覆盖舞台。

（5）右击"库"面板中的"兔子奔跑"元件,在弹出的快捷菜单中选择"编辑",进入元件编辑界面,此时所有兔子图还是处于选中状态,右击,在弹出的快捷菜单中选择"分散到图层",删除"图层1"图层。

（6）单击时间轴中"兔子2.png"图层的第1帧,将光标指向第1帧,当光标图标显示为有矩形框时,拖动第1帧到第2帧;同样地,将"兔子3.png"图层的第1帧拖动到第3帧;将"兔子4.png"图层的第1帧拖动到第4帧;将"兔子5.png"图层的第1帧拖动到第5帧;将"兔子6.png"图层的第1帧拖动到第6帧;将"兔子7.png"图层的第1帧拖动到第7帧;将"兔子8.png"图层的第1帧拖动到第8帧。此时,"兔子奔跑"元件制作完毕,如图6.79所示。

2. 创建补间动画

（1）单击"场景1"回到舞台。新建"图层2"图层,拖动"兔子奔跑"元件到舞台右边的适当位置,并用变形工具将其变小到适当大小。单击"图层1"的第90帧,按F5键插入帧。右击"图层2"的第1帧,在出现的快捷菜单中选择"创建补间动画",光标指向第 24 帧，将其拖动到第 40 帧，将补间动画延长到 40 帧。此时当前帧应该是第 40 帧，拖动兔子移动到舞台的最左边，如图 6.80 所示，自动在舞台上生成了运动轨迹。

图 6.79　"兔子奔跑"元件制作

图 6.80　创建补间动画

（2）光标指向"图层 2"的第 41 帧，按 F6 键插入关键帧。单击打开时间轴右边的"动画编辑器"，设置"旋转 Z"为-90 度，如图 6.81 所示，设置完成后，兔子也跟着旋转了。

（3）单击"图层 2"的第 50 帧，按 F6 键插入关键帧。往下拖动兔子，使兔子处于两根白线之间离我们最近的跑道中（接下来返回舞台右边的操作也可以使用类似的方法完成，下面介绍另一种方法）。

3. 创建引导动画

（1）新建"图层 3"图层；光标指向"图层 2"的第 50 帧，当光标变为空心箭头时单击它，再右击它，在出现的快捷菜单中选择"复制帧"；右击"图层 3"的第 51 帧，在出现的快捷菜单中选择"粘贴帧"；右击"图层 3"第 51～90 帧中的任意一帧，在出现的快捷菜单中选择"删除补间"。

（2）单击"图层 3"的第 51 帧，执行菜单"修改"|"变形"|"垂直翻转"，再执行菜单"修改"|"变形"|"顺时针旋转 90 度"，让兔子给人一种从左往右跑步的感觉。单击"图

层 3"的第 90 帧，按 F6 键插入关键帧，右击"图层 3"第 51～90 帧中的任意一帧，在出现的快捷菜单中选择"创建传统补间"。

（3）右击"图层 3"图层，在出现的快捷菜单中选择"添加传统运动引导层"，在"图层 3"的上方就出现了"引导层：图层 3"图层。

（4）单击"引导层：图层 3"的第 51 帧，选择"钢笔工具"，单击兔子图片中心一点，再在跑道的右边单击一点，即画了一条直线，这条直线就是引导线，如图 6.82 所示。

（5）单击"选择工具"，再单击"图层 3"的第 51 帧，拖动兔子图片正好从引导线左端开始，如图 6.83（a）所示；单击"图层 3"的第 90 帧，拖动兔子图片正好在引导线右端结束，如图 6.83（b）所示。选中工具箱中的"紧贴至对象"工具，可以更容易地将对象对齐到引导线的端点，移动时可以明显地感觉到对象的中心点会自动吸附到引导线的端点上。

图 6.81　动画编辑器

图 6.82　引导层制作

（a）

（b）

图 6.83　引导动画

（6）按 Ctrl+Enter 键测试影片，此时兔子在跑道上跑步跑的是三段直线。保存影片为"兔子跑步.fla"。

（7）单击时间轴上不同的补间区域，用选择工具调整运动路径，使原来的直线变为曲线，如图 6.84 所示，再测试影片，观察效果，另存影片为"兔子跑步（弯线）.fla"。

图 6.84　调整运动路径为曲线

6.10　案例八　移动的球

要求：通过"移动的球"的制作，熟悉和掌握椭圆工具、投影效果、发光效果、色彩效果等的应用，进一步掌握创建引导动画、元件、时间轴、图层、变形等应用。最终效果如图 6.85 所示。

具体操作步骤参考如下。

（1）创建 Flash 新文档，将"图层 1"改名为"背景 1"，用椭圆工具绘制一个无填充色、笔触颜色为红色、笔触为 5 的长椭圆，使用对齐面板使椭圆居中于舞台。复制"背景 1"图层，改名为"引导层 1"。选中"背景 1"图层，新建一个"球 1"图层，在该层绘制一个无笔触色的正圆，填充为渐变色。

图 6.85 移动的球的效果

（2）右击"引导层 1"图层，在弹出的菜单中选择"引导层"，此时引导层 1 为 ✐引导层1 ，拖动"球 1"图层到"引导层 1"图层下方，使引导层 1 变成 引导层1 ，表示引导设置成功。

（3）右击"引导层 1"图层，在弹出的快捷菜单中选择"隐藏其他图层"，只显示"引导层 1"图层，用橡皮擦工具在椭圆上单击擦去一小部分。只显示"球 1"图层，选中并右击球，在弹出的快捷菜单中选择"转换为元件"，"转换成类型"设为"影片剪辑"的"球"元件。只显示"背景 1"图层，选中并右击椭圆，在弹出的快捷菜单中选择"转换为元件"，"转换成类型"设为"影片剪辑"的"椭圆"元件。转换成元件的目的是可以设置滤镜等效果。

（4）按 Ctrl 键并单击选中"引导层 1""球 1""背景 1"图层，右击选中图层，在弹出的快捷菜单中选择"复制图层"；将新复制的图层命名为引导层 2、球 2、背景 2。再复制引导层 2、球 2、背景 2，将新复制的图层命名为引导层 3、球 3、背景 3。

（5）只显示"背景 2"图层，选中椭圆，用变形面板使其旋转 60 度，同样设置"引导层 2"图层。只显示"背景 3"图层，选中椭圆，用变形面板使其旋转 120 度，同样设置"引导层 3"图层。

（6）只显示"球 1"和"引导层 1"图层，单击"球 1"的第 50 帧，按 F6 键；单击"引导层 1"的第 50 帧，按 F5 键；单击"背景 1"的第 50 帧，按 F5 键。右击"球 1"层第 1～50 帧中的任意帧，在弹出的快捷菜单中选择"创建传统补间"。单击"球 1"的第 1 帧，移动球到椭圆缺口的一端；单击"球 1"的第 50 帧，移动球到椭圆缺口的另一端。至此，该球就能沿着椭圆顺利移动了。

（7）只显示"背景 2"图层，用选择工具选中椭圆元件，在属性面板的"滤镜"列表中，单击左下角的"添加滤镜"选项 ，在弹出的快捷菜单中选择"投影"，设置"背景 2"的投影效果；选择"发光"，设置"背景 3"的发光效果，具体自行设置。

（8）设置"球 2""球 3"色彩效果的色调、高级等样式，具体自行调整，几个球的颜色最好能很好地区分。

（9）参考第（6）步，使球 2、球 3 也能沿着椭圆移动。设计完时间轴和其中一帧的效果如图 6.86 所示。

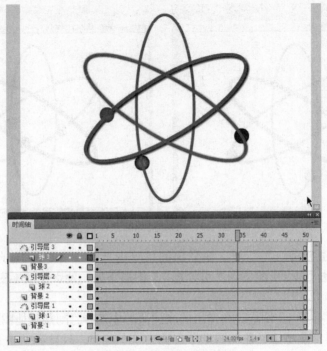

图 6.86　移动的球的设计

（10）保存影片为"移动的球.fla"，测试影片效果。

6.11　案例九　文字特效

要求：通过"文字特效"的制作，熟悉和掌握复制动画、预设动画、分散到图层等的应用，进一步掌握文本工具、创建传统补间动画、时间轴、图层、变形等应用。最终效果如图 6.87 所示。

图 6.87　文字特效效果图

具体操作步骤参考如下。

（1）新建一个 Flash 文档，单击"文本工具"，设置"华文彩云、70 点"，在舞台上方的中部位置输入一个"信"字。用选择工具选择文字，再单击"任意变形工具"，拖动文字注册点到舞台中央位置。

（2）打开变形面板，单击"重置选区和变形" 1 次，此时看起来没什么反应；旋转设为 30 度，单击"重置选区和变形" 10 次。单击"文本工具"，将光标指向要修改的文字再单击，然后修改文字，原来所有的字都是"信"，将之改成"信息科学与工程学院欢迎你"，如图 6.88 所示。

（3）复制"图层 1"后，锁定"图层 1"图层。单击"图层 1 复制"图层，所有文字选中，右击选中的文字，在弹出的快捷菜单中选择"分散到图层"，删除"图层 1 复制"图层。按 Ctrl+A 键，选中所有文字，按 Ctrl+B 键分离文字，在属性面板中设置填充色为多彩色，使用"颜料桶工具"将文字填充成适合的颜色，如图 6.89 所示。

图 6.88　圆形文字　　　　　　　　图 6.89　文字填充后

（4）单击"信"图层，执行菜单"窗口" | "动画预设"，在"动画预设"面板中选择"从右边飞出"，如图 6.90 所示，单击"应用"按钮。右击"信"图层的第 1 帧，在弹出的快捷菜单中选择"复制动画"；分别右击"息""科""学"图层的第 1 帧，在弹出的快捷菜单中选择"粘贴动画"。这样，"信""息""科""学"文字都应用了"从右边飞出"动画。

图 6.90　动画预设选择

（5）将"与""工""程""学""院"文字都应用"从底部飞出"动画。也将"欢""迎""你"文字都应用"从底部飞出"动画。

（6）分别右击除"图层1"图层外的所有图层的第1帧，在弹出的快捷菜单中选择"翻转关键帧"。

（7）单击"息"图层，光标指向图层的第1帧，拖动鼠标到第2帧，这样该层的动画就从第2帧开始了。单击"学"图层，光标指向图层的第1帧，拖动鼠标到第3帧，这样该层的动画就从第3帧开始了，采用同样的方法处理其他图层，使得各图层的动画可依次出现。

（8）选中所有图层的第60帧，按F6键。拖动"图层1"的第1帧到第60帧，再单击第80帧，按F6键，在第60～80帧之间创建传统补间。文字特效的时间轴设计如图6.91所示。

图 6.91　文字特效时间轴设计

（9）保存影片为"文字特效.fla"，测试影片效果。

6.12　案例十　拼图游戏

Flash 时间轴上的帧指针默认是按顺序一帧一帧地往前走的，也就是按序进行播放。如果需要改变帧指针的播放顺序，就必须在关键帧上添加必要的脚本代码，这种脚本称为帧动作。

要求：通过"拼图游戏"的制作，了解 Action Script 脚本语言控制及高级动画制作。如图6.92所示，右上角显示图片原图；左上角黑色区域为拼图区域，可拖动子图片到此区域，如果位置正确，则留在拼图区域，如果位置不正确，则返回原位置，拼图过程如图6.93所示；图6.94表示拼图成功，出现"拼图成功！"字样。单击"再来"可以恢复到初始状态，重新拼图。

图 6.92　拼图初始状态

图 6.93　拼图过程

图 6.94　拼图成功效果

1．在 Photoshop 中分割图片

（1）从网上搜索并下载一张风景图，打开该图，使用裁剪工具，工具选项宽度设置为 600px，高度设置为 450px，裁剪图片，存储为"风景原图.jpg"。新建垂直参考线 200px、400px，水平参考线 150px、300px。

（2）打开工具箱的切片工具，在工具选项中单击"基于参考线的切片"按钮，将图片切成 9 份，如图 6.95 所示。

图 6.95　切片效果

（3）选择菜单"文件"|"存储为 Web 和设备所用格式"，弹出"存储为 Web 和设备所用格式"对话框。采用默认设置，单击"存储"按钮，弹出"将优化结果存储为"对话框。

指定图片保存位置，文件名为"p.gif"，单击"保存"按钮。观察图片保存的文件夹，其中产生了 images 子文件夹，打开该子文件夹后，里面已经保存了 9 幅分割完成的图片，如图 6.96 所示。

图 6.96 分割后的图片

（4）不保存"风景原图.jpg"图片，退出 Photoshop。

2. 创建拼图区域

（1）打开 Flash 应用程序，新建 Action Script 3.0 文档，文档大小为 1000 像素×800 像素，保存为"拼图游戏.fla"。

（2）将"风景原图.jpg"和 images 子文件夹中的 9 幅图片导入库中。

（3）选择工具箱矩形工具，在工具箱下方选中"对象绘制"选项 ，在舞台上画一个矩形，在属性面板中设置宽为 200 像素、高为 150 像素。右击矩形，在弹出的快捷菜单中选择"转换为元件"，弹出"转换为元件"对话框。将"名称"设为"j"，"类型"设为"影片剪辑"，单击"确定"按钮。

（4）先复制矩形 2 个，用对齐面板对齐，使其并列显示在左上角；选中第一排的 3 个矩形，复制到第 2、3 排，移动调整矩形，使其形成规整的拼图区域。

（5）分别单击各矩形，在属性面板中设置实例名称分别为 j1、j2、j3（第一排）、j4、j5、j6（第 2 排）、j7、j8、j9（第 3 排）。

3. 其他界面设计

（1）拖动库中的"风景原图.jpg"图片到舞台的右上角，使用任意变形工具将图片等比例缩小。

（2）拖动库中的"p_01.gif""p_02.gif"……"p_09.gif"到舞台的合适位置，"风景原图"下方一个为"p_08.gif"（位置 X：680，Y：300）；拼图区域下方一排为："p_09.gif"（X：20，Y：470）"p_01.gif"（X：240，Y：470）"p_04.gif"（X：460，Y：470）"p_03.gif"（X：680，Y：470）；舞台最后一排为："p_05.gif"（X：20，Y：640）"p_06.gif"（X：240，Y：640）"p_02.gif"（X：460，Y：640）"p_07.gif"（X：680，Y：640）。

（3）将子图片"p_01.gif"转化为影片剪辑元件 p1，并在属性面板中设置实例名称为 p1。其他子图片也转换成相应影片剪辑元件 p2～p9，并在属性面板中设置实例名称分别为 p2～p9。

（4）在舞台右边的空隙处输入"拼图成功！"文字，将之转化为影片剪辑元件，并将实例名称改为 finishtext。在舞台的右下角，新建并插入按钮元件，在元件中输入文字"再来"，修改按钮元件实例名称为 againbutton。

4. 加入代码

（1）新建一图层，命名为 AS。按 F9 键或者右击第 1 帧，在弹出的快捷菜单中选择"动作"，进入代码编辑状态。输入以下代码并调试测试：

```
finishtext.visible=false;                          // 拼图成功标记
var f1,f2,f3,f4,f5,f6,f7,f8,f9:Boolean=false ;     // 各子图片拼成功标记
p1.addEventListener(MouseEvent.MOUSE_DOWN,ClickToDrag1);
                                                   // 侦听 p1 中鼠标按下事件并处理
function ClickToDrag1(event:MouseEvent):void
{p1.startDrag();}                                  // p1 保持可拖动状态
stage.addEventListener(MouseEvent.MOUSE_UP, ReleaseToDrop1);
                                                   // 侦听鼠标释放事件并处理
function ReleaseToDrop1(event:MouseEvent):void
{   if(p1.hitTestObject(j1))                        // 检测两个对象是否发生碰撞
    {  p1.x=j1.x;  p1.y=j1.y;  f1=true;            // p1 放置到矩形 j1 位置，并标记
      if(f1 && f2 && f3 && f4 && f5 && f6 && f7 && f8 && f9 )
        {finishtext.visible=true;}                 // 如果全部放置完成，则显示
      } else        {p1.x=240;p1.y=470;}           // 没碰撞到，则拖动的对象回到原位置
    p1.stopDrag();}                                 // p1 停止拖动
p2.addEventListener(MouseEvent.MOUSE_DOWN, ClickToDrag2);
                                                   // 侦听 p2 中鼠标按下事件并处理
function ClickToDrag2(event:MouseEvent):void
{   p2.startDrag();}
stage.addEventListener(MouseEvent.MOUSE_UP, ReleaseToDrop2);
function ReleaseToDrop2(event:MouseEvent):void
{   if(p2.hitTestObject(j2))
    {  p2.x=j2.x;  p2.y=j2.y;  f2=true;
      if(f1 && f2 && f3 && f4 && f5 && f6 && f7 && f8 && f9 )
      {finishtext.visible=true;}
      } else        {p2.x=460;  p2.y=640;  }
    p2.stopDrag();}
p3.addEventListener(MouseEvent.MOUSE_DOWN, ClickToDrag3);
                                                   // 侦听 p3 中鼠标按下事件并处理
function ClickToDrag3(event:MouseEvent):void
{   p3.startDrag();}
stage.addEventListener(MouseEvent.MOUSE_UP, ReleaseToDrop3);
function ReleaseToDrop3(event:MouseEvent):void
{   if(p3.hitTestObject(j3))
    {  p3.x=j3.x;  p3.y=j3.y;  f3=true;
      if(f1 && f2 && f3 && f4 && f5 && f6 && f7 && f8 && f9 )
      { finishtext.visible=true;}
      } else        {p3.x=680; p3.y=470; }
    p3.stopDrag(); }
p4.addEventListener(MouseEvent.MOUSE_DOWN, ClickToDrag4);
                                                   // 侦听 p4 中鼠标按下事件并处理
function ClickToDrag4(event:MouseEvent):void
```

```
{  p4.startDrag();}
stage.addEventListener(MouseEvent.MOUSE_UP,ReleaseToDrop4);
function ReleaseToDrop4(event:MouseEvent):void
{   if(p4.hitTestObject(j4))
    {  p4.x=j4.x;  p4.y=j4.y;  f4=true;
      if(f1 && f2 && f3 && f4 && f5 && f6 && f7 && f8 && f9 )
      {finishtext.visible=true;}
      } else   {p4.x=460;  p4.y=470; }
   p4.stopDrag();}
p5.addEventListener(MouseEvent.MOUSE_DOWN, ClickToDrag5);
                                  // 侦听 p5 中鼠标按下事件并处理
function ClickToDrag5(event:MouseEvent):void
{  p5.startDrag();}
stage.addEventListener(MouseEvent.MOUSE_UP, ReleaseToDrop5);
function ReleaseToDrop5(event:MouseEvent):void
{   if(p5.hitTestObject(j5))
    {  p5.x=j5.x;  p5.y=j5.y;  f5=true;
      if(f1 && f2 && f3 && f4 && f5 && f6 && f7 && f8 && f9 )
      {finishtext.visible=true;}
      } else      {p5.x=20; p5.y=640; }
   p5.stopDrag();}
p6.addEventListener(MouseEvent.MOUSE_DOWN, ClickToDrag6);
                                  // 侦听 p6 中鼠标按下事件并处理
function ClickToDrag6(event:MouseEvent):void
{  p6.startDrag();}
stage.addEventListener(MouseEvent.MOUSE_UP, ReleaseToDrop6);
function ReleaseToDrop6(event:MouseEvent):void
{   if(p6.hitTestObject(j6))
    {  p6.x=j6.x; p6.y=j6.y; f6=true;
      if(f1 && f2 && f3 && f4 && f5 && f6 && f7 && f8 && f9 )
     {finishtext.visible=true;}
      } else {p6.x=240;  p6.y=640; }
   p6.stopDrag();}
p7.addEventListener(MouseEvent.MOUSE_DOWN, ClickToDrag7);
                                  // 侦听 p7 中鼠标按下事件并处理
function ClickToDrag7(event:MouseEvent):void
{  p7.startDrag();}
stage.addEventListener(MouseEvent.MOUSE_UP, ReleaseToDrop7);
function ReleaseToDrop7(event:MouseEvent):void
{   if(p7.hitTestObject(j7))
    {  p7.x=j7.x;   p7.y=j7.y;   f7=true;
      if(f1 && f2 && f3 && f4 && f5 && f6 && f7 && f8 && f9 )
      {finishtext.visible=true;     }
      } else {p7.x=680;  p7.y=640 }
    p7.stopDrag();}
p8.addEventListener(MouseEvent.MOUSE_DOWN, ClickToDrag8);
                                  // 侦听 p8 中鼠标按下事件并处理
function ClickToDrag8(event:MouseEvent):void
{  p8.startDrag();}
stage.addEventListener(MouseEvent.MOUSE_UP,ReleaseToDrop8);
function ReleaseToDrop8(event:MouseEvent):void
{   if(p8.hitTestObject(j8))
   {  p8.x=j8.x;   p8.y=j8.y;   f8=true;
      if(f1 && f2 && f3 && f4 && f5 && f6 && f7 && f8 && f9 )
      {finishtext.visible=true;    }
      } else {p8.x=680;  p8.y=300; }
    p8.stopDrag();}
p9.addEventListener(MouseEvent.MOUSE_DOWN,ClickToDrag9);
                                  // 侦听 p9 中鼠标按下事件并处理
```

```
function ClickToDrag9(event:MouseEvent):void
{   p9.startDrag();}
stage.addEventListener(MouseEvent.MOUSE_UP, ReleaseToDrop9);
function ReleaseToDrop9(event:MouseEvent):void
{   if(p9.hitTestObject(j9))
    {  p9.x=j9.x;  p9.y=j9.y;  f9=true;
       if(f1 && f2 && f3 && f4 && f5 && f6 && f7 && f8 && f9 )
       {finishtext.visible=true;}
       } else   {p9.x=20; p9.y=470;  }
    p9.stopDrag();}
againbutton.addEventListener(MouseEvent.CLICK, MouseClickHandler);
//"再来"按钮侦听鼠标单击事件，将所有子图片复原，并将标记都设置成原始状态
function MouseClickHandler(event:MouseEvent):void
{ play();p8.x=680;p8.y=300; p9.x=20; p9.y=470; p1.x=240;p1.y=470; p4.x=460;p4.
y=470;
p3.x=680;p3.y=470; p5.x=20;p5.y=640;   p6.x=240;p6.y=640;  p2.x=460;p2.y=640;
p7.x=680;p7.y=640;
finishtext.visible=false;
f1=false,f2=false,f3=false,f4=false,f5=false,f6=false,f7=false,f8=false,f9=f
alse ;}
```

（2）此时 Flash 设计窗口如图 6.97 所示，在库面板中存有设计界面中所有用到的素材。测试并保存影片。

图 6.97　拼图游戏设计界面

◇◆◇ 习题 ◇◆◇

一、判断题（对的在右边的括号中打"√"，错的打"×"）

1. 设置帧频就是设置动画的播放速度，帧频越大，播放速度越慢；帧频越小，播放速度越快。（　　）

2. 按 F5 键可创建普通帧，按 F6 键可创建关键帧，按 F7 键可创建空白关键帧。（　　）

3. MP3 格式的音频文件不能被导入到 Flash 中。（　　）

4. 如果想让一个图形元件从可见到不可见，应将其 Alpha 值从 0 调节到 100。（　　　）

5. 在画 Flash 引导线时，可以使用铅笔工具、钢笔工具等。（　　　）

6. 在 Flash 遮罩动画中，被遮罩物遮盖的部分看不到，没有被遮罩的区域可以看到。

（　　　）

二、选择题

1. 在 Flash 时间轴上，选取连续的多帧或选取不连续的多帧时，需要分别按下_____键后再使用鼠标进行选取。

A. Shift、Alt   B. Shift、Ctrl   C. Ctrl、Shift   D. Esc、Tab

2. 以下关于逐帧动画和补间动画的说法正确的是_____。

A. 两种动画模式 Flash 都必须记录完整的各帧信息

B. 前者必须记录各帧的完整记录，而后者不用

C. 前者不必记录各帧的完整记录，而后者必须记录完整的各帧记录

D. 以上说法均不对

3. 在 Flash 中，如果要对字符设置形状补间，必须按_____键将字符打散。

A. Ctrl+J   B. Ctrl+O   C. Ctrl+B   D. Ctrl+S

4. 在 Flash 中，帧频率表示_____。

A. 每秒钟显示的帧数   B. 每帧显示的秒数

C. 每分钟显示的帧数   D. 动画的总时长

5. 下列关于工作区、舞台的说法不正确的是_____。

A. 舞台是编辑动画的地方

B. 影片生成发布后，观众看到的内容只局限于舞台上的内容

C. 工作区和舞台上的内容，影片发布后均可见

D. 工作区是指舞台周围的区域

6. 下列关于元件和库的叙述不正确的是_____。

A. Flash 中的元件有三种类型

B. 元件从元件库拖到工作区就成了实例，实例可以进行复制、缩放等各种操作

C. 对实例的操作，库中的元件会同步变更

D. 对元件的修改，舞台上的实例会同步变更。

7. Flash 源文件和影片文件的扩展名分别为_____。

A. *.FLA、*.FLV   B. *.FLA、*.SWF

C. *.FLV、*.SWF   D. *.DOC、*.GIF

8. 时间轴上用空心小圆点表示的帧是_____。

A. 普通帧   B. 关键帧   C. 空白关键帧   D. 过渡帧

9. 测试影片的快捷键是_____。

A. Ctrl+ Enter   B. Ctrl+ Alt+Enter

C. Ctrl+Shift+Enter   D. Alt+Shift+Enter

10. 在一个新建的 Flash CS 文档的舞台中输入文本"TEAM"后，将其打散成 4 个单

独的字母，再对这 4 个字母执行一次"分散到图层"操作，则_____。

　　A. 该文档将包含有 4 个图层　　　　　B. 该文档只包含有一个图层

　　C. 该文档将包含有 5 个图层　　　　　D. 该文档将包含有 3 个图层

　11. 下列关于 Flash 引导层的说法中正确的是_____。

　　A. 为了在绘画时帮助对齐对象，可以为其添加传统运动引导层

　　B. 所添加的传统运动引导层的层名前 4 个字符一定是"引导层:"，且不能更改

　　C. 一个引导层可以引导多个层

　　D. 传统运动引导层必须放置于顶层

　12. 在制作引导动画时，运动元件的_____要与引导线两端分别重合。

　　A. 顶点　　　　　　B.中心点　　　　　C. 下端点　　　　　D. 任意一点

　13. 一个 Flash 动画有两个图层：图层 1 是一幅风景画，图层 2 是一个红色五角星；图层 1 为被遮罩层，图层 2 为遮罩层，则测试影片最终看到的动画效果是_____。

　　A. 看到红色的五角星　　　　　　　　　B. 看到里边是风景画的五角星

　　C. 看到整个风景画　　　　　　　　　　D. 看到部分风景画与红色五角星

　14. 在新的 Flash 文档中仅进行两个操作：在第 1 帧画一个正圆，在第 20 帧按下 F7 键，则第 10 帧上显示的内容是_____。

　　A. 不能确定　　　　　B. 空白　　　　　C. 一个正圆　　　　D. 有图形，但不是正圆

　15. 在引导层动画中，被引导层对象只可添加_____类型。

　　A. 传统补间动画　　　B. 补间动画　　　C. 逐帧动画　　　D. 形状补间动画

　16. 在 Flash 中，插入帧的作用是_____。

　　A. 等于插入了一张白纸　　　　　　　　B. 起延时作用

　　C. 完整地复制前一个关键帧的所有内容　D. 插入一个空白关键帧

　17. 元件和与它对应的实例直接的关系是_____。

　　A. 改变元件，则相应的实例一定会改变

　　B. 改变元件，则相应的实例不一定会改变

　　C. 改变实例，则相应的元件一定会改变

　　D. 改变实例，则相应的元件可能会改变

　18. 在 Flash 中，如果想把一段较复杂的动画做成元件，这个元件是_____元件。

　　A. 图形元件　　　　　　　　　　　　　B. 按钮元件

　　C. 影片剪辑元件　　　　　　　　　　　D. 以上都是

三、实践练习

　1. 制作一个红色的五角星逐渐变形成为一朵黄色的花朵图形，再由花朵图形逐渐变回五角星的动画。

　2. 使用补间动画制作汽车在崎岖道路上行驶的动画，使用缓动功能实现汽车慢慢加速的运动效果。

　3. 使用引导层动画原理制作"庄周梦蝶"动画场景，多只蝴蝶在庄子周围飞舞。

　4. 已有飞机和山峰图片，要求制作"飞机穿越山峰"的动画效果，如图 6.98 所示。

（a）飞机　　　　　　　（b）山峰

（c）飞机穿越山峰的效果

图 6.98　实践练习 4

5. 考题题目：

（1）设置电影舞台的大小为 300 像素×300 像素，背景色为淡黄色（颜色值为#FFFFCC）。

（2）整个动画共占 30 帧；在舞台的正中央绘制一个等边三角形△ABC；要求：①将等边三角形所在图层命名为"图形"层；②等边三角形的边长为 200 像素，底边 BC 水平，边线的颜色为蓝色、线宽为 2 像素，类型为实线，填充类型为无。

（3）制作一个画出等边三角形底边上的高 AD 的形变动画；要求：①高单独占一层，名称为"高"层；②高的颜色为红色、线宽为 2 像素，类型为实线；③高由长度为 1 像素的线段逐渐伸长得到，并以 A 点为起点。

（4）标注字母 A、B、C、D，要求：①所有标注字母单独占一层，并命名为"文字"层；②标注字母字体为隶书、颜色为红色、字号为 20、位置适当。

第 7 章 音频编辑与处理
——Audition

7.1　音频基础知识

声音是携带信息的重要媒体，自然界中存在各种各样的声音，也是多媒体的重要组成部分。声音是人们传递信息、交流感情时最方便、最熟悉的方式之一，在多媒体作品中加入数字化声音，能唤起人们在听觉上的共鸣，增强多媒体作品的趣味性和表现力。通常所说的数字化声音是数字化语音、声响和音乐的总称。

7.1.1　音频的基本概念

1. 认识声音

声音是由物体振动产生的，声音是一种机械纵波，波是能量的传递形式，它有能量，所以能产生效果，但是它不同于光，光有质量有能量有动量，声音在物理上只有压力，没有质量。一切声音都是由物体振动而产生的，声源实际是一个振动源，它使周围的媒介如气体、液体、固体等产生振动，并以波的形式从声源向四周传播，人耳如果能感觉到这种传来的振动，再反映到大脑，就听到了声音。正常人耳能够听见频率在 20Hz 到 20000Hz 范围内的声音，而老年人的高频声音频率减小到 10000Hz 或 6000Hz 左右。人们把频率高于 20000Hz 的声音称为超声波，低于 20Hz 的称为次声波。

音频是个专业术语，人类能够听到的所有声音都称之为音频。声音被录制下来以后，无论是说话声、歌声、乐器都可以通过数字音乐软件处理，或是把它制作成 CD，音频是储存在计算机里的声音。

音频信息用数字信号表示，实际上人耳听不到数字信号，只有模拟信号才能被人耳感知，但模拟信号在录制和处理过程中损失很大，计算机一般采用数字信号来表示声音。计算机在输出音频文件时，一般首先利用数/模转换器（D/A 转换器）把数字格式的音频文件通过一次 D/A 转换成模拟信号进行输出，从而产生人耳听到的各种声音。

数字音频（Audio）可分为波形声音、语音和音乐。

● 波形声音实际上已经包含了所有的声音形式，它可以将任何声音都进行采样量化，相应的文件格式是 WAV 文件或 VOC 文件。

● 语音也是一种波形，所以和波形声音的文件格式相同。

● 音乐是符号化了的声音，乐谱可转变为符号媒体形式。对应的文件格式是 MID 或 CMF 文件。

2. 声音三要素

声音的三要素是音调、音色和音强。就听觉特性而言，这三者决定了声音的质量。

（1）音调：代表声音的高低，也称音高。声音的高低由"频率"决定，频率越高音调越高，频率的单位是 Hz（赫兹）。人的耳朵所能感知的范围一般为 20Hz～20kHz。频率高的声音被称为高音，频率低的声音被称为低音。

（2）音色：音色是指声音的感觉特性，具有特色的声音，表示声音的品质。两个声音的音调和音强相等的情况下，其声音有不同的感觉，音色是由声音中所包含的谐波成分所决定的，与声音的频谱、波形、声压等参数有关。声压是由声波使空气的大气压发生变化的幅度，单位是 Pa。声压变动的幅度越大，声音就越大。不同的发声体由于材料、结构不同，发出声音的音色也就不同，如二胡和笛子的音色就不同。

（3）音强：声音的强度，声音的大小，有时也被称为声音的响度，也就是常说的音量，音强是声音信号中主音调的强弱程度，是判别乐音的基础。衡量声音强弱有一个标准尺度，就是表示声音强弱的单位，通常使用 dB（分贝）单位来表示。

7.1.2 音频数字化

当物体在空气中震动时，便会发出连续波，叫声波，这种波传到人的耳朵里，引起耳膜震动，人们就听到了该声音。声波在时间上和幅度（振幅）上都是连续变化的模拟信号，可用模拟正弦波形表示。模拟声音的录制是将代表声音波形的电信号转换到适当的媒体上，如磁带或唱片。播放时将记录在媒体上的信号还原为波形。模拟音频技术应用广泛，使用方便。但模拟的声音信号在多次重复转录后，会使模拟信号衰弱，造成失真。

音频数字化就是将模拟的（连续的）声音波形数字化（离散化），通过采样和量化两个过程把模拟量表示的音频信号转换成由二进制数 1 和 0 组成的数字音频文件，如图 7.1 所示。

（a）话筒录音　　　（b）音频信号采样　　　（c）采样信号量化　　（d）音频文件

图 7.1　音频信号数字化过程

采样的目的是在时间轴上对信号进行数字化。量化的目的是在幅度轴上对信号进行数字化。

1. 采样

以适当的时间间隔观测模拟信号波形幅值的过程叫采样。采样频率是将模拟声音波形转换为数字时，每秒钟所抽取声波幅度样本的次数，也就是每秒钟对声音波形进行采样的次数，单位是 Hz（赫兹）。

当前常用的采样频率一般为 11.025kHz、22.05kHz、44.1kHz 和 48kHz 等。11.025kHz 的采样频率获得的声音称为电话音质，基本上能让你分辨出通话人的声音；22.05kHz 的采样频率获得的声音称为广播音质；44.1kHz 的采样率获得的声音称为 CD 音质。采样频率越高，声音失真越小，音频数据量也越大。

2. 量化

将采样时刻的信号幅值归整（四舍五入）到与其最接近的整数标度叫做量化。量化数据位数（也称量化级）能够用来表示每个采样点的数据范围，经常采用的有 8 位、16 位、24 位和 32 位。

例如，8 位量化级表示每个采样点可以表示成 256 个（0～255）不同量化值，而 16 位量化级则是指每个采样点可表示成 65536 个不同量化值。量化位数越高，表示区别声音的差别更细致，所以音质越好，数据量也越大。

3. 编码

量化后的整数，即存储在计算机中的数字化声音并不是声音的真正幅值，而是幅值代码。用一个二进制数码序列来表示量化后的整数称为编码。

4. 声道数

声道数是声音通道的个数，指一次采样的声音波形个数。记录声音时，如果每次生成一个声道波形数据，称为单声道；每次生成两个声波数据，称为立体声（双声道）。四声道环绕（4.1 声道）是为了适应三维音效技术而产生的，四声道环绕规定了 4 个发音点：前左、前右、后左、后右，并建议增加一个低音音箱，以加强对低频信号的回放处理。

5. 数字音频的存储量

可用以下公式估算声音数字化后每秒所需的存储量（未经压缩的）：

$$存储数据量（字节/秒）＝（采样频率×量化位数×声道数）/ 8$$

例如，数字激光唱盘（CD-DA）的标准采样频率为 44.1 kHz，量化位数为 16 位，立体声。每秒钟 CD-DA 音乐所需的存储量为：44100×16×2÷8 =176400B（约合 172KB）。

7.1.3　音频文件格式

1. CD 格式

CD 是标准的激光唱片文件，文件扩展名为 ".cda"。该格式的文件音质好，大多数音频播放软件都支持该格式。在播放软件的 "打开文件类型" 中，都可以看到 "*.cda" 格式，这就是 CD 音轨。标准 CD 格式是 44.1kHz 的采样频率，16 位量化位数，因此 CD 音轨近似无损，从而数据量很大。CD 音轨，通常被认为是具有最好音质的音频格式。

2. WAV 格式

WAV 格式是微软公司开发的一种声音文件格式，也称波形文件。文件扩展名为 ".wav"，

Windows 平台的音频信息资源采用的都是 WAV 格式，几乎所有的音频软件都支持 WAV 格式。WAV 格式的声音文件质量和 CD 相差无几，但由于存储时不经过压缩，占用存储空间也很大，因此，也不适合长时间记录高质量声音，但如果对声音质量要求不高，可降低频率采样，以减少存储空间。WAV 格式被称为"无损的音乐"，它直接记录了真实声音的二进制采样数据。

3. MP3 格式

MP3 是对 MPEG Layer 3 的简称，是目前最热门的音乐文件。MP3 是 MPEG 标准中的音频部分，也就是 MPEG 音频层。根据压缩质量和编码处理的不同分为 3 层，分别对应"*.mp1""*.mp2""*.mp3"。MPEG 音频文件的压缩是一种有损压缩，MP3 音频编码具有 10：1～12：1 的高压缩率，同时基本保持低音频部分不失真，但是牺牲了声音文件中 12kHz 到 16kHz 高音频部分的质量来换取文件的尺寸，相同长度的音乐文件，用 MP3 格式来储存，一般只有 WAV 格式文件的 1/10，当然，音质要次于 CD 格式或 WAV 格式的声音文件。MP3 因为具有压缩比高、音质接近 CD、制作简单和便于交换等优点，非常适合在网上传播，是目前使用最多的音频格式文件。

4. MIDI 格式

MIDI 是 Musical Instrument Digital Interface（乐器数字接口）的缩写。它是由世界上主要电子乐器制造厂商建立起来的一个通信标准，并于 1988 年正式提交给 MIDI 制造商协会，已成为数字音乐的一个国际标准。MIDI 标准规定了电子乐器与计算机连接的电缆硬件以及电子乐器之间、乐器与计算机之间传送数据的通信协议等规范。MIDI 标准使不同厂家生产的电子合成乐器可以互相发送和接收音乐数据。

MIDI 记录的不是完整的声音波形，而是像记乐谱一样地记录下演奏的音乐特征，特别适合于记录电子乐器的演奏信息，通常称为电子音乐。最大优点是文件非常小，缺点是由于不是真正地记录数字化声音，因此只能播放简单的电子音乐。MIDI 文件主要用于原始乐器作品、流行歌曲的业余表演、游戏音轨以及电子贺卡等。

同样半小时的立体声音乐，MID 格式文件只有 200KB 左右，而 WAV 格式文件则要差不多 300MB。MIDI 格式的主要限制是：缺乏重现真实自然声音的能力。MIDI 只能记录标准所规定的有限种乐器的组合，而且回放质量受声卡上合成芯片的限制，难以产生真实的音乐演奏效果。

5. RM 格式

RM（Real Media），是 Real Networks 公司开发的网络流媒体文件格式，是目前在 Internet 上相当流行的跨平台的客户/服务器结构多媒体应用标准，它采用音视频流和同步回放技术来实现在 Intranet 上全带宽地提供最优质的多媒体，同时也能够在 Internet 上以 28.8Kbps 的传输速率提供立体声和连续视频。

RM 格式文件小但质量损失不大，适合在互联网上传输。这些文件格式是 Real 文件的主要格式，可以随网络带宽的不同而改变声音的质量，在保证大多数人听到流畅声音的前提下，令带宽较充裕的听众获得较好的音质。

6. APE 格式

APE 是目前流行的数字音乐文件格式之一。与 MP3 不同，APE 是一种无损压缩音频技术，庞大的 WAV 音频文件可以通过 Monkey's Audio 这个软件压缩为 APE 格式文件，音频数据文件压缩成 APE 格式后，可以再还原，而还原后的音频文件与压缩前相比没有任何损失。APE 格式的文件大小大概为 CD 的一半，可以节约大量的资源，随着宽带的普及，APE 也成为最有前途的网络无损格式，因此，APE 格式受到了许多音乐爱好者的青睐。

7. VQF 格式

VQF 的音频压缩率比标准的 MPEG 音频压缩率高出近一倍，可以达到 18∶1 左右甚至更高。一首 4 分钟的 WAV 格式文件的歌曲压成 MP3，大约需要 4MB 的硬盘空间，使用 VQF 音频压缩技术，只需要 2MB 左右的硬盘空间。相同情况下压缩后 VQF 的文件体积比 MP3 小 30%～50%，更利于网上传播，同时音质较好，接近 CD 音质。它是 YAMAHA 公司的专用音频格式。采用减少数据流量但保持音质的方法来达到更高的压缩比，该文件格式并不常见。

8. WMA 格式

WMA（Windows Media Audio），它和日本 YAMAHA 公司开发的 VQF 格式一样，是以减少数据流量但保持音质的方法来达到比 MP3 压缩率更高的目的，WMA 的压缩率一般可以达到 18∶1 左右，WMA 的另一个优点是内容提供商可以通过 DRM（Digital Rights Management）方案，如 Windows Media Rights Manager 7，加入防拷贝保护。这种内置了版权保护技术可以限制播放时间和播放次数，甚至播放的机器等。另外 WMA 还支持音频流（Stream）技术，适合在互联网上在线播放。

9. OGGVorbis 格式

OGGVorbis 格式是一种新的音频压缩格式，类似于 MP3 等现有的音乐格式。但有一点不同的是，它是完全免费、开放和没有专利限制的。OGGVorbis 文件的扩展名是.OGG。OGGVorbis 采用有损压缩，但通过使用更加先进的声学模型减少了损失，因此，相同码率编码的 OGGVorbis 比 MP3 音质更好一些，文件也更小一些。目前，OGGVorbis 虽然还不普及，但在音乐软件、游戏音效、便携播放器、网络浏览器上已得到广泛支持。

10. AMR 格式

自适应多速率宽带编码（Adaptive Multi-Rate），采样频率为 16kHz，是一种同时被国际标准化组织 ITU-T 和 3GPP 采用的宽带语音编码标准，也称为 G722.2 标准。AMR-WB 提供语音带宽范围达到 50～7000Hz，用户可主观感受到话音比以前更加自然、舒适和易于分辨。主要用于移动设备的音频，压缩比率较大，但相对于其他的压缩格式来说质量较差。

11. FLAC 格式

FLAC（Free Lossless Audio Codec），是一种自由音频压缩编码技术，是一种无损压缩技术。不同于其他有损压缩编码如 MP3，它不会破坏任何原有的音频资讯，所以可以还原音乐光盘音质，现在它已被很多软件及硬件音频产品所支持。

7.1.4　常用声音编辑软件

声音数字化转换软件，把声音转换成数字化音频文件，代表性的软件有：

- Esay CD-DA Extractor——把光盘音轨转换成 WAV 格式的数字画音频文件。
- Exact Audio Copy——把多种格式的光盘音轨转换成 WAV 格式的数字化音频文件。
- Real Jukebox——在互联网上录制、编辑、播放数字音频信号。

声音编辑处理软件，可对数字化声音进行剪辑、编辑、合成和处理，还可以对声音进行声道模式变换、调整频率范围、生成各种特殊效果、变换采样频率、转换文件格式等，典型的软件有：

- Adobe Audition（前身是 Cool Edit Pro）——带有数字录音、编辑功能强大、系统庞大的声音处理软件。
- Gold wave——带有数字录音、编辑、合成等功能的声音处理软件。
- Acid WAV——声音编辑与合成器。

声音压缩软件，通过某种压缩算法，把普通的数字化声音进行压缩，在音质变化不大的前提下，大幅度减少数据量，以利于网络传输和保存。常见的软件有：

- L3Enc——将 WAV 格式的普通音频文件转换成 MP3 格式的文件。
- Xingmp3 Encoder——把 WAV 格式的音频文件转换成 MP3 格式的文件。
- WinDAC32——把光盘音轨直接转换并压缩成 MP3 格式的文件。

7.2 Adobe Audition CS6 简介

Adobe 公司推出 Adobe Audition 软件，这是一个完整的、应用于运行 Windows 系统的 PC 机上的多音轨唱片工作室。该产品此前叫做 Cool Edit Pro 2.1，在 2003 年 5 月 Adobe 从 Syntrillium Software 公司成功购买。Audition 是 Adobe 公司开发的一款功能强大、效果出色的多轨录音和音频处理软件。它是一个非常出色的数字音乐编辑器和 MP3 制作软件。不少人把它形容为音频"绘画"程序。

Adobe Audition 提供了高级混音、编辑、控制和特效处理能力，是一个专业级的音频工具，允许用户编辑个性化的音频文件、创建循环、引进 45 个以上的 DSP 特效以及高达 128 个音轨。拥有集成的多音轨和编辑视图、实时特效、环绕支持、分析工具、恢复特性和视频支持等功能，为音乐、视频、音频和声音设计专业人员提供全面集成的音频编辑和混音解决方案。它包括了灵活的循环工具和数千个高质量、免除专利使用费（royalty-free）的音乐循环，有助于音乐跟踪和音乐创作。提供了直觉的、客户化的界面，允许用户删减和调整窗口的大小，创建一个高效率的音频工作范围。一个窗口管理器能够利用跳跃跟踪打开的文件、特效和各种爱好，批处理工具可以高效率处理诸如对多个文件的所有声音进行匹配、把它们转化为标准文件格式之类的日常工作。

Adobe Audition 为视频项目提供了高品质的音频，允许用户对能够观看影片重放的 AVI 声音音轨进行编辑、混合和增加特效。广泛支持工业标准音频文件格式，包括 WAV、AIFF、MP3、MP3PRO 和 WMA，取样速度超过 192 kHz，从而能够以最高品质的声音输出磁带、CD、DVD 或 DVD 音频。

本书以 Adobe Audition CS6 为例进行讲解。

7.3　案例 古诗录制编辑配乐

要求：熟悉 Adobe Audition CS6 软件，录制《明日歌》古诗的配音，进行简单编辑，并进行人声处理，最后给古诗配乐。

1. 录音

录制《明日歌》古诗，将录音文件分别保存为"明日歌.wav"和"明日歌.mp3"。

（1）录音准备：请将自备带麦克风的耳机（一般手机自带的耳麦即可）连接至计算机，戴上耳机；将计算机系统音量调到最大。

（2）启动 Adobe Audition CS6，执行菜单"文件"|"新建"|"音频文件"，打开"新建音频文件"对话框，如图 7.2 所示，单击"确定"按钮，进入"波形编辑"视图。

图 7.2　"新建音频文件"对话框

（3）单击"编辑器"面板控制中的"录制"按钮 ■，为了以后给声音进行降噪处理，过几秒钟后才开始正式录音。录音文字如下：

明日歌

明日复明日，明日何其多。

我生待明日，万事成蹉跎。

世人若被明日累，春去秋来老将至。

朝看水东流，暮看日西坠。

百年明日能几何？请君听我明日歌。

（4）如果硬件和软件设置正常，在波形编辑视图中，编辑器会显示出录制的声音波形。录音完成后音频波形如图 7.3 所示。

（5）录音结束时再次单击"录制"按钮即可停止录音。如果录制不理想，可以不保存文件，或者利用 Ctrl+A 组合键全选，再按 Delete 键删除后重新开始录音。

（6）执行菜单"文件"|"另存为"命令，打开如图 7.4 所示 "另存为"对话框。选择文件存储"位置"，输入"文件名"为"明日歌"，单击"确定"按钮。将录制好的声音保存为声音文件，默认将声音波形存储为 WAV 波形文件。

（7）在打开的"另存为"对话框中，修改文件"格式"为"MP3 音频"，如图 7.5 所示，保存为"明日歌.mp3"文件。比较不同声音格式的文件大小。

图 7.3　录音完成后音频波形

图 7.4　"另存为"对话框 WAV 格式保存

图 7.5　"另存为"对话框 MP3 格式保存

2. 人声处理

1）降噪处理

拖动选择部分录制前的环境噪声波形，执行菜单"效果"|"降噪/修复"|"降噪（破坏性处理）"命令，打开"效果-降噪"对话框，如图 7.6 所示。降噪参数采用默认值，单击"采集噪声样本"按钮，采集当前选区为噪声样本。单击"保存"按钮，把噪声样本保存到指定的文件，这样以后在同一环境进行录音就不需要再采集噪声样本了，单击"加载"按钮，加载硬盘中的噪声样本。

单击"选择整个文件"按钮，选中需要降噪的整个波形，然后单击"应用"按钮就开始降噪处理。降噪后的波形如图 7.7 所示。

2）标准化处理

标准化属于幅度类效果器，用于将声音提升到最大不失真的音量。执行菜单"效果"|"振幅与压限"|"标准化（破坏性处理）"命令，打开如图 7.8 所示的"标准化"对话框，单击"确定"按钮即可标准化波形振幅。

图 7.6　"效果-降噪"对话框

图 7.7　降噪后的波形

图 7.8 "标准化"对话框

标准化后的波形如图 7.9 所示。

图 7.9 标准化后的波形

3）压限处理

压限处理可以使声音幅度的变化更加平滑，避免声音的忽高忽低，调节某个范围内的声音电平的大小。把振幅很高的波形降低，振幅较低的则进行适当提升。执行菜单"效果" | "振幅与压限" | "动态处理"命令，打开如图 7.10 所示的"效果-动态处理"对话框。

横坐标表示输入音量的大小，从左到右递增，纵坐标表示经过效果处理器后的声音大小，从下往上递增，默认为一根斜线，表示输入与输出一样。可以在曲线上单击增加控制点，用鼠标拖动控制点可以改变动态处理曲线的形状，来实现所需要的处理效果。这里在"预设"下拉列表框中选择"旁白"选项。单击"应用"按钮即可使声音变化更加平缓。将文件保存为"明日歌（已处理）.mp3"。

4）声音的变速与变调处理

声音的变速用于处理声音的速度与持续的时间变化。变调处理用于对声音进行特殊的声音效果处理，比如效果有男声变女声、女声变男声、童声处理等。主要效果选项有：

Speed Up：声音加快　　　　　Slow Down：声音变慢
Raise Pitch：男声变女声　　　Lower Pitch：女声变男声
Helium：童声

图 7.10　"效果-动态处理"对话框

执行菜单"效果"|"时间与变调"|"伸缩与变调（破坏性处理）"命令，打开如图7.11 所示的"效果-伸缩与变调"对话框。

这里在"预设"下拉列表框中选择"Helium"选项。

单击"预演播放"按钮 可以预听声音变调的效果，单击"确定"按钮可实现声音变调处理。另存声音文件为"明日歌（变）.mp3"。

3．配乐

1）导入背景音乐并裁剪

（1）执行菜单"文件"|"导入"|"文件"命令，打开"导入文件"对话框。选择相应的背景音乐（如"时间都去哪了.mp3"）文件。

（2）双击打开该文件，在单轨编辑状态下，利用选区/视图窗口选取 3:16～4:06 秒，如图 7.12 所示。右击选区，在弹出的快捷菜单中选择"裁剪"选项。另存已裁剪的声音文件为"时间都去哪了（裁剪）.mp3"。

图 7.11 "效果-伸缩与变调"对话框

图 7.12 裁剪音乐

2）多轨编排

（1）执行菜单"视图"|"多轨编辑器"命令，打开"新建多轨项目"对话框，选择相应的文件夹保存位置，"项目名称"为"明日歌朗诵"，如图 7.13 所示。

图 7.13　"新建多轨项目"对话框

（2）右击背景音乐"时间都去哪了（裁剪）"，在弹出的快捷菜单中选择"插入到多轨合成"|"明日歌朗诵"。采用同样的方法，右击"明日歌（变）"，同样将之插入到多轨中，如图 7.14 所示。使背景音乐在轨道 1，诗歌朗诵在轨道 2。

图 7.14　多轨合成

（3）向右拖动轨道 2 中的"明日歌（变）"开始位置，使其从 2s 处开始。

3）音量包络编辑

包络是指某个参数随时间的变化。音量包络是指音频波形随时间变化而产生的音量变化，也就是音量变化的走势曲线。通过控制音量包络曲线来改变某个音轨上音频信号的音量大小，是非常直观的方法。

在多轨编辑状态下，每个音频轨道波形上有一根黄褐色的音量包络控制线，光标指向它时显示为"音量"。直接往上拖曳该包络线，可以使音量提升，往下拖曳可以降低音量，单击它可添加控制点，拖曳这些控制点可以改变音量的大小。

　　淡化是指音量的逐渐变化，音量由小到大的变化称为淡入，音量由大到小的变化称为淡出。针对选中激活的波形，在左上方有一个"淡入"图标█，往右拖曳该图标即可快速拉出一根淡入包络线。在右上方有一个"淡出"图标█，往左拖曳该图标即可快速拉出一根淡出包络线。

　　参照图 7.15，试着拖动音量包络线，并设置淡入淡出效果。

图 7.15　音量包络线

　　4）将诗歌和背景音乐混缩到新文件

　　执行菜单"文件"|"导出"|"多轨混缩"|"整个项目"命令，打开"导出多轨缩混"对话框。选择相应的文件夹位置，"格式"选择"MP3 音频"，"文件名"设为"明日歌朗诵_缩混.mp3"，如图 7.16 所示。单击"确定"按钮即可完成混缩输出。

图 7.16　"导出多轨缩混"对话框混缩输出

5）为混缩文件添加混响效果

关闭 Adobe Audition 应用程序，然后将"明日歌朗诵_缩混.mp3"文件用 Adobe Audition 应用程序打开，在单轨编辑界面，执行菜单"效果"|"混响"|"完整混响"命令，打开"效果-完整混响"对话框。"预设"选项中选择"Lecture Hall"，如图 7.17 所示，单击"应用"按钮。再选择"文件"|"另存为"菜单，保存声音文件名为"明日歌朗诵_完成"。

图 7.17 "效果-完整混响"对话框

◇◆◇ 习题 ◇◆◇

一、判断题（对的在右边的括号中打"√"，错的打"×"）

1. 正常人耳能听见的声音频率是 20～20000kHz。（ ）

2. 按照在时间上和幅度上是否连续，音频可以分为模拟音频和数字音频两种。（ ）

3. 波形声音实际上已经包含了所有的声音形式，它相应的文件格式是 WAV 文件或者 MID 文件。（ ）

二、选择题

1. 下列不属于声音三要素的是_____。

A. 音调　　　　　　B. 音色　　　　　　C. 音频　　　　　　D. 音强

2. 下列不属于音频文件格式的是_____。

A. MP3　　　　　　B. WAV　　　　　　C. MP4　　　　　　D. MIDI

3. 记录声音时，每次生成两个声波数据，称为_____。

A. 共振　　　　　　　　B. 单声道　　　　　　　　C. 立体声　　　　　　　　D. 共鸣

4. 一般说来，要求声音的质量越高，则_____。

A. 量化级数越低和采样频率越低

B. 量化级数越低和采样频率越高

C. 量化级数越高和采样频率越低

D. 量化级数越高和采样频率越高

5. 下列文件格式中，不属于音频格式的是_____。

A. MP3　　　　　　　　B. WAV　　　　　　　　C. JPG　　　　　　　　D. CDA

6. 下列不属于音频相关的计算机硬件的是_____。

A. 显卡　　　　　　　　B. 麦克风　　　　　　　　C. 声卡　　　　　　　　D. 音响

7. 在 Adobe Audition CS6 中，调节波形的幅度将会影响声音的_____。

A. 频率　　　　　　　　B. 音量　　　　　　　　C. 声道　　　　　　　　D. 噪声

8. 在 Adobe Audition CS6 中，声音的变调是通过调节声音的_____实现的。

A. 频率　　　　　　　　B. 音量　　　　　　　　C. 声道　　　　　　　　D. 幅度

9. 30 秒声音，四声道，8 位量化位数，采样频率为 11.025kHz，数据量（未经压缩）为_____。

A. 10.09MB　　　　　　B. 0.66MB　　　　　　C. 2.6MB　　　　　　D. 1.26MB

10. 为迎接歌咏比赛，音乐教师将班内的学生分为"高音声部"和"低音声部"。这里"高"和"低"是指声音的_____。

A. 音调　　　　　　　　B. 音色　　　　　　　　C. 音强　　　　　　　　D. 振幅

11. 文件格式不是音频文件的格式是_____。

A. CD　　　　　　　　B. WAV　　　　　　　　C. MIDI　　　　　　　　D. AVI

三、实践练习

1. 任选一些音频素材，通过 Adobe Audition 进行编辑并添加一定效果，制作一段有个性的手机铃声。

2. 下载自己喜欢的歌曲伴奏，用 Adobe Audition 录制并合成一首音乐作品。

第 8 章 视频编辑与集成——Premiere

8.1 视频基础知识

动画一般是由绘制的画面组成的，视频一般是由摄像机摄制的画面组成的。视频来源于数字摄像机、数字化的模拟摄像资料、视频素材库等。

8.1.1 视频概述

1. 视频的定义

视频（Video）是一组连续画面信息的集合，连续的图像变化每秒超过 24 帧（Frame）画面以上时，根据视觉暂留原理，人眼无法辨别单幅的静态画面，看上去是平滑连续的视觉效果，这样连续的画面叫做视频。

视频由一系列静态图像按一定顺序排列组成，每一幅称为一帧。当这些图像以一定速率连续地投射到屏幕上时，由于人眼视觉暂留效应，便产生了运动的效果。当速率达到 12 帧/秒（12fps）以上时，就可以产生连续视频效果，典型的帧速率为 24～30 帧/秒，这样的视频图像看起来既是连续的又是平滑的。

2. 视频的分类

按照信号组成和存储方式的不同，视频分为模拟视频和数字视频。模拟视频是由连续的模拟信号组成的图像，如电影、电视、VCD 和录像的画面；数字视频是由一系列连续的数字图像和一段同时播放的数字伴音共同组成的多媒体文件。NTSC、PAL 和 SECAM 制式的电视信号均是模拟视频信号，用普通摄像机摄制的视频信号也是模拟视频信号。HDTV 制式的电视信号和用数字摄像机摄制的视频信号是数字视频信号。

视频可分为全屏幕视频和全运动视频，全屏幕视频是指显示的视频图像充满整个屏幕，因此它与显示分辨率有关；全运动视频是指以每秒 30 帧的画面刷新速度进行播放，这样可以消除闪烁感，使画面连贯。

3. 电视制式

电视制式即电视的播放标准。不同的电视制式，对电视信号的编码、解码、扫描频率及画面的分辨率均不相同。在计算机系统中，要求计算机处理的视频信号应与和计算机连接的视频设备的电视制式相同。常见的电视制式有如下几种：

● NTSC（全国电视系统委员会）制式。美国研制的一种与黑白电视兼容的彩色电视制式，它规定每秒钟播放 30 帧画面，每帧图像有 526 行像素，场扫描频率为 60Hz，隔行扫描，屏幕的宽高比为 4：3。美国、加拿大和日本采用这种制式。

● PAL（逐行倒相）制式。德国研制的一种与黑白电视兼容的彩色电视制式，它规定每秒钟播放 25 帧画面，每帧图像有 625 行像素，场扫描频率为 50Hz，隔行扫描，屏幕的宽高比为 4：3。中国和欧洲的多数国家采用这种制式。

● SECAM（顺序与存储彩色电视系统）制式。法国研制的一种与黑白电视兼容的彩色电视制式，它规定每秒钟播放 25 帧画面，每帧图像有 625 行像素，场扫描频率为 50Hz，隔行扫描，屏幕的宽高比为 4：3。它采用的编码和解码方式与 PAL 制式完全不同。法国、俄罗斯和东欧的一些国家采用这种制式。

● HDTV（高清晰度电视）制式。HDTV 制式的电视信号和用数字摄像机摄制的视频信号都是数字视频信号。数字视频信号也可以通过对模拟视频信号进行采样、模/数转换、色彩空间变换等处理后转换为数字视频信号。它规定，传输的信号全部数字化，每帧的扫描行数在 1000 行以上，逐行扫描，屏幕的宽高比为 16：9。它是正在发展的电视制式。

8.1.2　视频的采集和处理

视频动态图像是由多幅连续的单帧图像序列构成的。当每一帧图像为实时获取的自然景物或活动对象时，称之为动态影像视频，简称动态视频或视频（Video）。视频同动画媒体相比，视频是对现实世界的真实记录。借助计算机对多媒体的控制能力，可以实现视频的播放、暂停、快速播放、反序播放、单帧播放等功能。

视频卡是视频信号采集中的重要设备，是 PC 机上用于处理视频信息的设备卡。其主要功能是将模拟视频信号转换成数字化视频信号或将数字信号转换成模拟信号。视频卡根据功能不同可分为多种类型。

● 视频采集卡：用于将摄像机、录像机等设备播放的模拟视频信号经过数字化采集到计算机中。

● 压缩/解压缩卡：用于将静止和动态的图像按照 JPEG/MPEG 标准进行压缩或还原。

● 视频输出卡：用于将计算机中加工处理的视频信息转换编码，并输出到电视机等设备上。

● 电视接收卡：用于将电视机中的节目通过该设备卡的转换处理，在计算机的显示器上播放。

8.1.3　视频信息表示

要想使用计算机对视频信息进行处理，必须将模拟视频图像数字化。视频数字化过程同音频相似，在一定时间内以一定速度对单帧视频图像进行采样、量化和编码等过程，实现模/数转换、彩色空间变换和编码压缩等，这些通过视频捕捉卡和相应软件来实现。在数字化后，如果视频信息不加以压缩，其数据量为：

$$数据量=帧速率×每幅图像的数据量$$

例如，要在计算机连续显示分辨率为 1280×1024 的 24 位真彩色高质量电视图像，按每秒 30 帧计算，显示 1 秒钟，则需要：

$$1280（列）×1024（行）×24÷8（B）×30（帧/s）≈112.6MB$$

一张 650MB 光盘只能存放 6 秒钟左右电视图像，可见在所有媒体中，数字视频数据量最大，而且视频捕捉和回放要求很高的数据传输率，因此视频压缩和解压缩是需要解决的关键技术之一。数字视频数据量巨大，通常采用特定的算法对数据进行压缩，根据压缩算法的不同，保存数字视频信息的文件格式也不同。

8.1.4　视频文件格式

1. MPEG 文件格式

MPEG（Moving Pictures Experts Group）即活动图像专家组，始建于 1988 年，专门负责为 CD 建立视频和音频标准，其成员均为视频、音频及系统领域的技术专家。目前 MPEG 已完成 MPEG-1、MPEG-2、MPEG-4、MPEG-7 及 MPEG-21 等多个标准版本的制定，适用于不同带宽和数字影像质量的要求。

MPEG 文件格式是运动图像压缩算法的国际标准，它采用有损压缩方法减少运动图像中的冗余信息，同时保证每秒 30 帧的图像动态刷新率，已被几乎所有的计算机平台共同支持。MPEG 标准包括 MPEG 视频、MPEG 音频和 MPEG 系统（视频、音频同步）三个部分，前文介绍的 MP3 音频文件就是 MPEG 音频的一个典型应用，而 Video CD（VCD）、Super VCD（SVCD）、DVD（Digital Versatile Disk）则是全面由 MPEG 技术所产生的新型消费类电子产品。

使用 MPEG 方法进行压缩的全运动视频图像，在适当的条件下，可在 1024×768 的分辨率下以每秒 24，25 或 30 帧的速率播放有 128 000 种颜色的全运动视频图像和同步 CD 音质的伴音。大多数视频处理软件都支持 MPEG 格式的视频文件。

MPEG-4 格式是一种非常先进的多媒体文件格式，能够在不损失画质的前提下大大缩小文件的尺寸，将 DVD 格式压缩为 MPEG-4 以后，体积缩小到只有原来的四分之一，但是画质没有任何损害。

MPEG 格式文件扩展名是 mpg。MPEG 还有两个变种：MPV 和 MPA。MPV 只有视频不含音频，MPA 则不包含视频的音频。

2. AVI 格式文件

AVI 是音频视频交错（Audio Video Interleaved）的英文缩写，它是 Microsoft 公司开发的一种符合 RIFF 文件规范的数字音频与视频文件格式，最早用于 Microsoft Video for Windows，现在 Windows、OS/2 等多数操作系统都直接支持该格式。

AVI 是一种数字音、视频文件格式，音频视频交错是它专业的称呼。该格式文件是一种不需要专门硬件支持就能实现音频与视频压缩处理、播放和存储的文件，AVI 格式文件的扩展名是 avi。AVI 格式文件将视频和音频信号混合交错地存储在一起，较好地解决了音频信息与视频信息同步的问题。一般可实现软回放每秒播放 15 帧，具有从硬盘或光盘播放、在内存容量有限的计算机上播放、快速加载和播放以及高压缩比、高视频序列质量等特点。

AVI 实际上包括两个工具：视频捕获工具；视频编辑和播放工具，一般软件中大都只包含播放工具。AVI 文件使用的压缩方法有好几种，主要使用有损压缩方法，压缩比较高。文件结构通用、开放，调用、编辑该类文件十分方便，视频的画面图像质量好，是目前 PC 机上最常用的视频格式。

3. RM/RMVB 文件格式

Real Media 格式文件是 Real Networks 公司开发的流式视频文件格式，它包括 RA（Real Audio）、RM（Real Media）和 RF（Real Flash）三类文件。它包含在 Real Networks 公司所制定的音频视频压缩规范 Real Media 中，主要用来在低速率的广域网上实时传输活动视频影像，可以根据网络数据传输速率的不同而采用不同的压缩比率，从而实现影像数据的实时传送和实时播放。

其中，RA 用来传输接近 CD 音质的音频数据从而实现音频的流式播放；RM 主要用来在低速率的网络上实时传播活动视频影像，在数据传输过程中边下载，边播放视频影像。RF 是 Real Networks 公司与 Macromedia 公司新近推出的一种高压缩比的动画格式，主要工作原理基本上和 RM 相同。它在网络上提供实时观看，有着压缩比大，文件小，属于网络上较新的流技术。当然，它也有缺点，由于采用了较高的压缩比，它的声音和视频都有一些粗糙的感觉。

4. MOV 文件格式

MOV 是 Apple 公司开发的一种音频、视频文件格式，是数字媒体领域事实上的工业标准，是创建 3D 动画、实时效果、虚拟现实、音频、视频和其他数字流媒体的重要基础。用于保存音频和视频信息，具有先进的视频和音频功能，被包括 Apple Mac OS、Microsoft Windows 在内的所有主流计算机平台支持，使用 QuickTime 播放器播放。

MOV 流媒体视频格式采用十分优良的视频编码技术，支持 25 位彩色。在保持视频质量的同时具有很高的压缩比。MOV 格式文件扩展名是 mov，可以合成视频、音频、动画和静止图像等多种素材。也采用有损压缩算法，在相同版本的压缩算法下，MOV 格式的画面质量要好于 AVI 格式的画面质量。

5. ASF/WMV 流媒体文件格式

Microsoft 公司推出的 Advanced Streaming Format（ASF，高级流格式），也是一个在 Internet 上实时传播多媒体的技术标准，ASF 的主要优点包括：本地或网络回放、可扩充的媒体类型、部件下载等。

ASF 是网上实时观看的视频文件压缩格式，属于 Windows Media 流媒体系统。由 Microsoft 公司推出的一种可以直接在网上实时观看的视频文件压缩格式，使用的是 MPEG-4 压缩算法。

WMV 的主要优点是本地或网络回放、可扩充的媒体类型、部件下载、可伸缩的媒体类型、流的优先级化、多语言支持、环境独立性、丰富的流间关系以及扩展性等。

6. DivX

DivX 视频编码技术是一种新生视频压缩格式，是由 MPEG-4 衍生出的另一种视频编码（压缩）标准，也即通常所说的 DVDrip 格式，它采用了 MPEG-4 的压缩算法同时又综合了 MPEG-4 与 MP3 各方面的技术，这种标准使用 DivX 压缩技术对 DVD 盘片的视频图像进行高质量压缩，同时用 MP3 或 AC3 对音频进行压缩，然后再将视频与音频合成并加上相应的外挂字幕文件而形成的视频格式。其画质直逼 DVD 并且体积只有 DVD 的数分之一。这种编码对机器的要求也不高，所以 DivX 视频编码技术可以说是一种对 DVD 造成威胁最大的新生视频压缩格式，号称 DVD 杀手或 DVD 终结者。

7. FLV

FLV 是随着 Flash 的推出发展而来的新的视频格式，其全称为 Flash Video，是在 Sorenson 媒体公司的压缩算法的基础上开发出来的。由于它形成的文件极小、加载速度极快，使得网络观看视频文件成为可能，它的出现有效地解决了视频文件导入 Flash 后，再导出的 SWF 文件体积庞大，不能在网络上很好地使用等缺点。目前各在线视频网站均采用此视频格式。

8. DAT 格式

DAT 格式文件是 VCD 影碟使用的视频文件格式，也采用 MPEG 方法压缩而成，是 VCD 专用的格式文件，文件结构与 MPEG 文件格式基本相同，DAT 格式文件的扩展名是 dat。

8.1.5　常用的视频编辑软件

视频处理技术在视频后期合成、特效制作等方面发挥着巨大作用，利用各种视频处理软件可以实现对视频的编辑处理。以下列举比较常用的视频编辑软件。

Premiere 是 Adobe 公司推出的产品，它是非常优秀的视频编辑软件，能对视频、声音、动画、图片、文本进行编辑加工，并最终生成电影文件。它是 Adobe System 公司开发的一款专业级数字视频，可以配合硬件进行视频信号的捕捉、编辑和输出。

Video Studio 是著名的 Corel 公司推出的一款面向普通家庭用户，简单易学的数码声像编辑软件。

Power VCR 软件继承了 CyberLink 系列软件的一贯风格，界面华丽，操作简洁。除了可以编辑 MPEG 文件，还能实时采集通过显卡或视频卡影像，并实时压缩成 MPEG 文件。

豪杰超级解霸是一款非常好的 VCD 播放器，它也提供了音频解霸、音频压缩、CD 压缩这三款制作和播放 MP3 的工具。利用这些工具，可以方便地把 VCD、录音和 CD 转成 MP3。

HyperCam 是一个影像截取工具软件。它不仅截取方便，而且能将截获的影像自动转换为 AVI 动画文件格式。

Video For Windows 是一套用于视频简单编辑和播放 AVI 格式视频文件的软件。

QuitTime 是 Apple 公司推出的，用于播放 Macintosh 计算机使用的视频文件的软件。

Ulead MediaStudio Pro 是 Ulead 公司开发的一款专业级数字视频和音频处理软件，可以配合硬件进行视频信号的捕捉、编辑和输出，进行数字音频的编辑。

绘声绘影是 Ulead 公司开发的一款业余的数字视频处理软件，界面简洁，操作简单。

8.2　Adobe Premiere CS6 简介

Adobe Premiere 是 Adobe System 公司推出的一种专业化数字视频处理软件。在视频、音频编辑的非线性编辑软件中，Premiere 是一个佼佼者，由它首创的时间线编辑、剪辑项目管理等概念，已经成为事实上的工业标准。Adobe Premiere 除了用于非线性编辑，还可以用来建立 Video for Windows 或 Quick Time 影片，用于演示或制作 CD-ROM。

Premiere 给出了改变从一个剪辑到另一个剪辑变化的多种选择，可提供纹理、渐变和特殊效果。Premiere 融视音频处理于一身，功能强大。其核心技术是将视频文件逐帧展开，以帧为精度进行编辑，并与音频文件精确同步。它可以配合多种硬件进行视频捕捉和输出，能产生广播级质量的视频文件。

Adobe Premiere 的主要特点包括：

● 广泛的兼容性。Adobe Premiere 支持众多的文件格式，如 JPG、TGA、TIF、FLC、WAV 等，这使得 Adobe Premiere 可以和许多软件配合使用。

● 视音频实施采集。Premiere 配合计算机上的视频卡，实现对模拟视音频的实施采集，同时对于记录在磁带上的视音频可以实现几倍速的上载，在采集过程中，可以对视音频信号进行调整，如果丢帧，可以指示丢帧率。

● 非线性编辑及后期处理。Premiere 具有 99 道视频轨道和 99 道音频轨道，可以精确实现声、画同步，并以帧的精度进行编辑。

● 叠加和字幕创作。Premiere 提供了多种叠加方式，已实现多层画面的同屏显示，而传统方式只有色键和亮度键两种。

8.3 案例一 十二生肖视频制作

熟悉 Adobe Premiere Pro CS6，利用十二生肖图制作视频，并应用特效控制，加入背景音乐、字幕等。主要涉及的功能有时间线面板应用、特效控制台应用、视频特效处理、视频切换、渲染输出等。

1. 新建项目，导入图片

（1）启动 Adobe Premiere Pro CS6，在欢迎窗口中单击"新建项目"按钮，如图 8.1 所示。

图 8.1 Adobe Premiere Pro CS6 欢迎界面

（2）打开"新建项目"对话框，如图 8.2 所示，指定文件保存的"位置"（如"D：\110shipin"）和"名称"（如"生肖视频"），也可以设置其他常规选项，这里采用默认设置，单击"确定"按钮。

图 8.2　"新建项目"对话框

（3）打开"新建序列"对话框，如图 8.3 所示，选择"标准 32kHz"，单击"确定"按钮。

图 8.3　"新建序列"对话框

（4）进入 Adobe Premiere Pro CS6 主界面。Premiere 的默认操作界面主要分为源监视器、节目监视器、项目面板、时间线面板和工具箱等主要部分。在源素材预览区域，通过选择不同的选项卡，可以显示特效控制台、调音台和元数据等面板。在项目面板区域，通过选择不同的选项卡，可以显示媒体浏览器、信息、效果、标记和历史面板，如图 8.4 所示。

图 8.4　Adobe Premiere Pro CS6 主界面

（5）执行菜单"文件"|"导入"，或者双击左下角的"项目"面板，打开"导入"对话框。打开图片所在的文件夹，按 Ctrl+A 键选择所有要导入的图片"01 鼠.jpg""02 牛.jpg""03 虎.jpg"等（图片文件名命名时汉字前最好有个序号，以便于自动排序），如图 8.5 所示，单击"打开"按钮。

图 8.5　"导入"对话框

（6）导入的图片都会显示在左下角的项目面板中，按住 Shift 键，先单击"01 鼠.jpg"，再单击"12 猪.jpg"，这样就连续选中了所有图片，松开 Shift 键。执行菜单"素材"|"插入"命令。这样所有图片都插入到视频 1 的轨道中了，默认图片将按照选择先后顺序依次排列，此时每张静态图片的持续时间都是 5 秒 1 帧，如图 8.6 所示。

图 8.6　导入所有图片后的界面

静态图像默认的持续时间设置方法为：执行菜单"编辑"|"首选项"|"常规"，打开"首选项"对话框，如图 8.7 所示，默认"静帧图像默认持续时间"为 125 帧，每秒 25 帧，所以持续时间 5 秒。

图 8.7　"首选项"对话框

2. 时间线面板

（1）时间线面板主要由时间标尺、播放头、视频轨道、音频轨道和缩放时间标尺组成。在时间线序列 01 中，拖动黄色的播放头█到最左边位置。也可以单击时间线面板中左上角显示的时间显示框 00:01:00:00 （默认时间码格式为"小时：分钟：秒钟：帧"），直接修改可进行精确定位，如修改成 00:00:00:00 ，如图8.8所示。这时播放头也会跟过来。

图8.8 "时间线"面板

（2）移动时间线面板最下方的缩放时间标尺左右的滑块可以调节缩放比例。比如 █████ 和 ███ ，后者比前者可以更加放大素材细节。将标尺右边的滑块向左边移动表示放大，可详细显示素材的细节，反之缩小。将光标放在标尺中间，此时拖动鼠标，就像滚动条，可改变工作区的范围。

（3）在时间线中，右击"01 鼠.jpg"，在弹出的快捷菜单中选择"速度/持续时间"，弹出"素材速度/持续时间"对话框，如图8.9所示。将"持续时间"改为8秒（00:00:08:00），选中"波纹编辑，移动后面的素材"复选框，单击"确定"按钮。

图8.9 "素材速度/持续时间"对话框

3. 特效控制台

如果静态图片在屏幕上静止的时间偏长，这样的视频节目在播放时会引起视觉疲劳，通过特效控制台使静态图片动起来。特效控制台用于设置素材的运动效果、透明度控制和各种特效的关键帧动画的制作。

（1）将时间线定位在 00：00：00：00，选中"01 鼠.jpg"图片，执行菜单"窗口"|"特效控制台"，或者直接单击主窗口左上角的"特效控制台"选项卡，展开"运动"项，单击"缩放比例"前面的按钮，该按钮变成，并设置比例为 50%，如图 8.10 所示。

图 8.10　特效控制台设置

（2）再将时间线定位在 00：00：05：00，将"缩放比例"改为 100；再将时间线定位在 00：00：08：00，将"缩放比例"改为 80。

（3）设置完毕后，将播放头拖回到 00：00：00：00，在"节目：序列 1"窗口中，单击"播放-停止切换"按钮中的"播放"按钮，可以看到图片先放大再缩小的效果。单击"停止"按钮停止播放。

（4）右击第一张图片，在弹出的快捷菜单中选择"复制"，然后右击第 2 张图片，在弹出的快捷菜单中选择"粘贴属性"命令，拖动播放头观察效果，可以发现第 2 张图片也从 50%放大到了 100%，复制了前一图片的前 5 秒属性。

（5）将时间线定位在 00：00：08：00，单击选中"02 牛.jpg"图片，在"特效控制台"选项卡中，设置"透明度"为 30%；将时间线定位在 00：00：13：00，设置"透明度"为 100%。预览播放可以看到图片从暗到明的一个过程。

（6）将序号为单号的图片的属性设置成和图片 1 一样的属性，双号的图片设置成图片 2 的属性。

4. 视频特效

视频特效可以看做是把静态图像处理变为图像的动态处理过程。

（1）执行菜单"窗口"|"效果"，或者直接单击主窗口右上角的"效果"选项卡，展开"视频特效"|"图像控制"|"黑白"项，拖动"黑白"到时间线上的"03 虎.jpg"图片。在"特效控制台"选项卡中出现了"黑白"项。拖动播放头，可以看到该图片变成了黑白图片。

（2）将时间线定位在 00：00：15：12，在"效果"选项卡中，展开"视频特效"|"过渡"

|"百叶窗"项,拖动该项到时间线上的"03 虎.jpg"图片。在"特效控制台"选项卡中出现了"百叶窗"项,设置"过渡完成"为 0%,将时间线定位在 00:00:18:00,设置"过渡完成"为 80%,如图 8.11 所示。

(3)复制"03 虎.jpg"图片属性到"05 龙.jpg"图片中,单击选中"05 龙.jpg"图片,在"特效控制台"选项卡中右击"黑白",在弹出的快捷菜单中选择"清除"将其删除。过渡效果保留。

图 8.11 视频特效

5. 视频切换

前面一幅图像马上消失,后面一幅图像突然出现,这样的过渡称为硬切,在视觉上会引起一个突变。如果在前一张图片和后一张图片之间添加视频切换特效,让前面的图像慢慢消失,后面的图像慢慢出现,这样的过渡称为软切,在视觉变化上会有一个缓冲。

(1)在"效果"面板中,展开"视频切换"|"3D 运动"|"立方体旋转"项,拖动该项到时间线上的"07 马.jpg"和"08 羊.jpg"之间。

(2)单击"工具"面板中的"选择工具" �,再单击时间线中插入的切换效果"立方体旋转",移动光标到右边,拖动其边界,延长该效果时间线。拖动播放头到中间,节目监视器中可以看到效果,如图 8.12 所示。

(3)在"08 羊.jpg"和"09 猴.jpg"之间添加"卷页"|"中心剥离"效果。在"10 鸡.jpg"和"11 狗.jpg"之间添加"叠化"|"交叉叠化(标准)"效果。

6. 背景音乐

视频一般都是有伴音的,这里导入背景音乐,并将音量降低,在开始处淡入,在结束出淡出。

(1)执行菜单"文件"|"导入",导入"背景音乐.mp3",将时间线定位在 00:00:00:00,拖动背景音乐到音频 1 轨道的起始位置。

(2)由于背景音乐的长度与图片素材持续的时间不一样,所以要将其多余的部分删除。将时间线定位在 00:01:03:00,单击"工具"面板中的"剃刀工具" ▰,再单击播放头位置,将背景音乐在 00:01:03:00 断开。

图 8.12　视频切换

（3）单击"工具"面板中的"选择工具" ，再选中后面的背景音乐部分，按 Delete 键删除。

（4）选中插入的背景音乐，在"特效控制台"选项卡中展开"音量"，将时间线定位在 00:00:00:00，设置"级别"为"-50dB"；将时间线定位在 00:00:05:00，设置"级别"为"-10dB"。将时间线定位在 00:00:58:00，单击"音量"右边的"添加/移除关键帧"按钮 ，单击后该按钮变成 ，这样就添加了一个关键点，00:00:05:00～00:00:58:00 之间的级别均为"-10dB"。将时间线定位在 00:01:03:00 处，设置"级别"为"-50dB"，如图 8.13 所示。

图 8.13　背景音乐音量设置

7．字幕制作

（1）将时间线定位在 00:00:00:00，执行菜单"字幕"|"新建字幕"|"默认静态字

幕",弹出"新建字幕"对话框。"名称"设为"字幕01",如图8.14所示,单击"确定"按钮。

图 8.14　"新建字幕"对话框

(2)打开字幕制作窗口,单击"输入工具" **T** ,再单击预览窗口右上角的位置,输入"鼠"字,如图 8.15 所示。利用该窗口选择工具,可以移动文字。如果显示不出汉字,请重新设置字体(这里设置的字体为"04b_21")。设置字体颜色为红色。单击"关闭"按钮 **X** 。这样"字幕01"就制作好了。

图 8.15　插入字幕

(3)拖动"项目"面板中的"字幕01"到视频2轨道的开始处。利用"选择工具",拖动延长字幕01的时间线,使字幕01正好延续到图片1播放结束。

(4)将时间线定位在 00:00:08:00,制作"字幕02",在窗口的右上角输入"牛",参考以上步骤完成字幕制作。

(5)右击"项目"面板中的"字幕02",在弹出的快捷菜单中选择"复制",再右击"项目"面板中的空白处，在弹出的快捷菜单中选择"粘贴"。单击新复制的"字幕 02"，将其改名为"字幕 03"，移动播放头到图片 3 的开始处。同时拖动"字幕 03"到视频 2 轨道的该图片的开始处。双击"项目"面板中的"字幕 03"，修改文字"牛"为"虎"。

（6）参照以上步骤，完成所有字幕制作，如图 8.16 所示。

图 8.16　字幕制作完成

8. 保存项目和渲染输出

（1）保存项目：执行菜单"文件"|"存储"命令，保存项目。

（2）渲染输出：选中时间线序列 1，执行菜单"文件"|"导出"|"媒体"命令，弹出"导出设置"对话框，如图 8.17 所示。选择导出文件"格式"为"AVI"，在"输出名称"处输入"十二生肖.avi"，单击"导出"按钮。导出过程如图 8.18 所示，结束后在项目所在文件夹中会发现生成的视频文件。

图 8.17　"导出设置"对话框

图 8.18 导出过程

8.4 案例二 微机组装

利用微机维护的多段视频（主板的安装、CPU 的安装、内存的安装等）剪辑、组合制作视频，并应用视频特效、视频切换效果，加入背景音乐、字幕、片头等。

1. 导入素材、添加片头

（1）启动 Adobe Premiere Pro CS6，在欢迎窗口中单击"新建项目"按钮，新建"微机组装"项目，如图 8.19 所示。

图 8.19 新建项目

（2）导入素材：将图片文件"微机组装片头.jpg"；视频文件"1 主板的安装.wmv"、"2CPU 的安装.wmv"等导入以后，项目面板如图 8.20 所示。

图 8.20　项目面板

（3）执行菜单"文件"|"新建"|"通用倒计时片头"，弹出"新建通用倒计时片头"
对话框，如图 8.21 所示。单击"确定"按钮，弹出"通用倒计时设置"对话框，如图 8.22
所示，单击"确定"按钮，即在项目面板中新建了"通用倒计时片头（&U）"。

图 8.21　"新建通用倒计时片头"对话框

图 8.22　"通用倒计时设置"对话框

（4）将时间线定位在 00：00：00：00，右击"通用倒计时片头（&U）"，在出现的快捷菜
单中选择"插入"，将倒计时片头插入到"视频 1"轨道。接着再插入"微机组装片头.jpg"。

2．剪辑视频

（1）在项目面板中，双击"1 主板的安装.wmv"，在源监视器中显示该视频。单击"播

放-停止切换"按钮 可以预览视频。

（2）设置开始位置：拖动播放头 ，再结合使用"逐帧退"按钮 和"逐帧进"按钮 ，或者滚动鼠标进行精确定位。当然如果已经知道要剪辑的位置的话，可以直接单击修改源监视器中的显示时间点，定位到 00：02：50：24；单击"标记入点"按钮 设置视频起点位置。

（3）设置结束位置：再次拖动播放头滑块，精确定位到 00：04：58：10；单击"标记出点"按钮 。此时入点和出点标记如图 8.23 所示。

图 8.23　入点和出点标记

（4）单击"插入"按钮 ，将标记范围内的视频插入到"视频 1"轨道中。此时"序列 01"时间线面板如图 8.24 所示。

图 8.24　"序列 01"时间线面板

（5）插入其他视频文件："2CPU 的安装.wmv" 00：01：32：14～00：02：55：04、"3 内存的安装.wmv" 00：00：35：22～00：01：36：02、"4 显卡的安装.wmv" 00：00：21：17～

00：01：32：15、"5 声卡的安装.wmv" 00：00：27：23～00：00：51：02、"6 硬盘的安装.wmv" 00：00：36：01～00：01：34：17、"7 光驱的安装.wmv" 00：00：51：29～00：01：51：09、"8 系统的连接.wmv" 00：00：06：12～00：01：34：25。导入以后，时间线面板如图 8.25 所示。

图 8.25　导入其他视频后的时间线面板

3. 添加字幕

（1）移动时间线标尺左右的滑块，将光标定位在右边滑块中，向左拖动鼠标，放大显示轨道的细节。

（2）将时间线定位在 00：00：11：00，执行菜单"字幕" | "新建字幕" | "默认动态字幕"，新建"微机组装"字幕，"新建字幕"对话框如图 8.26 所示。其中，"字体"设置为"SimSun"，"字体大小"设置为 150，"X 轴位置"为 400，"Y 轴位置"为 280，填充"颜色"设为红色。

图 8.26　"新建字幕"对话框

（3）在字幕下方，单击"滚动/游动选项"按钮 ，打开"滚动/游动选项"对话框，如图 8.27 所示。设置相应内容，其中，"字幕类型"设为"滚动"，选中"开始于屏幕外"和"结束于屏幕外"复选项，单击"确定"按钮。

图 8.27　"滚动/游动选项"对话框

（4）拖动项目面板中的"微机组装"字幕到视频 2 轨道的播放头处。

（5）将时间线定位在 00：00：16：00，选中轨道中的"1 主板的安装.wmv"，在"特效控制台"选项卡中，设置"运动/缩放比例"为 250%，将原来小窗口放大。其他视频都要设置。

（6）新建静态字幕"主板的安装"，其中，"字体"设置为"SimSun"，"字体大小"设置为 80，"X 轴位置"设为 220，"Y 轴位置"设为 50，填充"颜色"设为蓝色。

（7）拖动"主板的安装"字幕到视频 2 轨道的播放头处，并适当拖动延长字幕的时间线，使字幕正好延续到"1 主板的安装.wmv"视频播放结束。时间线如图 8.28 所示。

图 8.28　拖动延长字幕的时间线

（8）在项目面板中复制和修改"主板的安装"字幕，完成其他视频字幕。时间线如图 8.29 所示。

图 8.29　视频插入字幕制作等完成

4. 完善视频，保存输出

（1）为视频添加视频特效、视频切换效果、背景音乐等。

（2）模仿片头，制作片尾，插入制作人信息和制作日期。

（3）选中时间线序列 01，执行菜单"文件"|"导出"|"媒体"命令，弹出"导出设置"对话框。选择导出文件"格式"为"Windows Media"，在"输出名称"处输入"微机组装.wmv"，单击"导出"按钮。

◇◆◇　习题　◇◆◇

一、判断题（对的在右边的括号中打"√"，错的打"×"）

1. 视频一般由绘制的画面组成，动画一般由摄像机摄制的画面组成。（　　）

2. 视频是一组连续画面信息的集合，根据视觉暂留原理，达到看上去是平滑连续的视觉效果。（　　）

3. 按照信号组成和存储方式的不同，视频分为模拟视频和数字视频。（　　）

二、选择题

1. 下列_____制式的电视信号是数字视频信号。

A. NTSC　　　　　　B. HDTV　　　　　　C. PAL　　　　　　D. SECAM

2. 视频由一系列_____按一定顺序排列组成。

A. 静态图像　　　　B. 动画　　　　　　C. 动态图像　　　　D. 数字或模拟信号

3. 视频可以分为全屏幕视频和全运动视频。全运动视频是指以每秒_____帧的画面刷新速度进行播放。

　A. 24　　　　　　B. 30　　　　　　C. 40　　　　　　D. 45

4. 视频编辑中，最小的单位是_____。

A. 小时　　　　　　B. 分　　　　　　C. 秒　　　　　　D. 帧

5. Adobe Premiere 是 Adobe 公司推出的一种专业化_____处理软件。

A. 模拟视频　　　　B. 数字视频　　　　C. 模拟音频　　　　D. 数字音频

6. 下列不属于视频文件的后缀名为_____。

A. mp4　　　　　　B. avi　　　　　　C. wav　　　　　　D. mov

三、实践练习

1. 设计与制作《校园活动剪影》电子相册或者视频短片。

2. 以环境保护为主题或自选主题，制作一个公益宣传片，包括片头、片尾。

3. 自选题材，设计制作一个 MTV。

4. 自选主题，制作一个视频专题片。

参考文献

[1]叶苗群. 办公软件高级应用与多媒体案例教程[M]. 北京：清华大学出版社，2015.

[2]吴建军. Office 高级应用实用教程[M]. 杭州：浙江大学出版社，2013.

[3]吴卿. 办公软件高级应用考试指导 Office2010[M]. 杭州：浙江大学出版社，2014.

[4]陈宝明，骆红波，刘小军. 办公软件高级应用与案例精选[M]. 2版. 北京：中国铁道出版社，2012.

[5]吴卿. 办公软件高级应用 Office2010[M]. 杭州：浙江大学出版社，2012.

[6]黄林国. 大学计算机二级考试应试指导（办公软件高级应用）[M]. 2版. 北京：清华大学出版社，2013.

[7]李政，梁海英，等. VBA 应用基础与实例教程[M]. 2版. 北京：国防工业出版社，2009.

[8]宣翠仙，邱晓华. 多媒体技术应用案例教程[M]. 北京：高等教育出版社，2010.

[9]龚沛曾，李湘梅. 多媒体技术应用[M]. 2版. 北京：高等教育出版社，2013.

[10]杨彦明. 多媒体设计任务驱动教程[M]. 北京：清华大学出版社，2013.

[11]洪小达，沈大林. 多媒体技术与应用教程[M]. 2版. 北京：中国铁道出版社，2010.

[12]崔振远. Photoshop CS5 案例教程与上机实训[M]. 北京：北京邮电大学出版社，2011.

[13]创锐设计. Photoshop CS5 艺术设计从入门到精通[M]. 北京：科学出版社，2012.

[14]关文涛. 选择的艺术 Photoshop 图像处理深度剖析[M]. 3版. 北京：人民邮电出版社，2015.

[15]张荣，马海燕. Flash 动画设计与制作[M]. 北京：清华大学出版社，2009.

[16]崔丹丹，汪洋，缪亮，等. Flash CS5 动画制作实用教程[M]. 北京：清华大学出版社，2012.

[17]程霜梅，孙良军. Flash 动画设计课堂实录[M]. 北京：人民邮电出版社，2009.

[18]李敏虹. Premiere CS5 入门与提高[M]. 北京：清华大学出版社，2012.

[19]黎文锋. 数码照片 PS 新主张[M]. 北京：清华大学出版社，2012.